机器人交互安全技术

周乐来 徐小龙 田新诚 孙玉杰 著

電子工業出版社
Publishing House of Electronics Industry
北京 · BEIJING

内 容 简 介

本书是山东大学机器人研究中心在人机交互领域及以人机运动智能感知技术为基础的交互安全领域多年研究成果的总结，系统介绍了人体运动捕捉与行为识别及机器人运动感知领域的技术贡献。主要内容包括：绪论、MARG 传感器的模块设计与传感器校准、节点姿态估计技术、人体运动捕捉技术、机器人运动捕捉技术、人体行为识别技术。

本书可供从事人机交互、运动感知与安全评估研究的科研人员、相关专业的研究生或高年级本科生阅读，也可供相关领域的工程技术人员参考。

图书在版编目（CIP）数据

机器人交互安全技术 / 周乐来等著. -- 北京 : 电子工业出版社, 2025. 4. -- ISBN 978-7-121-50121-0

Ⅰ. TP242

中国国家版本馆 CIP 数据核字第 2025DR6312 号

责任编辑：杜　军
印　　刷：北京建宏印刷有限公司
装　　订：北京建宏印刷有限公司
出版发行：电子工业出版社
　　　　　北京市海淀区万寿路 173 信箱　　　　邮编：100036
开　　本：787×1092　1/16　印张：10.75　字数：223 千字
版　　次：2025 年 4 月第 1 版
印　　次：2025 年 4 月第 1 次印刷
定　　价：69.00 元

凡所购买电子工业出版社图书有缺损问题，请向购买书店调换。若书店售缺，请与本社发行部联系，联系及邮购电话：（010）88254888，88258888。

质量投诉请发邮件至 zlts@phei.com.cn，盗版侵权举报请发邮件到 dbqq@phei.com.cn。

本书咨询联系方式：dujun@phei.com.cn。

前　言

人机交互安全是一个跨学科的技术领域，吸引着不同专业的研究人员对其进行深入研究。早期的工业机器人主要在结构化环境中工作，其安全性主要依赖物理屏障和急停按钮等机械措施，以防意外伤害。自 1996 年由美国西北大学的 J. Edward Colgate 和 Michael Peshkin 首次提出协作机器人的概念以来，协作机器人成为研究热点，发展迅速。通过集成先进的传感器，机器人能够感知周围环境、与人类交互。在人机协同工作模式下，机器人的精确重复优势与人的灵活应变性相结合，使机器人在复杂环境中的适应性和与人交互的能力得到提升，应用场景从传统的工业制造向医疗、教育、服务等领域延伸。

想要协作机器人与人类在共享空间中工作，需要有先进的控制系统和感知系统来避免碰撞和伤害，在安全作业的同时保障人员安全。传感器、人工智能算法和机器学习技术的发展为人机交互安全技术带来了新的机遇。通过智能感知人机交互状态，研究者开发了基于智能感知技术的高精度跟踪、交互控制技术，以及人类行为模式识别等先进技术，促使机器人能够更好地理解和响应人的行为和意图，从而提高人机交互的安全性，提高机器人在复杂环境中的适应性和智能化水平。

自 2017 年起，在多项国家重点研发计划项目的支持下，山东大学组成研究团队，开展了人机交互安全领域的智能感知技术、穿戴式运动捕捉设备、人机交互运动跟踪技术等研究，积累了丰富的理论、方法和技术手段。本书以山东大学机器人研究中心多年的研究成果为核心，详细阐述了机器人与人体姿态跟踪、人体空间定位与行为识别技术等方面的内容，初步建立人机交互智能感知基础理论体系。本书共 6 章，具体内容分述如下。

第 1 章阐述了人机交互安全技术的研究背景与意义，以及机器人节点姿态估计技术、人体运动捕捉技术和人体动作识别技术的研究现状，指出了当前运动捕捉技术与动作识别技术需要进一步解决的问题。第 2 章阐述了用于人机交互智能感知的 MARG 传感器的模块设计与传感器校准。第 3 章阐述了运动感知传感器的节点姿态估计技术，讨论了刚体姿态描述方法，介绍了基于 EKF 的姿态估计算法，以及基于 DEKF 的解耦姿态估计算法、基于正交观测矢量的姿态估计算法和实验与分析。第 4 章阐述了人体运动捕捉技术，包括人体关节运动链模型、人体运动捕捉算法、人体位置跟踪算法及实验结果。第 5 章阐述了机器人运动捕捉技术，包括单轴旋转运动旋转轴与转角估计、机械臂姿态捕捉及移动机器人姿态捕捉。第 6 章阐述了人体行为识别技术，介绍了在少量有标记数据情况下的人体行为识别模型框架、随机数据增强策略及实验与分析。

本书由山东大学机器人研究中心的周乐来教授负责总体策划，田新诚教授负责技术指导，徐小龙副教授、孙玉杰博士后参与撰写，并最后整理完成。山东大学机器人研究中心在人机协作安全评估和机器人研究初期得到了山东大学的资助，在此表示感谢。

限于作者水平，书中难免有不足之处，恳请广大读者和专家指正！

作者

2025 年 1 月于济南

目　　录

第 1 章　绪论 1
1.1　研究背景与意义 1
1.2　机器人节点姿态估计技术的研究现状 4
1.2.1　单个 IMU 姿态估计技术 4
1.2.2　机器人关节角估计技术 5
1.3　人体运动捕捉技术的研究现状 7
1.3.1　人体运动捕捉方案 7
1.3.2　人体运动捕捉方法 9
1.3.3　人体位置跟踪方法 11
1.4　人体动作识别技术的研究现状 13
1.4.1　传感器部署方案与数据集 13
1.4.2　基于机器学习的动作识别方法 15
1.4.3　基于深度学习的动作识别方法 17
第 2 章　MARG 传感器的模块设计与传感器校准 21
2.1　MARG 传感器的模块设计 21
2.2　传感器校准 29
2.2.1　磁力计校准 29
2.2.2　加速度计校准 31
2.2.3　陀螺仪校准 32
第 3 章　节点姿态估计技术 34
3.1　刚体姿态描述方法 34
3.2　基于 EKF 的姿态估计算法 35
3.2.1　过程模型 35
3.2.2　观测模型 36

3.2.3 EKF 执行过程 37

3.3 基于 DEKF 的解耦姿态估计算法 38

3.3.1 问题描述 38

3.3.2 融合加速度矢量和角速度矢量估计物体姿态 39

3.3.3 从单位四元数中剔除航向姿态 39

3.3.4 融合磁场矢量和角速度矢量估计航向姿态 41

3.3.5 融合非航向姿态与航向姿态实现完整姿态估计 43

3.4 基于正交观测矢量的姿态估计算法 43

3.4.1 参考矢量构造 43

3.4.2 参考矢量观测协方差推导 44

3.4.3 基于正交观测矢量的解耦姿态解算 45

3.5 实验与分析 46

3.5.1 磁干扰下解耦姿态估计实验 46

3.5.2 静态与动态姿态估计实验 48

3.5.3 大范围俯仰运动姿态估计实验 50

3.5.4 算法计算效率对比实验 53

第 4 章 人体运动捕捉技术 54

4.1 人体关节运动链模型 54

4.2 人体运动捕捉算法 55

4.2.1 初始姿态标定 55

4.2.2 关节姿态解算 58

4.2.3 人体运动学模型 59

4.3 人体位置跟踪算法 62

4.3.1 基于自适应零速度更新的脚部位置跟踪 62

4.3.2 融合惯性导航与人体运动学模型的位置跟踪 76

4.4 实验结果 78

4.4.1 零速度检测实验 78

4.4.2 人体动作捕捉实验 85

4.4.3 人体位置跟踪实验 86

第 5 章 机器人运动捕捉技术 90

5.1 单轴旋转运动旋转轴与转角估计 90

5.1.1 旋转轴与转角解析 90

5.1.2 实验与分析 95
5.2 机械臂姿态捕捉 104
5.2.1 问题构建 105
5.2.2 关节角与位置解算 107
5.2.3 实验与分析 115
5.3 移动机器人姿态捕捉 120
5.3.1 基于主平面磁场信息的磁力计校准 120
5.3.2 移动机器人姿态估计算法 123
5.3.3 实验与分析 123
第 6 章 人体行为识别技术 129
6.1 基于深度卷积 Transformer 的对比自监督动作识别模型 129
6.1.1 对比自监督预训练模块 130
6.1.2 动作识别微调模块 135
6.1.3 动作识别测试模块 136
6.2 实验平台 136
6.2.1 数据集 136
6.2.2 模型参数设置 137
6.2.3 对比模型 137
6.2.4 模型评价方法 138
6.3 实验与分析 139
6.3.1 数据增强实验 139
6.3.2 基于不同比例有标记数据的动作识别实验 141
6.3.3 线性评估与微调评估实验 143
6.3.4 动作类别分类能力实验 143
6.3.5 特征学习能力实验 146
6.3.6 消融实验 146
参考文献 149

第 1 章　绪论

1.1　研究背景与意义

在智能制造领域，机器人与人的协同作业成为研究的热点。协作机器人的设计克服了传统工业机器人的限制，允许机器人与人在共同的工作空间和时间实现协同作业。这种协作促进了制造业向定制化、柔性化和个性化方向发展，极大拓宽了自动化的应用领域[1]。过去几十年来，研究者们基于不同的感知系统，如相机、传感器、Wi-Fi等开发了多种人体运动捕捉与识别系统。相比于相机，基于传感器的感知系统具有自包含特性，通过佩戴在用户身体上的加速度计、陀螺仪、磁力计等传感器感知和分析人体运动参数，不受光照和环境的影响，并且不会侵犯人的隐私，适用于室外运动、移动场景和多样化环境。然而，这也带来了新的挑战：如何在人和机器人近距离协作过程中保障作业安全。虽然协作机器人在设计之初就充分考虑了安全性问题，但保障人机协作过程安全却远不止于此。

为了提高人机协作的安全性，研究者们提出了在机器人上嵌入传感器阵列的方法，给机器人增加一套“人造皮肤”，可以为相关研究提供媒介[2-3]。这些传感器包括力传感器、惯性测量单元（Inertial Measurement Unit，IMU）、温度传感器和接近传感器等，它们为机器人提供了触觉感知和多模态感知能力[4-5]。特别是 IMU 的使用，通过惯性导航技术实现对机器人姿态的测量，为机器人关节角估计的研究提供了新的方法。

近年来，微机电系统（Micro-Electro-Mechanical System，MEMS）技术不断进步，促进了传感器向微型化和集成化方向发展，可以实时采集和传输数据并保持较低的功耗，为捕捉和分析人体运动提供了新的可能。此外，MEMS 技术还极大地提高了 IMU 和磁传感器的性价比，使得基于 IMU 的关节角测量方式可以作为一套辅助测量系统，与机器人本体的高精度编码器相互补充，确保关节角测量的可靠性。此外，使用 IMU 还可以提高机器人各关节的位置估计精度，为机器人故障诊断提供必要的信息，实现对机器人各个关节速度的估计，以及对构型参数未知的机器人进行姿态检测。

人体运动捕捉与识别技术是一项涉及模式识别、人工智能、计算机视觉等技术的重要研究内容。它通过使用传感器或相机等设备，实时或离线地捕捉、跟踪和识别人体运动，从而使其他设备能够感知人的位置，并理解和模拟人体动作。在人工智能的推动下，基于传感器的人体运动捕捉与识别技术正在逐步实现从数据到智能的转变。神经网络、深度学习等先进算法可以对传感器采集的大量人体运动数据进行高效的分析与处理，从中提取有意义的信息学习运动模式和模型，不仅为人体运动捕捉与识别技术带来了更高的精确度、实时性、自适应性和交互性，还促进了可穿戴设备向智能化、高效化的方向发展，赋予其智能感知物体与环境的能力，在人机协作、医疗康复、虚拟现实、体育训练等领域呈现出日益广阔和深远的应用前景。

工业 5.0 强调人与机器人之间的合作，旨在开发基于人机协作的智能解决方案。实现高效的人机协作需要机器人能够理解并响应人的运动和意图。人体运动是人类最自然的交流方式和表达方式之一。通过捕捉和识别人体运动，机器人可以更好地理解人的意图和需求，从而实现更自然、更直观的人机交互体验。例如，在装配线上，机器人可以通过监测工人的动作来理解他们的需求，并在需要时提供合适的零件，从而提高生产效率和产品质量。此外，在人机时空共享协作领域，实时、准确地捕捉人体位置是保障人机协作中人员安全的重要前提。

2021 年年底，工业和信息化部、国家发展和改革委员会、教育部、科技部等八个部门联合发布了《“十四五”智能制造发展规划》。文件中明确表示要“研发微纳位移传感器、柔性触觉传感器、高分辨率视觉传感器、成分在线检测仪器、先进控制器、高精度伺服驱动系统、高性能高可靠减速器、可穿戴人机交互设备、工业现场定位设备、智能数控系统等。”协作机器人技术规范 ISO/TS 15066 同样明确了机器人与人的间距监控这一安全准则，通过实时监测人的运动，可以避免机器人与人类工作者产生碰撞，减少事故风险。因此，研究基于可穿戴传感器的人体运动捕捉与识别技术契合国家战略规划对智能制造发展的迫切需求。

在医疗康复领域，准确了解和分析人体运动对诊断、治疗和预防疾病具有重要意义。传统的人体运动估计方法往往依赖于人工观察或低精度的测量工具，导致估计结果可能存在主观性、误差和局限性。而基于可穿戴传感器的人工运动捕捉与识别技术可以通过高精度的传感器和算法实时捕捉、分析和量化人体运动，帮助监测和改善患者和用户的运动状态，从而提供更精准、个性化的治疗、康复和健康管理方案，促进用户有更健康的生活方式，改善患者和用户的生活质量。

在体育训练领域，对运动员的技能和动作进行精确分析是提高其表现的关键。传统的教学方法可能受限于人类眼睛的观察和主观判断，而人体运动捕捉技术可以提供客观、量化的数据来分析和评估运动员的运动技能，有助于研究人体在不同运动中的生物力学特征，揭示运动过程中的肌肉活动、关节角等信息，在优化运动技能、战术分析与训练、训练成效评估、受伤预防与康复等方面具有重要意义。

人体运动捕捉技术在电影、动画、游戏等娱乐产业中也扮演着重要角色。通过捕捉演员的真实动作，将其精确地映射到虚拟角色上，可以创建更加逼真的角色动画。在虚拟现实和增强现实应用中，人体运动捕捉技术能够实现更自然、更直观的用户交互方式。用户可以通过身体动作控制虚拟角色或操作虚拟角色，使自身动作与虚拟角色完美同步，提供更加身临其境的体验。部分基于可穿戴设备的人体运动捕捉与识别技术的应用场景如图 1-1 所示。

（a）人机协作[6]

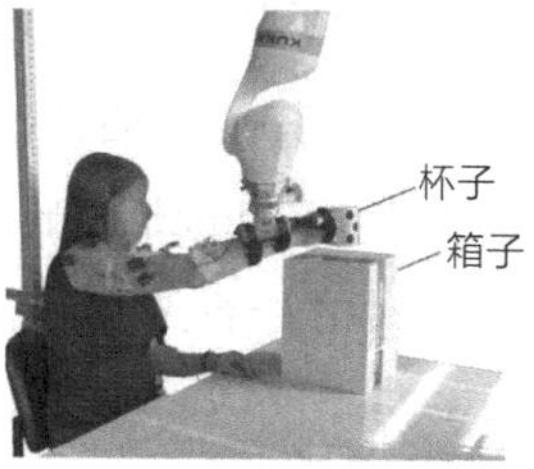

（b）医疗康复[7]

（c）虚拟现实[8]

（d）体育训练

图 1-1　部分基于可穿戴设备的人体运动捕捉与识别技术的应用场景

尽管基于可穿戴传感器的人体运动捕捉与识别技术在不同的应用领域中已取得一定的进展，但仍存在诸多问题，主要有以下三方面：复杂环境因素导致姿态估计精度降低、积分误差导致位置漂移累积、人体动作识别效果对有标记数据量的依赖性较强。为了克服这些问题，本书提出了基于多传感器数据融合的单节点姿态估计算法、自适应零速度更新算法，以及基于深度卷积 Transformer（Deep Convolutional Transformer，DCT）的人体动作识别算法，旨在提高人体运动捕捉与识别的精度和可靠性。

此外，利用惯性测量的方式实现对机械臂关节角的估计仍然面临许多技术难题。依赖高成本的惯性-磁传感器测量单元，严格限制其安装位置和姿态，在估计关节角的过程中依靠机械臂本体的状态信息，都将限制利用惯性测量实现关节角估计的应用与发展。因此，本书将深入研究与实现一种灵活方便、完全独立的适用于机器人关节角估计和位置检测的算法，开发一套具有完全自主知识产权的惯性-磁检测设备及相应的软件，这具有重要的理论研究意义与实际应用价值。

1.2 机器人节点姿态估计技术的研究现状

1.2.1 单个 IMU 姿态估计技术

实现对单个 IMU 准确的姿态估计是实现机器人关节角估计的基础，通过融合单个 IMU 的姿态信息，才能获得全方位的关节角估计，结合机器人的 DH（Denavit Hartenberg）参数信息，进一步获得位置估计信息。目前，利用单个 IMU 中的传感器进行数据融合获得其姿态估计的研究技术已经较为成熟。1960 年，Kalman 提出了著名的卡尔曼滤波（Kalman Filter，KF）算法，适用于离散线性系统的姿态估计[9]。然而，实际的姿态估计系统往往是非线性系统，在这种情况下，卡尔曼滤波算法将不再适用。为了解决这一问题，S. F. Schmidt 等人改进了卡尔曼滤波算法，将它应用到非线性系统算法[10-11]。卡尔曼滤波算法被广泛应用于非线性系统的有扩展卡尔曼滤波（Extended Kalman Filter，EKF）算法、无迹卡尔曼滤波（Unscented Kalman Filter，UKF）算法等[12-19]，在非卡尔曼滤波算法中，互补滤波（Complementary Filter，CF）和梯度下降算法是被广泛应用的有效方法[20-26]。无论是卡尔曼滤波还是非卡尔曼滤波的姿态估计算法，在许多应用领域都发挥了重要的作用。

在室内定位领域，Wang、Shi、Liu 等人都研究了利用卡尔曼滤波算法融合超宽带和惯性传感器测量，抑制复杂环境下非高斯噪声对超宽带的影响，有效提高了定位精度[12-14]。Poulose 等人分析并研究了线性卡尔曼滤波、EKF、UKF 和 CF 等不同的数据融合算法在融合智能手机 IMU 数据进行航向估计中的性能，从航向误差的均方误差和累积分布函数两方面进行了讨论，结果表明了 UKF 融合算法具有更好的融合效果，EKF 算法要优于 CF 算法[15]。

在姿态测量领域，Koenigseder 等人实现了一种基于 EKF 和 UKF 的姿态估计方法，将安装在相机平台不同位置的 IMU 的冗余测量结果融合，实验结果表明 EKF 和 UKF 的性能几乎相同，都能实现对平台姿态的准确估计[16]。Mahony 等人提出了非线性互补滤波算法，将滤波问题直接表示为在特殊正交群上的确定性观测器运动学问题，给出了该观测器的李雅普诺夫分析结果，保证了观测器误差的全局稳定性，适用于非线性系统中的姿态估计[20]。Madgwick 等人提出了基于梯度下降算法的姿态估计方法，将姿态估计问题转化为一个最优化问题，以四元数导数计算陀螺仪测量误差的方向，用加速度计和磁力计数据来分析推导和优化的梯度下降算法，该方法适用于 IMU 系统[21]。上述两种方法对姿态估计都做出了重要贡献，是近十年来被广泛使用的方法。Duraffourg 等人利用非线性互补滤波器来估计下肢姿态，结果表明估计姿态的均方根误差约为 3°，接近基于卡尔曼滤波算法在类似条件下的结果[22]。Jouybari 等人对比了 CF 算法和梯度下降算法在利用 IMU 进行浮标姿态测量这一应用的性能。通过比较算法的标准差发现，这两种算法对浮标的横滚角、俯仰角和航向角的计算精度几乎相等[23]。

在航空航天领域，Li 等人在无陀螺或陀螺失能模式下，利用星敏感器的矢量观测，推导出了一种基于无迹变换的无迹卡尔曼滤波卫星姿态估计算法[17]。冀亮等人提出了一种优化的梯度下降算法来减少由陀螺仪传感器产生的误差[24]。付雷等人提出了一种动态权值共轭梯度算法与自适应互补滤波算法融合的姿态估计算法，用于减小 IMU 的漂移和噪声干扰，提高四旋翼飞行器姿态估计的跟踪精度[25]。Battiston 等人比较了乘性扩展卡尔曼滤波器、无迹卡尔曼滤波器、互补滤波器、H∞滤波器在四轴飞行器碰撞场景中的姿态估计方面的性能，结果表明乘性扩展卡尔曼滤波器和 H∞滤波器更加有效[26]。

在机器人领域，Costanzi 等人提出了一种基于 UKF 的水下机器人导航策略，用于估计水下自主航行器和车辆的位置[18]。刘召等人研究了基于 IMU 主动型伴舞机器人的人机协作控制，利用卡尔曼滤波算法进行数据融合，得到机器人在人类伴舞作用下的姿态变化[19]。Quigley、Liu、Maged、Roan、Hirose 等人均实现了利用 EKF 进行机器人关节角和位置估计[27-31]。

从上述基于 IMU 的姿态估计应用中可以看出，在不同的应用场景中，常用的姿态估计算法具有不同的性能。在进行机器人关节角估计中，本课题针对实际过程中遇到的问题，对现有的姿态估计算法进行了改进，提出了一种姿态估计中重力场与磁场对姿态估计结果的影响解耦的方法，以及相应的传感器可靠性判定标准。在实现单个 IMU 姿态估计的基础上，提出了一种单轴旋转载体的轴角估计方法及串联型机械臂的关节角估计方法，详细算法将在第 2 章进行详细介绍。

1.2.2 机器人关节角估计技术

目前，常见的协作机器人多为串联型旋转关节结构，以 6 自由度协作机器人和 7 自由度协作机器人最为常见，国内外的很多学者都对基于惯性测量方式的机械臂的关节角估计进行了大量的研究。

Quigley、Liu、Maged、Roan、Hirose 等人都研究了利用惯性传感器和基于卡尔曼滤波的姿态估计算法在机器人关节角或位置估计中的应用[27-31]。其中，Quigley、Liu 等人仅使用了加速度计[27-28]，Hirose 等人还使用了陀螺仪，他们所用的硬件成本很低，机械复杂度也很低[31]。Maged 等人使用低成本的加速度计和陀螺仪来估计 Stewart 机械手的位置和速度，并证明了 EKF 和 UKF 在该应用中的计算精度大致相同，但 UKF 的计算量更小、复杂度更低[29]。Roan 等人利用低成本的三轴加速度计，通过连续加速度矢量之间的差值估计机械手的关节角，并用单轴陀螺仪进行补偿[30]。该论文中比较了时变互补滤波、CF 和 EKF 三种补偿策略，结果表明，即使在关节轴平行于重力且加速度计数据不提供有用信息的情况下，此传感器设置也可以精确跟踪关节角。

有的研究对惯性-磁传感器的安装位置和安装姿态有着严格的要求。F. Ghassemi 等人将两个双轴加速度计放置在靠近关节轴的相邻连杆上，并对其输出进行处理，实现关节角估计。当安装在相邻连杆上的两个双轴加速度计都理想地连接到关节轴中心时，它们测量的加速度向量将相同，关节角可以由这些加速度矢量在其局部坐标系中的方向差得到，此时所测量的关节角精度最高。随着两个双轴加速度计的安装位置越来越远离关节中心，该方式估计的关节角精度将大大降低[32-33]。但对传感器安装位置和安装姿态的严格要求限制了该方法的应用。Cheng 和 Oelmann 分析与比较了四种利用双轴加速度计和单轴陀螺仪的刚体关节角测量方法（共模抑制法、带陀螺积分的共模抑制法、带陀螺微分的共模抑制法和分布式共模抑制法）[34]。结果表明，如果加速度计不能安装在离关节中心非常近的地方，那么其他三种方法都可以提供比共模抑制法更精确的关节角测量。带陀螺积分的共模抑制法则存在随时间变化的无限数值积分误差和选择合适的阈值以最小化动态误差的问题。Wijayasinghe 等人分析了传感器的数量、位置、噪声特性等参数对机器人姿态估计质量和信噪比的影响[35]。利用一个双连杆机器人手臂所进行的实验结果表明，在每个连杆上放置两个加速度计对姿态估计误差的影响最大，而使用更多的加速度计对减小臂姿态估计误差和合成信噪比的影响较小。

有的研究除了惯性-磁传感器，还引入了其他传感器，以实现对机器人关节角或位置的估计。Li 和 Chen 提出了一种包括一个位移传感器和一个加速度计的末端传感器系统，并开发了一种观测器来重构柔性连杆机器人的状态[36]。Du 和 Zhang 等人提出了一种在线机器人标定方法，利用卡尔曼滤波算法和自适应滤波算法来估计机器人的位置和姿态，但是该方式除了 IMU，同样引入了位置传感器[37]。Wang 等人通过卡尔曼滤波将来自光学传感器和惯性传感器的测量值融合在一起，实现了工业机器人末端效应器的速度和位置估计[38]。Ogata 等人提出了一种标记-IMU 系统，集成了视觉标记与 IMU，当摄像机无法获取视觉标记的图像时，利用 IMU 捕捉机器人的位置和姿态信息[39]。

有的研究在利用惯性-磁传感器进行机器人关节角和位置估计的时候，还利用了机器人本身的数据信息。Cantelli 等人将三个 IMU 固定在六自由度机械臂上，利用三个级联的扩展卡尔曼滤波器离线估计每对关节的关节角，并用机械臂的实际关节角和角速度进行传感器标定，导致该方法并不是完全独立于机器人系统的，而且当旋转轴与重力场平行时，关节角估计值不能用加速度计修正，因此会出现缓慢的漂移[40]。

Axelsson 等人将粒子滤波器（PF）和扩展卡尔曼滤波器结合，从安装在末端执行器的三轴加速度计和电动机提供的角度测量值对工业机器人的刀具位置、速度和加速度进行估计[41-42]。Kubus 等人将低成本 MEMS 惯性传感器与低分辨率编码器结合使用，以发挥二者的优点和弥补二者的缺点，获得用于估计角度和角速率的传感器融合方法[43]。Ren 等人通过融合安装在机械臂末端执行器上的加速度计和陀螺仪的测量值，以及机器人关节电动机的角度测量值，实现了对末端执行器的位置估计[44]。Seel 等人提出了一种利用铰链关节和椭球关节的运动学约束进行关节旋转轴和关节位置估计的方法[45]。Wang 等人提出了一种用于机器人关节角估计的级联 EKF 算法，推导过程结合了机器人运动学正解和 MEMS 惯性传感器的随机模型[46]。Hedberg 等人研究了如何利用安装在机器人工具上的 IMU 提升基于电动机角度的正向运动学估计，结果表明通过将 IMU 与电动机角度测量相结合，与仅使用直接运动学形式的电动机角度测量相比，可以更好地估计工具位置并指出基于惯性测量的位置估计是一个很好的研究课题[47]。

从机器人关节角和位置估计的现有研究成果中可以看出，当前利用惯性-磁传感器进行关节角估计仍存在一些没有解决的问题，总结如下。

（1）惯性-磁传感器以任意位置与姿态安装时如何实现机器人关节角和位置估计的问题。

（2）不依赖于刚体的运动学性质，不利用机器人提供的信息，如何实现完全独立于机器人本体的机器人关节角和位置估计方法的问题。

（3）如何有效融合磁场信息进行姿态估计的问题。

（4）能适用于同一构型的机器人关节角和位置估计方法的问题。

以上是利用惯性-磁传感器进行机器人关节角估计需要解决的部分问题，也是本节的重点（非全部）研究内容。本节遵循循序渐进的原则，深入研究与实现一套灵活方便、完全独立的适用于串联型旋转关节协作机器人的关节角估计和位置检测算法。

1.3　人体运动捕捉技术的研究现状

1.3.1　人体运动捕捉方案

目前，人体运动捕捉系统主要采用的传感器类型如图 1-2 所示。光学运动捕捉系统主要基于有标记点、无标记点和 RGB-D 相机，利用计算机视觉和图像处理技术识别人体表面的标记物或分析人体的轮廓、形状等特征，从而计算人体的姿态和运动信息。该方案受遮挡物、光照变化和人员自由运动等因素的影响较大，在小范围空间中需要部署多个摄像头才能实现可靠的观测，部署成本高昂[48]。非光学运动捕捉系统主要基于机械式传感器、电磁式传感器和可穿戴惯性式传感器[49-50]。机械式传感器使用刚性机械结构、传感器、关节连接器等部件测量人体关节的角度和位置，需要穿戴复杂的硬件装置完成运动数据的采集，限制了运动的自然性和舒适性。电磁式传感器通过测量传感器与发射器之间的电磁场变化来定位人体关键点，容易受到金属干扰和电磁干扰，系统成本相对较高。

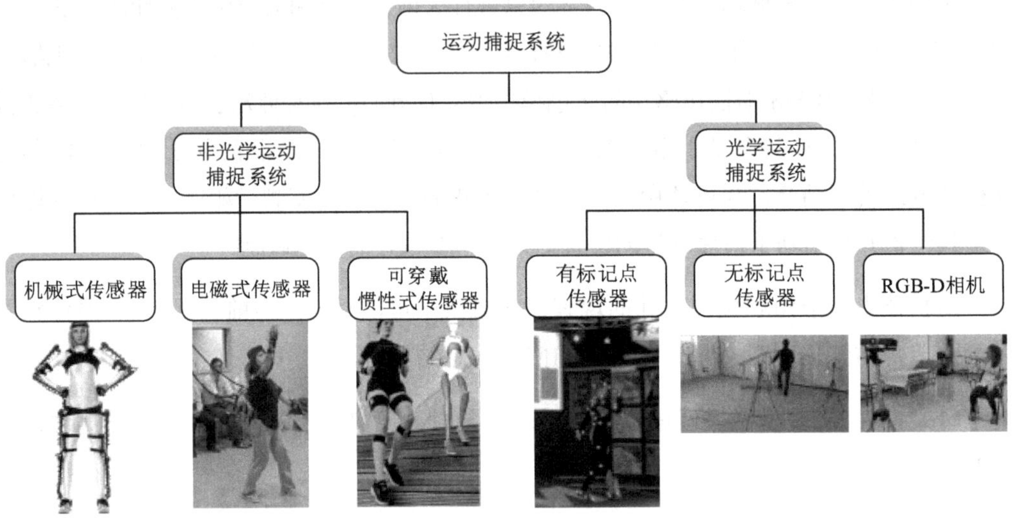

图 1-2 目前人体运动捕捉系统主要采用的传感器类型

2010 年，中国科学院传感网络和应用联合研究中心研发了我国首个微型传感器人体运动捕捉系统 MMocap[51]。随后，浙江大学、大连理工大学、山东大学等高校也发表了相关成果[50, 52-53]。在商业产品方面，北京诺亦腾科技有限公司推出了 Perception Neuron PRO 运动捕捉系统。国外主流的商业化产品有荷兰 Xsens 公司的 MTw，美国 MicroStrain 公司的 GX 系列，英国 X-IO 公司的 NGIMU 等。上述可穿戴惯性式传感器的测量节点主要包括微机电三轴陀螺仪、三轴加速度计、三轴磁力计等传感器。根据所包含的传感器种类不同，产生了两种常用组合：一种是包括加速度计和陀螺仪的 IMU，用于测量物体的六维（6-Dimensional，6D）惯性信息（三维角速度和三维加速度）；另一种组合通常被称为磁、角速率和重力（Magnetic Angular Rate and Gravity，MARG）传感器模块，与 IMU 相比，MARG 传感器可以额外感知 3D 磁场信息。与光学运动捕捉系统相比，MEMS 传感器通过假定传感器紧密安装在被测对象上，为实时运动捕捉提供了低成本、灵活、独立和易于安装的解决方案[48]。这种自包含特性使 IMU 和 MARG 传感器模块具有较高的自由度，无须外部设备，可以在不受环境限制的情况下进行运动捕捉，适用于室内外运动。因此，本书选用包含 MARG 传感器的可穿戴测量节点捕捉人在运动过程中的动作与位置。

1.3.2　人体运动捕捉方法

利用可穿戴惯性式传感器进行人体运动捕捉时，通常是在人体不同部位上穿戴一个由 IMU 或 MARG 传感器组成的测量节点，该节点能够测量肢体运动过程中在三个维度上的加速度、角速度、磁场数据信息，通过对多个传感器的数据进行融合，可以获得肢体的姿态变化。然后，在符合人体基本运动特征的前提下，基于生物力学构建人体关节运动模型，以各测量节点捕捉的肢体姿态为基础，可以重构人体三维动作。因此，多传感器融合算法是利用 IMU 或 MARG 传感器进行姿态估计与运动捕捉的核心。

理论上，对三轴角速度进行积分可以获得高动态姿态变化，但不断累积的积分误差会导致解算的姿态发散。大多数传感器融合算法选择重力场和地磁场作为绝对参考，利用这两个均匀场在传感器坐标系中的观测值修正陀螺仪的积分误差。然而，在地球上的大部分区域，重力场与地磁场的方向并不垂直。例如，赤道附近的磁倾角为 0°，而在磁极处的磁倾角为 90°。此外，客观环境中的铁磁物体和电子仪器等设备也将造成额外的磁干扰。当磁场和重力场不互相垂直时，磁场在重力场方向上将产生一个投影向量。如果在求解刚体姿态时将两个非正交的均匀场作为绝对参考，那么磁力计的测量值不仅对航向姿态解算产生影响，还将耦合干扰横滚姿态和俯仰姿态估计[54]。因此，解耦磁力计的测量值对横滚姿态和俯仰姿态的影响，对于传感器融合算法具有重要意义。例如，对于船舶、四旋翼飞行器等平衡控制系统，在磁干扰下实现健壮性的横滚姿态和俯仰姿态估计非常重要。

刚体的三维姿态可以由三次连续旋转表示，其中遵循航空航天惯例的航向-俯仰-横滚序列是一种常见的顺序。传感器融合算法通常以欧拉角、旋转矩阵或单位四元数描述刚体的姿态。欧拉角是三种姿态描述方法中最直观的一种，根据欧拉角的定义可以分别估计横滚、俯仰和航向姿态。在基于欧拉角的解耦姿态估计方法中，通过对加速度测量值在 y 轴和 z 轴上的投影分量求反正切值可以计算横滚角，通过对加速度测量值在 x 轴的投影分量求反正弦值或在三轴加速度测量值上求反正切值可以确定俯仰角，通过对磁力计和加速度计测量值求反正切值可以计算航向角[55]。由于横滚角和俯仰角的计算与磁力计的测量值无关，因此二者不受磁干扰的影响。但由于欧拉角存在万向节死锁问题，因此不利于大范围旋转中的姿态解算。

三轴姿态确定（TRIaxial Attitude Determination，TRIAD）方法是很多基于旋转矩阵的解耦姿态估计方法的基础。TRIAD 方法最初由 Shuster 和 Oh 提出[56]，利用非平行的重力场和局部磁场矢量构造了相互正交的参考基和观测基，通过两个正交基的矩阵乘积计算旋转矩阵。在将旋转矩阵转换为欧拉角时，横滚角和俯仰角仅与传感器坐标系中由重力加速度表示的第一列向量有关，因此磁力计测量值对二者无影响。由旋转矩阵中的 9 个元素在一定程度上导致计算量增加，传感器融合算法很少采用旋转矩阵作为输出。TRIAD 方法简单、易于实现，被很多解耦姿态估计算法用作外部观测。Odry 等人将 TRIAD 方法的输出用于 EKF 的观测更新过程[57]，实现对移动机器人的实时姿态估计。Roh 和 Kang 利用 TRIAD 方法确定小型无人机的初始姿态[58]，以改进其动态性能。

单位四元数完全包含横滚、俯仰和航向信息，与欧拉角和旋转矩阵相比，没有明显的关系，可以直接用于解耦其包含的三种姿态分量。因此，实现基于单位四元数的传感器融合算法的难度相对较高。由非正交的重力场和磁场导致磁场测量值对倾斜姿态（包含横滚姿态和俯仰姿态）估计产生耦合干扰，所以寻找两个正交的均匀场作为参考成为很多研究的目标。在北（x 轴）东（y 轴）地（z 轴）导航坐标系中，重力场始终指向 z 轴方向。然而，由于磁倾角和环境磁干扰，磁场并不会指向 x 轴方向。因此，一些研究着力于寻找一个与重力场正交的参考矢量代替磁场，为基于 MARG 传感器的姿态解算提供绝对参考。

Martin 和 Salaun 提出利用重力场和磁场矢量的叉乘积构造一个新的参考矢量[59]，由于操作简单，该参考矢量被许多传感器融合算法采用，以配合重力场提供绝对参考。Madgwick 等人[60-61]利用这两个正交的参考矢量，基于经典互补滤波器解耦磁场测量值对横滚姿态和俯仰姿态的干扰。Wilson 等人[8]通过引入这两个正交参考矢量，改进了传统的梯度下降算法。与原始梯度下降算法相比，改进后的梯度下降算法中横滚姿态和俯仰姿态解算过程与磁场数据解耦。除了优化后的方法，这两个正交的参考矢量也被应用于卡尔曼滤波器。Suh 等人[62-63]利用间接卡尔曼滤波器将俯仰姿态和横滚姿态从航向姿态估计中分离出来，其中，航向姿态估计采用该参考矢量作为观测值。该方法在计算观测方差的过程中引入了磁倾角，然而受环境磁干扰的影响，磁倾角的实际值可能会与理论值有偏差，导致计算出的观测方差有误差，从而造成姿态解算的精度降低。此外，Rosario 等人[64]提出了一种几何直观的互补滤波器，利用正交的磁北和重力矢量作为参考，对陀螺仪解算的姿态进行两次修正来估计载体姿态。然而，两个向量的叉乘可能会产生零向量，进而导致横滚、俯仰和航向姿态估计在更新过程中产生奇异点。

除了构造一个垂直于重力场的新参考矢量，一些基于单位四元数的传感器融合算法将单位四元数分解为连续的两次旋转或三次旋转，分别计算描述单次旋转或复合旋转的各子四元数，通过对各子四元数进行乘法运算，实现解耦的姿态估计。Yun 等人提出了分解四元数算法（Factored Quaternion Algorithm，FQA）[65]，将单位四元数分解为三个子四元数：仰角四元数、横滚四元数和方位四元数，其中每一个子四元数都只包含一个由欧拉角描述的连续的单次旋转。然而，由于仅融合了 3D 加速度和 3D 磁场测量值，分解四元数算法只能用于目标是静态或缓慢移动的情况。Daponte 等人[66]将分解四元数算法作为外部观测器，并在 EKF 算法中将其与陀螺仪测量值相结合，以实现动态情况下的解耦姿态估计。Valenti 等人提出的代数四元数算法（Algebraic QUaternion Algorithm，AQUA）[67]与 Xu 等人提出的双扩展卡尔曼滤波（Double Extended Kalman filter，DEKF）算法[68]将单位四元数分解为倾斜四元数和航向四元数，其中倾斜四元数包含横滚和俯仰信息，航向四元数只包含航向信息，并给出了不同的求解方法。

1.3.3 人体位置跟踪方法

在基于可穿戴传感器的人体位置跟踪研究中，多数是基于惯性导航系统（Inertial Navigation System，INS）理论，在人的脚部穿戴一个测量节点，首先通过融合测量节点的多传感器测量数据进行航迹推算，估计脚部的运动学参数，包括加速度、速度、方向、位置和步态相位等[69]。然后建立人体运动学模型，以脚部运动学参数为基础，计算人体其他部位的位姿参数。目前，这种基于脚绑式测量节点的惯性导航系统在室内导航定位、医疗康复等多个领域有广泛的应用。然而，低成本的 MARG 传感器容易受到噪声影响，导致航迹推算过程中误差将不断累积，由此产生的位置估计误差随时间呈现立方级增长，在几秒钟便有可能增加到 100 米[70]。

为了抑制惯性导航系统解算过程中的累积误差，许多研究中采用了零速度更新（Zero Velocity Update，ZUPT）技术[71]。对于大多数运动类型，如走路、跑步、上楼和下楼等，完整的人体步态包括静止相和运动相两部分，二者在脚的运动过程中交替出现。在静止相，脚与地面接触，这一阶段理论上存在一个平稳期，即脚处于零速度状态。然而由于传感器的漂移误差，此时穿戴于脚上的测量节点积分加速度获得的速度并不为零。零速度更新技术通过检测静止阶段并修正运动速度来限制位置误差。因此，准确检测脚在运动过程中的零速度阶段对于基于惯性导航系统的定位及人体位置捕捉非常重要。

由于步态中静止相和运动相有规律地交替出现，测量节点输出的加速度和角速度信号也有序变化。因此，目前很多研究利用加速度幅值、加速度方差、角速度幅值、角速度方差作为特征，判断脚是否处于零速度阶段。为了提高零速度检测精度，通常会将上述多种传感器特征加以结合[72]。Skog 等人将零速度检测转换为一个二元假设问题，结合加速度和角速度的测量值，提出了著名的静止假设最优检测（Stance Hypothesis Optimal Detection，SHOE）算法[73]。Deng 等人[74]采用多重约束方法，结合加速度能量、角速度和静止假设最优检测算法检测脚在运动过程中的零速度状态。Shi 等人[75]假设脚围绕陀螺仪的 x 轴旋转，结合 x 轴角速度及其方差进行零速度检测。该方法对测量节点在脚上的安装姿态有着严格的要求，需要假设 x 轴垂直于脚向前移动的方向，这一假设在实际过程中难以满足。为了简化运动捕捉系统部署，以及提高人员的舒适度，测量节点的穿戴位置与姿态应尽可能灵活，但测量节点的任意安装可能会导致陀螺仪 x 轴的测量值发生变化，从而导致该方法不再有效。

在确定零速度检测特征的基础上，采集固定时间窗口中的传感器数据，计算时间窗口中的检测特征，并将其与特征阈值进行比较，可以判断当前时刻脚是否处于零速度状态。根据检测特征阈值类型的不同，零速度检测方法通常可以分为以下三类。

第一类是基于固定阈值的零速度检测方法[76-77]，该方法预先设定检测特征阈值，并在实验过程中保持阈值不变，如果时间窗口中计算的检测特征小于特征阈值，则认为此时脚处于零速度阶段，并将脚部速度视为零；如果时间窗口内检测特征大于该特征阈值，则认为此时脚处于摆动阶段。当人处于某种单一的运动状态时，由于传感器输出信号的特征变化是有规律的，经过多次实验可以容易地确定特征阈值，因此基于固定阈值的零速度检测方法针对单一运动具有较好的检测效果。当人处于混合运动状态时，由于不同运动的特征差别较大，难以确定适用于所有运动类型的检测特征阈值，因此该方法在混合运动中的检测效果较差。

第二类是基于自适应阈值的零速度检测方法。在该方法中，检测特征阈值可以根据人的不同运动模式自适应调节。除了穿戴于脚的测量节点，Zhang 等人[78]还引入了一个穿戴于胸部的测量节点，收集其在 x 轴和 z 轴上采集的运动加速度数据，通过自适应神经模糊推理系统确定特征阈值。为了更好地训练神经网络，需要采集大量不同速度下的运动数据。此外，该方法对测量节点的穿戴有严格的要求，在一定程度上限制了其灵活性，不可避免的安装误差也将导致特征阈值不准确和零速度状态识别不准确的情况。Wang 等人[79]利用聚类算法将步态相位划分为真组和假组，通过自适应时间启发式参数消除假组，并在行人正常行走运动中进行了测试。Wang 和 Shkel[72]基于贝叶斯方法确定似然比检验的自适应特征阈值，可用于检测步行速度为 80～160 步/分钟时的脚部零速度状态。

第三类是无须设置特征阈值的零速度检测方法。Cho 和 Park 通过识别简化的角速度和加速度信号形状进行零速度检测[80]，然而该方法只能识别某一时刻的零速度状态，不能识别零速度时间间隔。Zhang 等人[81]提出了一种基于脚部运动周期性的零速度时刻检测方法，将行人运动划分为几个运动时段，认为最小测量特征对应的时刻就是脚处于零速度的时刻。从零速度时刻推断零速度周期通常基于先验知识，需要已知步态周期及静止相和运动相的时间比例。Wang 等人指出行人在正常走路时，静止相的持续时间大约占整个步态周期的 24.8%[82]。

除了上述方法，一些研究还引入了其他传感器作为辅助进行零速度检测，如永磁体、超宽带、超声波传感器、射频识别传感器、压力传感器等。额外的传感器可以在一定程度上提高零速度检测性能，但也增加了人体运动跟踪系统的复杂性。

1.4 人体动作识别技术的研究现状

1.4.1 传感器部署方案与数据集

根据不同的动作识别需求，人体动作识别系统中传感器有多种部署方案，其在人体上的主要穿戴位置如图 1-3 所示。当系统只部署一个测量节点时，通常将其穿戴于手腕、手、髋、脚等部位。腕带式部署方案所用的可穿戴测量节点通常选用智能手表或手环等商业电子产品，可用于压力监测、滑雪运动检测等场景[83]。数据手套通常用于捕捉细致的手部运动，从而进行手势识别，可用于人机交互、康复训练、虚拟现实等场景[84]。穿戴于髋部的可穿戴测量节点通常用于跌倒检测等场景[85]。穿戴于脚部的测量节点通过捕捉脚的运动数据，可用于步态识别、惯性导航等场景[86-87]。

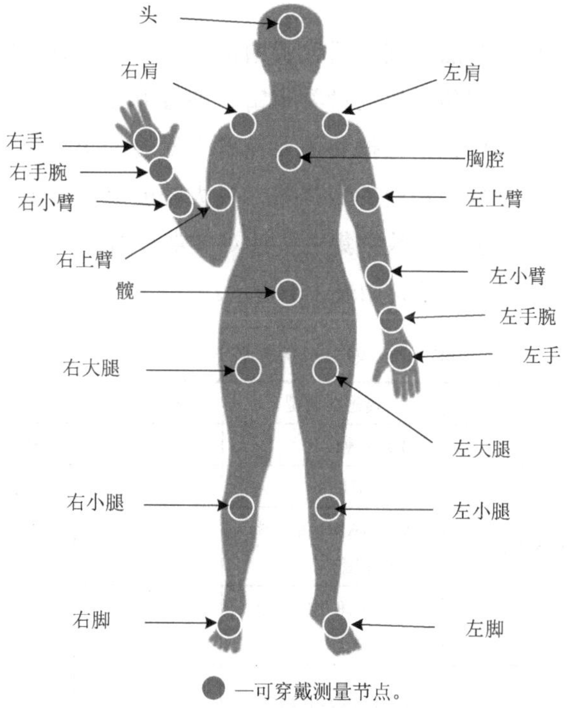

图 1-3 可穿戴传感器在人体上的主要穿戴位置

在人体多个部位穿戴测量节点可以识别更多的人体动作，使应用场景更加广泛。在日常行为、运动识别方面，Martinez Hernandez 等人[88]将 3 个可穿戴测量节点分别穿戴于大腿、小腿和脚上，可以识别地面行走、爬坡和上坡三种运动模式，以及步态的静止和摆动阶段。Palumbo 等人[89]在胸腔、左右脚踝上分别穿戴了一个无线测量节点，可以识别走路、站立、坐、躺、弯腰等日常行为。崔建伟等人[90]将 3 个 IMU 测量节点分别穿戴于上臂、小臂和手腕上，结合 5 个弯曲传感器，可以识别 6 种生活中常见的手臂动作。在医疗康复方面，沈天毓等人[91]将 5 个 MARG 测量节点分别穿戴于受试者的左手、右手、左腿、右腿和髋部，通过对 6 个试验范式动作的识别，定量评估帕金森病患者的运动症状。Nasrabadi 等人[92]开展了基于可穿戴传感器的帕金森病患者远程康复研究，结果表明，穿戴于左小腿、右大腿、左小臂和右小臂上的 4 个测量节点实现了最高的分类精度。Kim 等人[93]将 8 个测量节点分别穿戴于头、胸腔、左右手腕、左右脚、左右髋部，提出了一种自动评分算法，旨在评估有跌倒风险的老年人或脑部疾病患者在日常生活中的平衡能力。在人机协作方面，Pinto 等人[94]将 IMU 节点放置于操作人员的手持工具上，并融合立体视觉对工业机器人进行演示编程。Noccaro 等人[95]在胸腔、右上臂、右小臂和右手上各穿戴了一个 MARG 测量节点，通过记录手臂运动，将手臂运动映射到机械臂末端执行器上，实现了机器人遥控操作。He 等人[96]设计了一款集成 IMU 和 RGB-D 传感器的智能手，用于帮助工人完成重复的拾取放置任务，以避免人为错误。

人体动作识别侧重于算法研究，研究者通常需要在多个数据集中验证与评估所提出算法的性能。由于可穿戴传感器的种类丰富、部署方案多样，针对不同的动作识别场景与需求构建相应的动作识别数据集需要花费大量的时间与经济成本。因此，很多研究者选择公开其研究过程中构建的数据集，很大程度上推动了人体动作识别研究的发展。现有的人体动作识别公开数据集主要针对日常行为、人机协作/交互、医疗康复等场景，部分公开动作识别数据集如表 1-1 所示。

表 1-1　部分公开动作识别数据集

应用场景	数据集	传感器类型	采样频率/Hz	部署位置	类别
日常行为	WISDM[97]	3D 加速度计	20	裤子前口袋	6
	UCI-HAR[98]	6D IMU	50	手腕	6
	OPPORTUNITY[99]	9D MARG 传感器、3D 加速度计	30	上肢、下肢、后背	18+5
	PAMP2[100]	9D MARG 传感器、心率检测器	100	胸腔、手腕、脚踝	18
	SHO[101]	9D MARG 传感器	50	裤子左右口袋、腰、右上臂、右手腕	7
	HHAR[102]	6D IMU	50～200	腰、胳膊	6
	Motion Sense[103]	6D IMU	50	胸前口袋	6
	USC-HAD[104]	6D IMU	100	右前胯	12

续表

应用场景	数据集	传感器类型	采样频率/Hz	部署位置	类别
医疗康复	Hospital	6D IMU	20	胸腔	7
	mHEALTH[105]	9D MARG 传感器、心电传感器	50	胸腔、右手腕、左脚踝	12
	Daphnet Freezing of Gait Dataset[106]	3D 加速度计	64	小腿、大腿、腰	3
人机协作/交互	Skoda[107]	3D 加速度计	98	双臂	10
	HCI gestures dataset[108]	3D 加速度计	96	右臂	5

1.4.2 基于机器学习的动作识别方法

在人体运动过程中，穿戴于人体不同部位的可穿戴测量节点通过采集肢体的运动信息，将其转化为不同传感器的数据流。通过分析传感器的数据流，提取其中具有代表性的特征并据此进行分类，即可识别数据流所描述的人体动作。

传统的基于机器学习的动作识别流程如图 1-4 所示。特征通常由人来设计，利用主成分分析、线性判别分析、核主成分分析、多维尺度分析、独立成分分析等方法，提取传感器信号中的时域特征和频域特征。Chen 等人[109]首先利用主成分分析方法对加速度计 x 轴和 y 轴的测量值进行降维，然后从中提取了 8 种时域特征（绝对均值、方差、绝对中位差、最大值、最小值、信号幅值范围、能量、四分位距）和 5 种频域特征（最大值、均值、偏度、峰度、能量）。Preece 等人[110]比较了从加速度传感器中提取的 7 种基于小波变换的特征、7 种基于时/频域信号的特征，即均值、标准差、中位数、下四分位数和上四分位数、主频、能量谱、低通滤波、高通滤波、熵、相关性、幅值中的一种或多种组合，基于 K-近邻（K-Nearest Neighbor，KNN）分类器在行为识别中的表现，表明对于加速度传感器的不同部署位置与数量，基于小波变换和时/频域信号提取的特征将产生不同的分类结果，因此需要为不同的场景选择最适合的分类特征。Wang 等人[111]首先从加速度计和陀螺仪的测量数据中提取均值、标准差、熵、能量、相关系数等时/频域特征，然后提出结合过滤式和包裹式的最优特征选择方法，并考虑时间与精度的平衡。Ward 等人[112]利用线性判别分析对快速傅里叶变换生成的频域特征向量进行降维。

将从原始传感器的信号中提取和选择的特征作为分类器的输入，分类器基于不同的算法识别出对应的动作类别。基于机器学习的动作识别方法常用的分类器有 K-近邻分类器、支持向量机（Support Vector Machine，SVM）、高斯混合模型（Gaussian Mixture Model，GMM）、随机森林（Random Forest，RF）、K-均值聚类、朴素贝叶斯分类器、隐马尔可夫模型（Hidden Markov Model，HMM）、决策树、集成分类器

（Ensemble Classifier，EC）、人工神经网络（Artificial Neural Network，ANN）等。

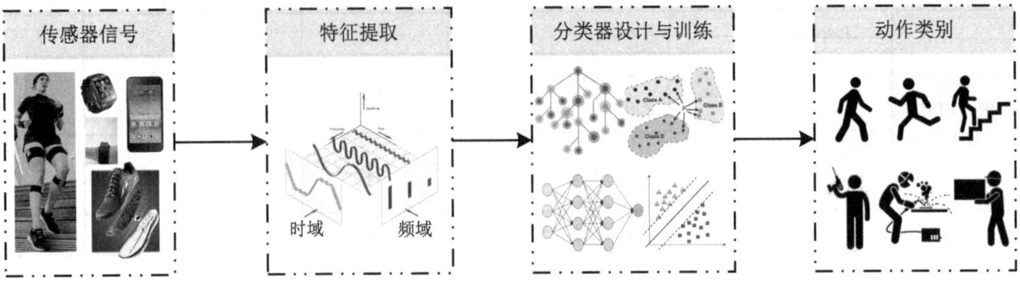

图 1-4 传统的基于机器学习的动作识别流程

Foerster 等人[113]从三个加速度传感器中提取时域特征，利用 K-近邻分类器分类 9 种人类运动。Krause 等人[114]用带有高斯径向基函数的支持向量机分类 5 种运动，发现除了极低频范围的特征，基于频率特征比基于时域特征的识别效果更好。Field 等人[115]针对无标记数据严重的情况，提出了一种基于高斯混合模型聚类动态时间对齐的无监督时间分割动作匹配方法。Dutta 等人[116]采用高斯混合模型和隐马尔可夫模型对基于加速度计时域特征和频域特征的物理活动进行建模，并对 24 种体育运动进行分类，高斯混合模型和隐马尔可夫模型分别实现了 92.7%和 94.7%的分类准确率。王景芳和施霖[117]从 4 种手势动作的表面肌电信号中提取了平均绝对值、均方根、零交点、方差和标准差 5 种特征，采用反向传递神经网络对手势动作进行分类，平均识别率为 90.35%。Neto 等人[6]利用两个包含一个隐含层的人工神经网络分别对上半身的静态姿态和动态姿态进行分类，静态姿态的分类准确率略低于动态姿态的分类准确率。Simao 等人[118]利用两个不同的人工神经网络从腕带式磁力计和数据手套采集的数据中识别出静态手势和动态手势指令，其中动态手势用于指示抓取位置，静态手势用于使机器人停止，结果表明对 25 个静态手势的识别准确率为 98.7%，对 10 个动态手势的识别准确率为 99.0%。De Leonardis 等人[119]基于相关性和遗传算法从 MARG 传感器中提取了 69 个时/频域特征，将其输入 K-近邻分类器、前馈神经网络、支持向量机、朴素贝叶斯分类器和决策树 5 个分类器，结果表明所有的分类器都能够正确识别 90%以上的活动，但 K-近邻分类器具有更低的内存和计算需求，并且可以进一步减少特征向量数量。Vidya 和 Sasikumar[120]利用离散小波变换和经验模态分解技术从手机内置惯性传感器和 3 个测量节点的传感器信号中提取时/频域特征，然后进行特征筛选，利用混淆矩阵和平行坐标图对支持向量机、K-近邻分类器、集成分类器和决策树 4 种分类器模型的性能进行评价，结果表明决策树的分类准确率最高可达 99.63%。

综上所述，基于机器学习的动作识别方法要求设计人员具有较高水平的专业知识，以进行特征设计、选择或降维，最终筛选出能更好地描述问题本质的特征。分类器的性能主要取决于系统的数据预处理方法和特征提取方法。然而依靠人工经验提取的特征通常较为浅显，只能识别较低水平的动作，如走路、跑步等区别较大的运动，而对于较为复杂的运动，如人机协作装配中的人体动作指令等，基于机器学习的方法难以取得较好的识别效果，模型泛化能力受到限制。

1.4.3 基于深度学习的动作识别方法

近年来，计算机硬件设备的飞速发展促进了算力大幅度提升，极大缩短了模型的训练时间。互联网的普及有利于收集大规模数据集，也便于科研人员分享与获取公开数据集。TensorFlow、PyTorch、Keras 等多种开源深度学习框架的出现，简化了算法设计流程，使研发人员更加关注应用领域创新。上述三种因素共同促进了深度学习的发展。

深度学习技术是机器学习的一次变革，可以从原始的传感器数据中自动进行端到端的特征提取，而不依赖于人工经验。基于深度学习的人体动作识别流程如图 1-5 所示，与机器学习相比，深度学习网络可以自动学习特征并进行分类。此外，随着网络结构的复杂化和层数的加深，深度学习算法通常可以更好地捕捉数据的复杂性和抽象特征。在数据量充足、网络结构设计合理的情况下，深度学习网络几乎可以逼近任意函数。因此，在图像处理、自然语言处理、机器人动作识别等复杂任务中，深度学习取得了比机器学习更好的效果，应用场景更加广泛。

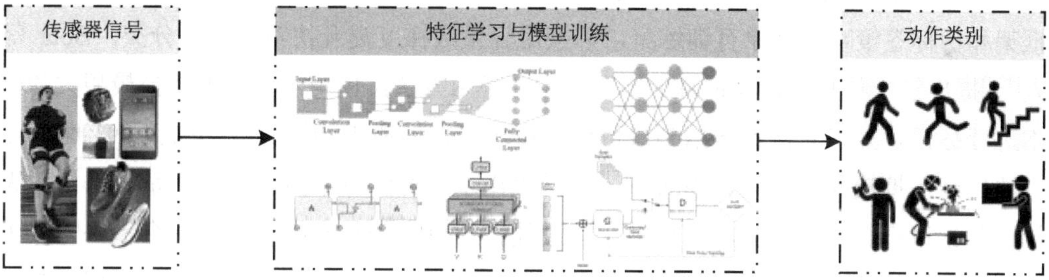

图 1-5 基于深度学习的人体动作识别流程

目前，研究人员已将多种不同的深度学习算法应用于动作识别领域，通常可以分为监督学习、半监督学习和无监督学习。基于监督学习的动作识别方法使用有标记的数据集进行模型训练，调整分类器参数，使其达到所要求的性能，常用的模型有卷积神经网络（Convolutional Neural Network，CNN）、循环神经网络（Recurrent Neural Network，RNN）等。CNN 每个卷积层的滤波器都有一个预定义的感受野，擅长捕捉局部依赖。Wan 等人[121]设计了一个三层 CNN 提取局部特征，实现基于智能手机内置 IMU 的人体动作识别。郭毅博等人[122]利用不同尺寸的卷积核进行多尺度特征提取，在五个公开数据集上验证了算法性能。Tang 等人[123]提出了分层分割的思想，以增加

CNN的多尺度特征表示能力。RNN可以更好地处理传感器采集的时间序列数据，但原始RNN存在梯度爆炸和梯度消失的问题[124]。动作识别中领域所用的模型多为RNN的变种，如长短时记忆神经（Long Short-Term Memory，LSTM）网络和门控循环单元（Gate Recurrent Unit，GRU）。Ordonez 和 Roggen[125]提出了包含 4 个卷积层和 2 个 LSTM 层的 DeepConvLSTM 模型，取得了比 CNN 更好的效果。Tong 等人[126]构建了包含 CNN 和双向 GRU 的 7 层神经网络模型。Murahari 和 Plotz[127]在 DeepConvLSTM 模型的基础上添加了注意力层，取得了更高的 F1 分数。Abedin 等人[128]在结合 CNN 与 GRU 的深度学习框架中加入了自注意力机制，捕捉多传感器通道之间的潜在关联。Shavit 和 Klein[129]在 CNN 后添加了 Transformer 编码器层，其比原有的 CNN 模型取得了更好的效果。

半监督学习通过将少量有标记数据与大量无标记数据相结合，更好地利用无标记的传感器数据训练动作识别模型。针对标记数据有限及类别分布不平衡的问题，Chen 等人[130]提出了一个模式平衡的递归卷积注意力模型，利用模式平衡的协同训练从不平衡的数据集中提取并保存潜在的活动模式，利用递归注意力模型处理无标记数据，在10%的有标记数据下取得了较好的性能。Zhu 等人[131]提出了结合 LSTM 网络和时间集成机制的半监督动作识别方法，利用深度 LSTM 网络对连续数据进行建模并学习高水平特征，时间集成机制利用有标记数据和无标记数据提升深度 LSTM 网络的性能。陈圣楠和范新民[132]提出了基于多视图半监督集成学习方法，利用主动协同学习框架和伪标签策略扩充原有训练集，并使用轻量级梯度提升决策树进行分类。Bota 等人[133]提出了一种基于自我训练的半监督主动学习方法，使用一个标准选择最相关的样本进行标记，并将其标签传播到最可信的样本中，当所需的标记数据减少 89%时，该方法仍能保持较高准确性。Duan 等人[134]提出了一种深度半监督动作识别方法，对无标记数据进行熵最小化生成伪标签，通过线性插值将其与有标记数据混合，并开发了校准注意机制以避免噪声虚拟插值影响。Gupta 和 Caleb Solly[135] 重点关注频繁重复的用户活动，提出了一种结合离线和在线识别技术的半监督自适应动作识别方法，使用预定义的短期系统内存，并通过贝叶斯网络更新用户活动模型进行实时检测。离线和在线识别一起进行，不断学习活动模式，并在短期内修改用户活动模型，以适应任何新的或不断变化的操作。然而，由于存在各种无标记事件导致数据集不平衡，该模型未能识别出一些活动。

为了利用完全无标记可穿戴传感器数据开发先进的动作识别系统，研究人员将无监督学习技术用于探索性数据分析，以便在无标记数据中学习模式。较早的研究中将受限玻耳兹曼机（Restricted Boltzmann Machine，RBM）用于自动表示学习。Hammerla 等人[136]利用 RBM 构建了基于可穿戴传感器数据的帕金森病评估系统，对在自然环境中收集的数据中包含的疾病状态进行分类。堆叠的 RBM 称为深度置信网络（Deep Brief Network，DBN），RBM 和 DBN 之后通常为全连接层。Hassan 等人[137]利用核主成分分析和线性判别分析提取的特征训练 DBN，在公开数据集上实现了 97.5%的总体识别准确率。

由于有标记数据获取困难，为了不增加数据收集的成本，研究者们提出了一些数据增强方法，如利用自编码器（AutoEncoder，AE）和生成对抗网络（Generative Adversarial Networks，GAN）进行数据增强。自编码器通过编码和解码两个过程在低维空间中学习输入信息的潜在表示。Varamin 等人[138]采用卷积自编码器（Convolutional Auto Encoder，CAE）来揭示有效的特征。Mohd Noor 将卷积去噪自编码器与 CNN 联合训练来学习基础特征，并生成数据的紧凑特征表示[139]。然而，自编码器生成的合成数据往往质量较差，而生成对抗网络能够生成高质量的合成时间序列数据，但存在模式崩溃、收敛难、梯度消失、训练难等缺陷。Alharbi 等人[140]使用 Wasserstein GAN（WGAN）自动合成平衡且符合实际情况的传感器数据，并使用 CNN 和 LSTM 网络两种分类器对合成数据进行评估。在两个公开数据集上进行测试，并评估使用 WGAN 增强的训练数据相比于不平衡数据的表现。结果表明，使用 CNN 进行分类时，在第一个数据集中，相比于数据不平衡的情况，使用 WGAN 生成数据的 F1 得分从 0.85 增长到 0.95，在第二个数据集中，使用 WGAN 生成数据的 F1 得分从 0.70 增长到 0.77。Sanabria 等人[141]提出了一种异构特征空间的无监督域自适应技术 ContrasGAN，使用双向生成对抗网络进行异构特征迁移和对比学习来捕获类之间的不同特征，从而将活动模型从一个标记域转移到其他无标记域。新近的文献表明，无监督学习严重依赖高质量聚类，与时间相关性、类不平衡和高质量数据聚类有关的问题仍然存在[142]。

自监督学习是无监督学习的一个特殊类型，通常包含预训练和微调两个阶段。在预训练阶段，通过设置前置任务利用大量无标记数据训练特征编码器，以学习动作识别中的通用特征表示。在微调阶段，利用少量的有标记数据训练一个简单的分类器，从预训练的特征编码器提取的特征中识别出动作类别。Saeed 等人[143]提出了转换预测网络作为多分支时间 CNN，为动作识别开发了一个多任务自监督学习模型，其中每个任务都有一个共享层和一个私有层。6 个公开数据上的评估结果表明该模型优于监督学习和半监督学习。Jain 等人[144]提出了一种协作式自监督学习，收集多个设备的正负样本，并将它们与来自锚设备的样本进行对比，从而从无标记数据中产生一个用于表示学习的监督信号。三个多设备数据集上的实验结果表明，该方法在大多数实验设置中都优于监督学习和半监督学习。

在对比学习中，模型对同一样本的不同视角或增强样本进行编码，通过使正样本的特征表示更加接近，负样本的特征表示更加远离，训练编码器网络学习数据的特征表示能力。目前，对比学习已在计算机视觉、自然语言处理等领域展现出了良好的性能，在基于时序传感器数据的人体动作识别研究中也逐渐受到重视[145]。用于多源传感器时序数据的增强方法包括添加噪声、打乱顺序、置换、重采样、旋转、翻转等。Wang 等人对输入数据进行重采样，提出了基于 SimCLR[146]和 Moco[147]的动作识别方法[148]。Koo 等人提出了对比加速度计-陀螺仪集成模型[149]，但对其他传感器类型不适用。Khaertdinov 等人提出了基于动态温度缩放的动作识别模型[150]，以解决 SimCLR 中的负对问题。Qian 等人[145]从算法和任务两个方面评估了多种基于 SimCLR、BYOL 等对比学习框架的动作识别方法，结果表明对比学习依然不能完美地处理基于可穿戴传感器的人体动作识别问题，其识别结果高度依赖于特征编码器和前置任务设计。

第 2 章　MARG 传感器的模块设计与传感器校准

2.1　MARG 传感器的模块设计

本章设计的 MARG 传感器硬件系统如图 2-1 所示[151]，主要包括电源管理、传感器数据采集、通信管理和微处理器四部分，用于采集人与机器人的运动信息。

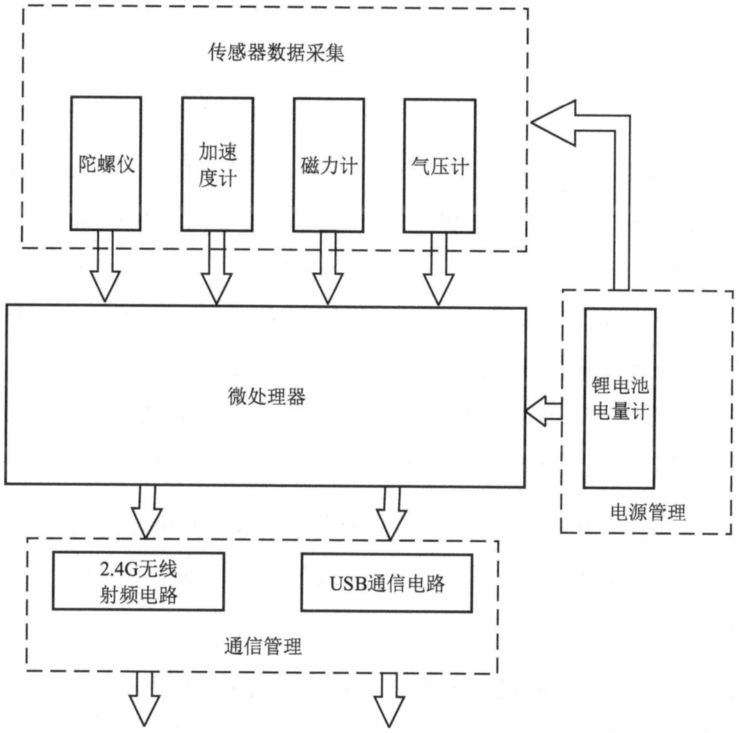

图 2-1　本章设计的 MARG 传感器硬件系统

电源管理部分的开关机电路原理图如图 2-2 所示。该开关机电路包含控制引脚 CTR_POWER 和输入引脚 Key_In。当按下 MARG 传感器的开关机按钮（B1）时，Key_In 引脚的电平被拉低；当松开 MARG 传感器的开关机按钮时，Key_In 引脚的电平被拉高。当 MARG 传感器的开关机按钮被按下超过 1s 时，微处理器控制

CTR_POWER 引脚变为低电平，电源将给 MARG 传感器硬件系统供电，其内部的软件系统开始正常工作。当 MARG 传感器的开关机按钮被按下超过 2s 时，微处理器控制 CTR_POWER 引脚变为高电平，MARG 传感器硬件系统将失去电源供给，相应的软件系统停止工作。

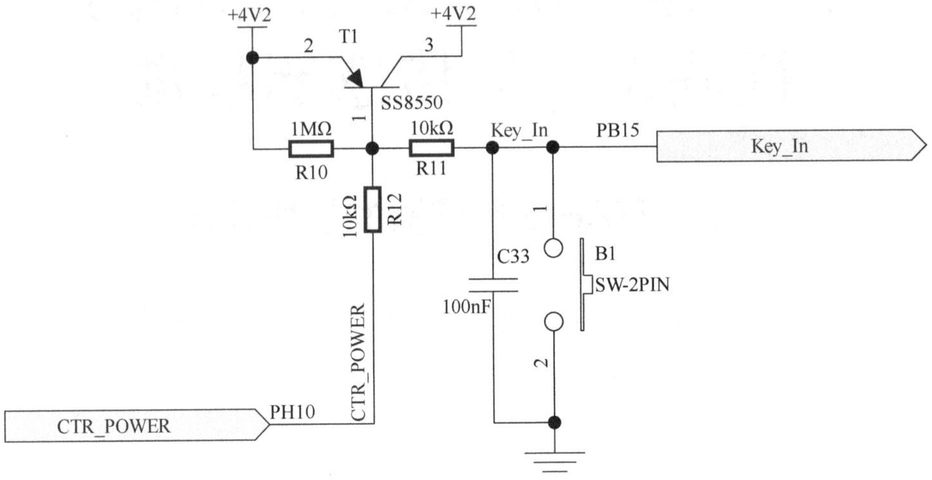

图 2-2　电源管理部分的开关机电路原理图

为了保障 MARG 传感器稳定运行，设计了两种供电方式，分别为 USB 供电和锂电池充电芯片供电。图 2-3 所示为电源管理部分的其他电路原理图，其中 LED1、LED2 和 LED3 是 MARG 传感器的信号指示灯，用于显示 MARG 传感器的工作状态。当 MARG 传感器正常运行后，LED3 亮起。当 MARG 传感器断电后，所有 LED 均熄灭。为了给 MARG 传感器提供稳定的电源，图 2-3 中设计了电平转换电路，利用锂电池充电芯片 MAX1811 将+5V 电压转化为 4.2V 电压后，再将 4.2V 电压转化为两路 3.3V 电压，其中一路给 MARG 传感器供电，另外一路给其他芯片供电。

锂电池电量计用于采集为 MARG 传感器供电的锂电池充电芯片的电量信息，选用的锂电池电量计型号为 CW2015，采用 I2C 总线与微处理器进行通信。锂电池电量计电路原理图如图 2-4 所示。

传感器数据采集部分的电路设计主要包括陀螺仪、加速度计、磁力计、气压计的电路设计。陀螺仪用于采集人与机器人运动时相关关节的角速度，本章选用工业级的三轴陀螺仪 MPU-3300，采用 SPI 总线与微处理器通信。陀螺仪电路原理图如图 2-5 所示。

加速度计用于采集人与机器人运动时的加速度，选用的加速度计型号为 ADXL357BEZ，加速度计和微处理器之间采用 SPI 总线通信。加速度计电路原理图如图 2-6 所示。

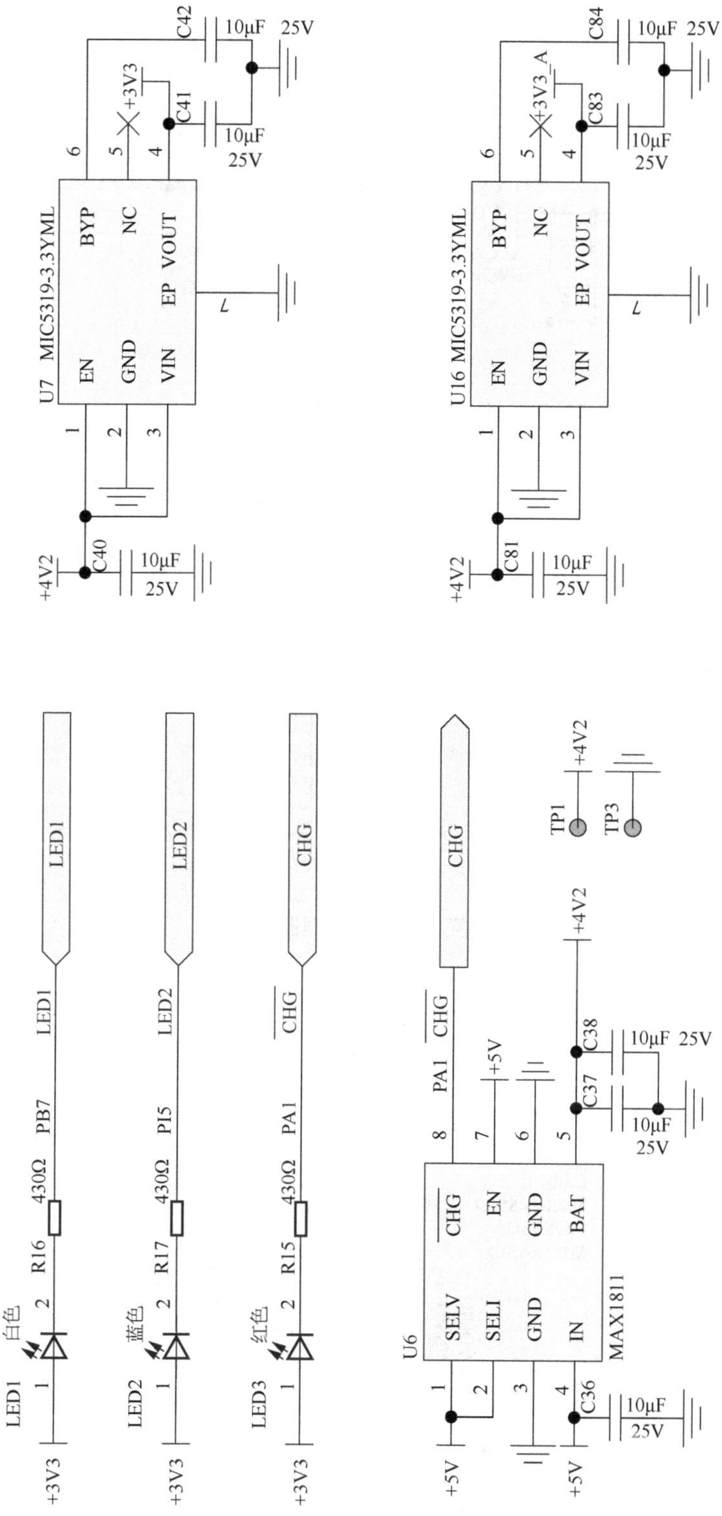

图 2-3　电源管理部分的其他电路原理图

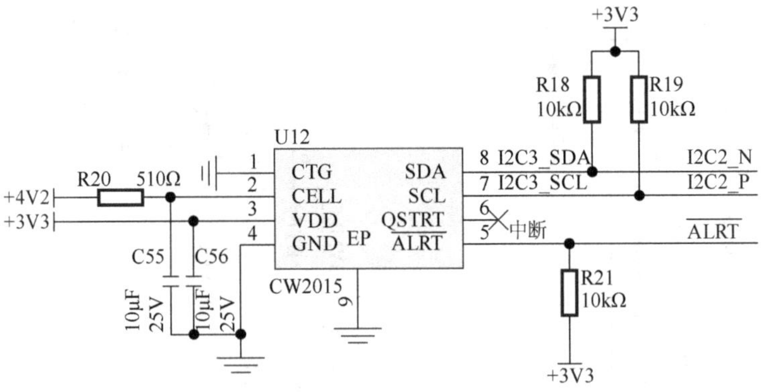

图 2-4 锂电池电量计电路原理图

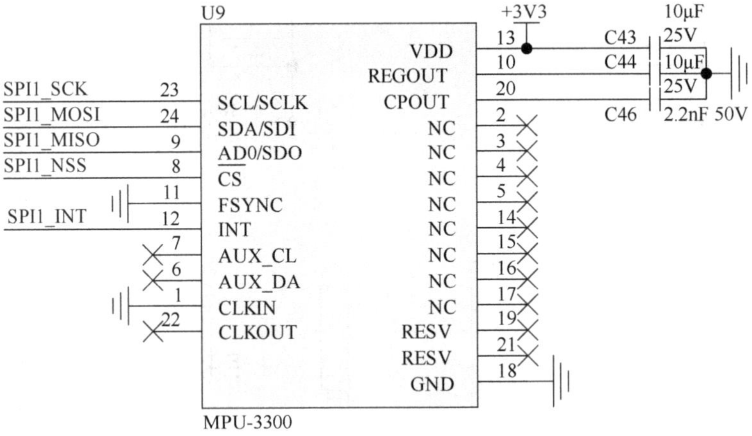

图 2-5 陀螺仪电路原理图

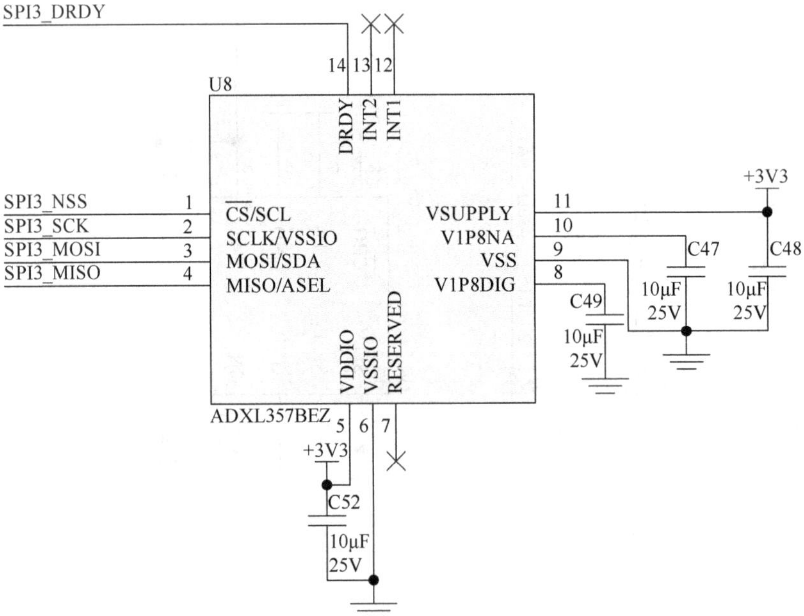

图 2-6 加速度计电路原理图

磁力计用于采集人与机器人运动时周围的磁场信息，所选用的磁力计型号为 HMC5983，磁力计和微处理器之间采用 SPI 总线通信。磁力计电路原理图如图 2-7 所示。

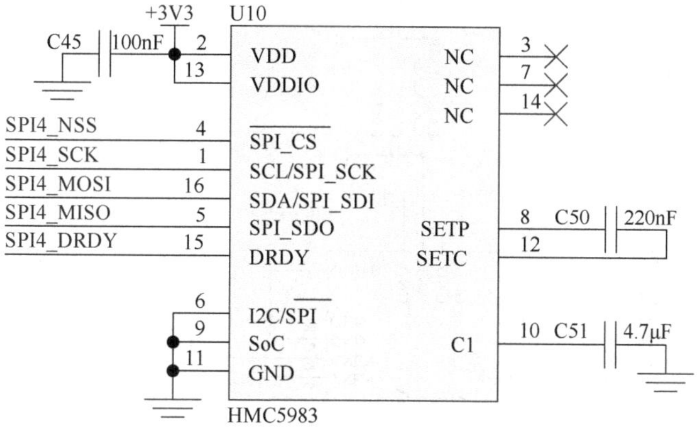

图 2-7　磁力计电路原理图

气压计用于采集MARG传感器所处位置的环境气压，选用的气压计型号为MS5611-01BA03，气压计和微处理器之间采用 I2C 总线通信。气压计电路原理图如图 2-8 所示。

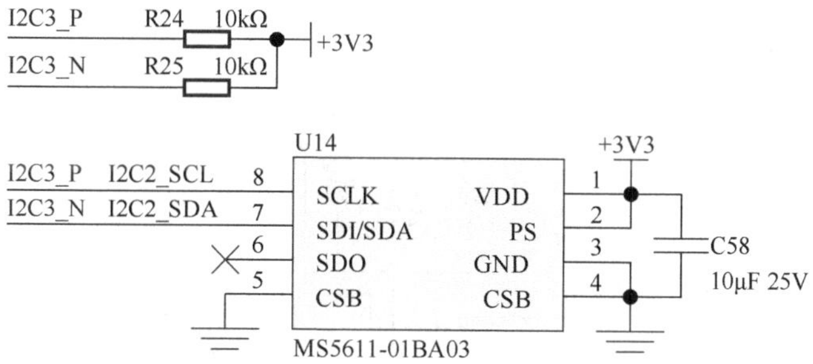

图 2-8　气压计电路原理图

通信管理部分的电路设计主要包括2.4G无线射频电路和USB通信电路。选用2.4G无线射频通信有以下原因[152]：（1）2.4G 无线射频技术的频段处于 2.405～2.485GHz 范围内，属于国际规定的免费频段，无须缴纳专利费等；（2）2.4G 无线射频技术采用全双工模式进行数据传输，抗干扰能力强；（3）2.4G 无线射频技术传输速率高，理论上传输速率可达 2Mbit/s，传输距离可达 10 米。

图 2-9 所示为 2.4G 无线射频电路原理图，选用的 2.4G 无线射频芯片为 NRF24L01。为了保证 2.4G 无线射频信号发送和接收的强度，在设计中还使用了功率放大器（Power Amplifier，PA）和低噪声放大器（Low Noise Amplifier，LNA），使用 RFX2401C 芯片作为 2.4G 无线射频电路的功率放大器芯片。

USB 通信电路主要用作 MARG 传感器与计算机的通信电路，其原理图如图 2-10 所示。

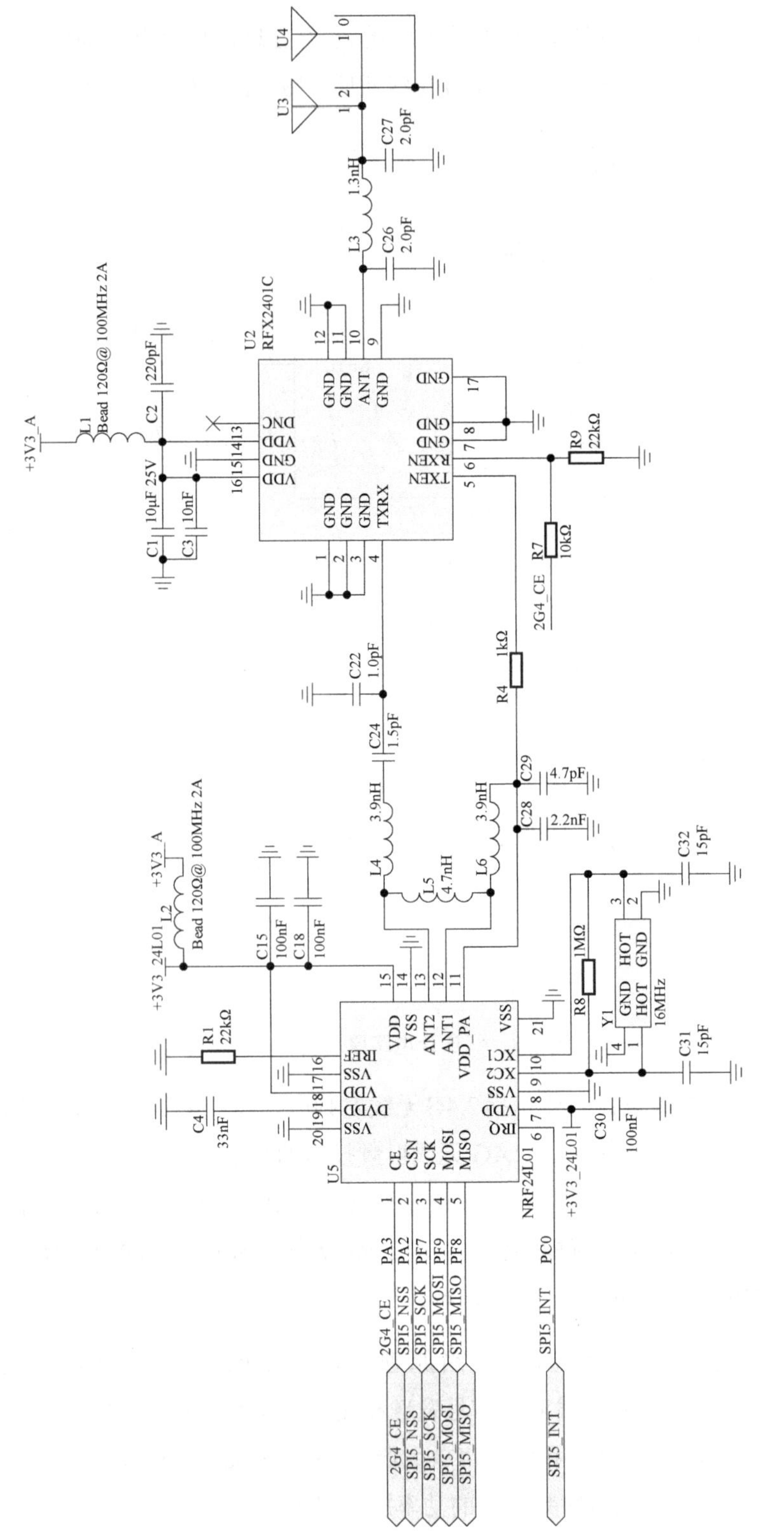

图 2-9 2.4G 无线射频电路原理图

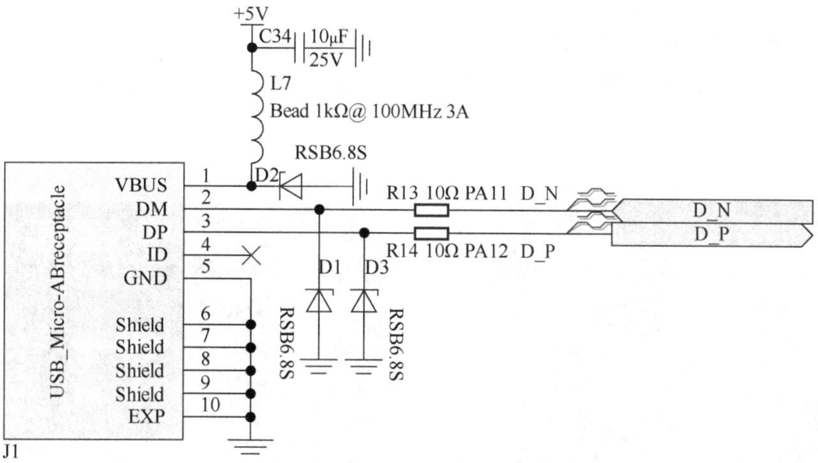

图 2-10　USB 通信电路原理图

微处理器作为整个 MARG 传感器的控制中心，其电路原理图和调试接口分别如图 2-11 和图 2-12 所示。选用芯片 STM32F779 作为微处理器，其内核是 32 位 ARM Cortex-M7 CPU，主频可达到 216MHz，带有双浮点运算单元。

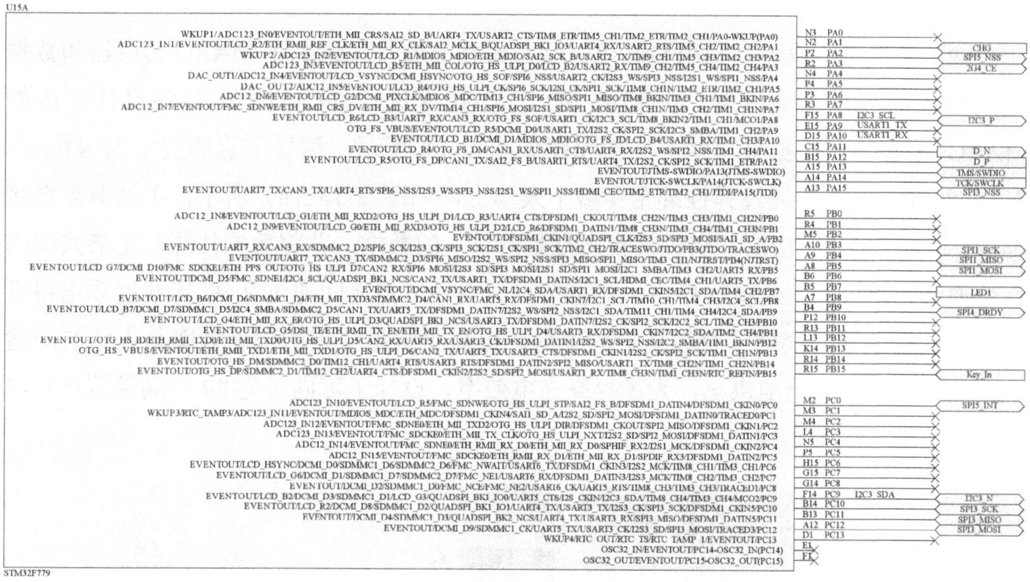

图 2-11　微处理器电路原理图

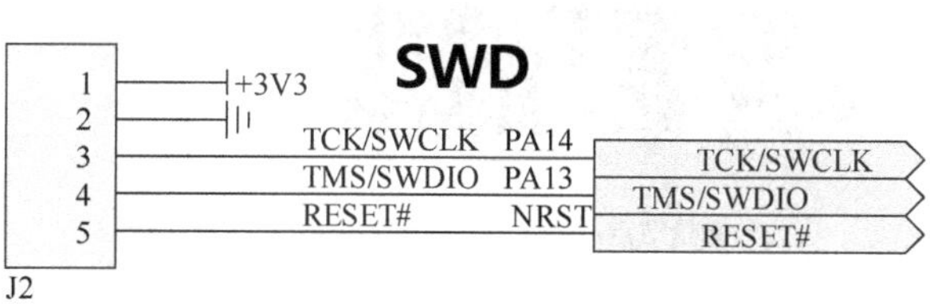

图 2-12　微处理器调试接口

在 Altium Designer 软件中将芯片和元器件按照上述原理图中的连接方式绘制，得到MARG传感器印制电路板，其三维仿真图如图2-13所示。该印制电路板是四层板，布线规范。

图2-13　MARG传感器印制电路板的三维仿真图

数据采集网关的电路设计主要包含电源管理、通信管理和微处理器的电路设计三部分，设计思路与MARG传感器的模块设计思路类似。

除了硬件电路设计，利用SolidWorks三维仿真软件还绘制了MARG传感器和数据采集网关的外壳三维模型，并利用 3D 打印技术进行外壳加工，最终设计完成的MARG 传感器和数据采集网关的实物图如图 2-14 所示。测量节点的尺寸为 43mm×30mm×14mm，可以通过弹性绑带穿戴于人体上，如图 2-14（a）所示。主站节点直接插入计算机的 USB 接口，负责接收来自测量节点的数据，并将数据按照一定格式编码后传输至计算机的上位机软件中。测量节点与主站节点之间通过 2.4G 无线射频电路进行无线数据传输，突破了有线传输的束缚，提高了测量节点的部署效率与人体的舒适度。测量节点由锂电池供电，为了提高充电效率，设计了可同时为 20 个测量节点充电的充电装置，如图 2-14（c）所示。

（a）测量节点　　（b）主站节点

图2-14　最终设计完成的MARG传感器和数据采集网关的实物图

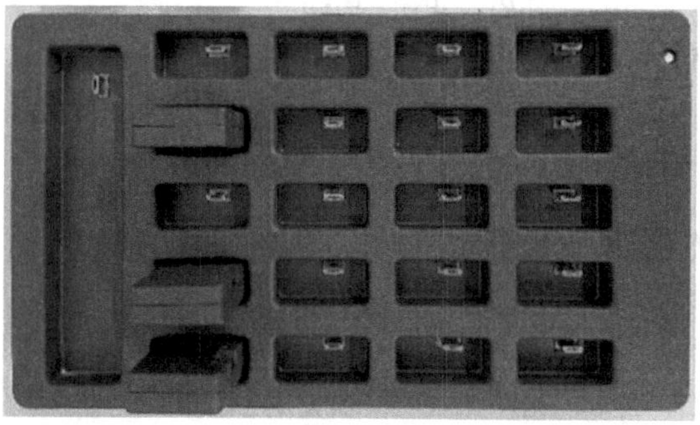

（c）充电装置

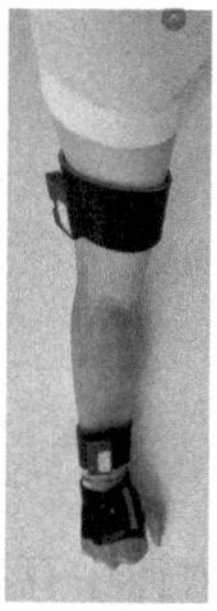

（d）部署方案

图 2-14　最终设计完成的 MARG 传感器和数据采集网关的实物图（续）

2.2　传感器校准

MEMS 传感器受到制造工艺和安装精度等的影响，参数测量值与理论值之间往往存在一定的误差，主要包括零偏、灵敏度（标度因数）误差和轴间非正交误差。若不加以处理，这些误差则将直接影响姿态估计精度。

2.2.1　磁力计校准

除了零偏、灵敏度误差和轴间非正交误差，磁力计还易受环境中铁磁性物体的干扰，这些干扰通常分为硬铁干扰和软铁干扰。理想情况下，磁力计测量值在空间中分布在一个半径为局部磁场大小的球体表面上。硬铁干扰使磁力计各轴的输出值产生恒定偏移，导致球心位置改变；软铁干扰使球的形状发生畸变。磁力计标定的目的就是使校准后的磁力计测量值重新分布于球体表面。针对不同的误差源建立的磁力计误差模型为

$$^{\mathrm{m}}\boldsymbol{m} = \boldsymbol{C}_{\mathrm{sc}}\boldsymbol{C}_{\mathrm{no}}(\boldsymbol{C}_{\mathrm{si}}\,{}^{\mathrm{s}}\boldsymbol{m} + \boldsymbol{O}_{\mathrm{hi}}) + \boldsymbol{O}_{\mathrm{zb}} \tag{2-1}$$

式中，${}^{\mathrm{s}}\boldsymbol{m}$ 为磁力计的理论输出值，${}^{\mathrm{s}}\boldsymbol{m} = \left[{}^{\mathrm{s}}m_x \quad {}^{\mathrm{s}}m_y \quad {}^{\mathrm{s}}m_z\right]^{\mathrm{T}}$；${}^{\mathrm{m}}\boldsymbol{m}$ 为磁力计测量值，${}^{\mathrm{m}}\boldsymbol{m} = \left[{}^{\mathrm{m}}m_x \quad {}^{\mathrm{m}}m_y \quad {}^{\mathrm{m}}m_z\right]^{\mathrm{T}}$；$\boldsymbol{C}_{\mathrm{sc}}$ 为比例因子矩阵；$\boldsymbol{C}_{\mathrm{no}}$ 为轴间非正交误差；$\boldsymbol{C}_{\mathrm{si}}$ 为软铁干扰导致的误差系数矩阵；$\boldsymbol{O}_{\mathrm{hi}}$ 为硬铁干扰导致的偏移；$\boldsymbol{O}_{\mathrm{zb}}$ 为制造工艺误差导致的零偏。将公式（2-1）整理，可得

$$^{\mathrm{m}}\boldsymbol{m} = \boldsymbol{D}\,{}^{\mathrm{s}}\boldsymbol{m} + \boldsymbol{O} \tag{2-2}$$

式中，$\boldsymbol{D}$ 和 $\boldsymbol{O}$ 分别具有以下形式：

$$\boldsymbol{D}=\boldsymbol{C}_{\mathrm{sc}}\boldsymbol{C}_{\mathrm{no}}\boldsymbol{C}_{\mathrm{si}}=\begin{bmatrix} d_{11} & d_{12} & d_{13} \\ d_{21} & d_{22} & d_{23} \\ d_{31} & d_{32} & d_{33} \end{bmatrix} \tag{2-3}$$

$$\boldsymbol{O}=\boldsymbol{C}_{\mathrm{sc}}\boldsymbol{C}_{\mathrm{no}}\boldsymbol{O}_{\mathrm{hi}}+\boldsymbol{O}_{\mathrm{zb}}=\begin{bmatrix} o_1 \\ o_2 \\ o_3 \end{bmatrix} \tag{2-4}$$

磁力计中存在的传感器噪声对其输出值的影响可以忽略，因此磁力计误差模型中没有考虑传感器噪声部分。对公式（2-2）进行转换，可以将磁力计在误差干扰下的输出值修正为实际磁场中的真实值，即

$$^{\mathrm{s}}\boldsymbol{m}=\boldsymbol{D}^{-1}(^{\mathrm{m}}\boldsymbol{m}-\boldsymbol{O}) \tag{2-5}$$

如果传感器自身不存在工艺误差且无环境磁场干扰，那么磁力计测量值理论上应等于当地的磁场强度，即

$$\left\|^{\mathrm{s}}\boldsymbol{m}\right\|_2^2=\left\|^{\mathrm{m}}\boldsymbol{m}\right\|_2^2=m_0^2 \tag{2-6}$$

式中，$\|\cdot\|_2$ 表示向量的二范数；m_0 为当地的磁场强度。将公式（2-5）代入公式（2-6）得

$$(^{\mathrm{m}}\boldsymbol{m}-\boldsymbol{O})^{\mathrm{T}}(\boldsymbol{D}^{-1})^{\mathrm{T}}\boldsymbol{D}^{-1}(^{\mathrm{m}}\boldsymbol{m}-\boldsymbol{O})=m_0^2 \tag{2-7}$$

令 $\boldsymbol{P}=(\boldsymbol{D}^{-1})^{\mathrm{T}}\boldsymbol{D}^{-1}$，上式可以简化为

$$(^{\mathrm{m}}\boldsymbol{m}-\boldsymbol{O})^{\mathrm{T}}\boldsymbol{P}(^{\mathrm{m}}\boldsymbol{m}-\boldsymbol{O})=m_0^2 \tag{2-8}$$

公式（2-8）为广义椭球方程。因此，在误差干扰下，磁力计的输出值在空间中形成一个椭球面。对磁力计进行校正，首先需要求出公式（2-5）中的 $\boldsymbol{D}^{-1}$ 和 $\boldsymbol{O}$。为达到这一目的，可以利用椭球拟合算法求解。椭球的一般方程可以用矩阵表示为

$$\boldsymbol{\Gamma}^{\mathrm{T}}\boldsymbol{K}_{\mathrm{m}}=0 \tag{2-9}$$

式中，$\boldsymbol{\Gamma}=\begin{bmatrix}X^2 & Y^2 & Z^2 & 2XY & 2XZ & 2YZ & 2X & 2Y & 2Z & 1\end{bmatrix}^{\mathrm{T}}$ 表示椭球方程在三维空间中的变量矩阵；$\boldsymbol{K}_{\mathrm{m}}=\begin{bmatrix}k_1 & k_2 & k_3 & k_4 & k_5 & k_6 & k_7 & k_8 & k_9 & k_{10}\end{bmatrix}^{\mathrm{T}}$ 为椭球方程的系数矩阵。采用立体 8 字校准法采集 n 组磁力计测量值，组成变量矩阵 $\boldsymbol{\Gamma}_{10\times n}$，采用最小二乘法，可以求出利用磁力计测量值拟合得到的椭球系数矩阵 $\hat{\boldsymbol{K}}_{\mathrm{m}}$，这一过程可以表示为

$$\hat{\boldsymbol{K}}_{\mathrm{m}}=\arg\min[(\boldsymbol{\Gamma}^{\mathrm{T}}\boldsymbol{K}_{\mathrm{m}})^{\mathrm{T}}(\boldsymbol{\Gamma}^{\mathrm{T}}\boldsymbol{K}_{\mathrm{m}})]=\arg\min(\boldsymbol{K}_{\mathrm{m}}^{\mathrm{T}}\boldsymbol{\Gamma}\boldsymbol{\Gamma}^{\mathrm{T}}\boldsymbol{K}_{\mathrm{m}}) \tag{2-10}$$

将拟合得到的椭球方程写为广义形式：

$$^{\mathrm{m}}\boldsymbol{m}^{\mathrm{T}}\boldsymbol{Q}\,^{\mathrm{m}}\boldsymbol{m}+2\boldsymbol{F}\,^{\mathrm{m}}\boldsymbol{m}+N=0 \tag{2-11}$$

式中，$\boldsymbol{Q}$、$\boldsymbol{F}$ 和 N 分别具有以下形式：

$$\boldsymbol{Q}=\begin{bmatrix} k_1 & k_4 & k_5 \\ k_4 & k_2 & k_6 \\ k_5 & k_1 & k_3 \end{bmatrix}$$

$$\boldsymbol{F}=\begin{bmatrix} k_7 & k_8 & k_9 \end{bmatrix}$$

$$N=k_{10}$$

对比公式（2-8）和公式（2-11），可以求出矩阵 $\boldsymbol{O}$ 和 $\boldsymbol{P}$：

$$\boldsymbol{O}=-\boldsymbol{Q}^{-1}\boldsymbol{F} \tag{2-12}$$

$$\boldsymbol{P}=\frac{\boldsymbol{Q}m_0^2}{(-\boldsymbol{Q}^{-1}\boldsymbol{F})^{\mathrm{T}}\boldsymbol{Q}(-\boldsymbol{Q}^{-1}\boldsymbol{F})} \tag{2-13}$$

根据 $\boldsymbol{P}=(\boldsymbol{D}^{-1})^{\mathrm{T}}\boldsymbol{D}^{-1}$，对矩阵 $\boldsymbol{P}$ 进行奇异值分解，可以求出 $\boldsymbol{D}^{-1}$，最后利用公式（2-5），即可完成磁力计的校准。

2.2.2 加速度计校准

影响加速度计的误差主要为零偏、灵敏度误差和安装误差，因此可以建立加速度计的误差模型为

$$^{\mathrm{m}}\boldsymbol{a}=\boldsymbol{S}_a\,{}^{\mathrm{s}}\boldsymbol{a}+\boldsymbol{K}_a\boldsymbol{b}+\boldsymbol{O}_a \tag{2-14}$$

式中，$^{\mathrm{m}}\boldsymbol{a}$ 为加速度计实际测量值，$^{\mathrm{m}}\boldsymbol{a}=\begin{bmatrix} ^{\mathrm{m}}a_x & ^{\mathrm{m}}a_y & ^{\mathrm{m}}a_z \end{bmatrix}^{\mathrm{T}}$；$^{\mathrm{s}}\boldsymbol{a}$ 为加速度计理论测量值，$^{\mathrm{s}}\boldsymbol{a}=\begin{bmatrix} ^{\mathrm{s}}a_x & ^{\mathrm{s}}a_y & ^{\mathrm{s}}a_z \end{bmatrix}^{\mathrm{T}}$；$\boldsymbol{b}=\begin{bmatrix} b_x^2 & b_y^2 & b_z^2 \end{bmatrix}^{\mathrm{T}}$；$\boldsymbol{O}_a$ 为偏移矩阵，$\boldsymbol{O}_a=\begin{bmatrix} O_{ax} & O_{ay} & O_{az} \end{bmatrix}^{\mathrm{T}}$，$O_{ax}$、$O_{ay}$、$O_{az}$ 为各轴的零偏；$\boldsymbol{S}_a$ 为校正矩阵，$\boldsymbol{S}_a=\begin{bmatrix} S_x & S_{xy} & S_{xz} \\ S_{yx} & S_y & S_{yz} \\ S_{zx} & S_{zy} & S_z \end{bmatrix}$，其中，$S_x$～$S_z$ 分别为加速度计各轴的灵敏度误差，S_{ij}（$i,j=x,y,z$ 且 $i\neq j$）为安装误差系数；$\boldsymbol{K}_a$ 为二次项误差系数矩阵，$\boldsymbol{K}_a=\begin{bmatrix} k_x & 0 & 0 \\ 0 & k_y & 0 \\ 0 & 0 & k_z \end{bmatrix}$，其中，$k_x$、$k_y$、$k_z$ 为二次项误差系数，与 g^2 有关。

对加速度计进行校准，需要求出误差模型中的三个未知矩阵。常用的加速度计校准方法有六位置、十二位置、二十四位置校准方法。下面仅介绍六位置校准方法，选取的六位置取向及重力加速度在加速度计各轴上的分量如表 2-1 所示。

表 2-1　选取的六位置取向及重力加速度在加速度计各轴上的分量

位置	坐标轴取向			重力加速度		
	x 轴	y 轴	z 轴	x 轴	y 轴	z 轴
1	东	天	南	0	$-g$	0
2	东	北	天	0	0	$-g$
3	地	东	南	g	0	0
4	南	地	西	0	0	g
5	天	西	南	$-g$	0	0
6	西	地	南	0	g	0

将加速度计分别放置于所选取的 6 个位置上，保持静止并采集 1 分钟的数据，取其均值作为加速度计在当前位置的输出值。假设加速度计在位置 i（i=1～6）的输出值为 ${}^{\mathrm{m}}\boldsymbol{a}_i=\begin{bmatrix}{}^{\mathrm{m}}a_{xi} & {}^{\mathrm{m}}a_{yi} & {}^{\mathrm{m}}a_{zi}\end{bmatrix}^{\mathrm{T}}$，将其代入公式（2-14）可以得到 6 个公式，进一步计算可以得到校准系数矩阵，如公式（2-15）～公式（2-17）所示，其中，k_x～k_z 具有公式（2-18）所示的形式。将这三个矩阵代入加速度计误差模型，即可对加速度计输出进行实时校准。

$$\boldsymbol{S}_a=\frac{1}{2g}\begin{bmatrix}{}^{\mathrm{m}}a_{x3}-{}^{\mathrm{m}}a_{x5} & {}^{\mathrm{m}}a_{x6}-{}^{\mathrm{m}}a_{x1} & {}^{\mathrm{m}}a_{x4}-{}^{\mathrm{m}}a_{x2}\\ {}^{\mathrm{m}}a_{y3}-{}^{\mathrm{m}}a_{y5} & {}^{\mathrm{m}}a_{y6}-{}^{\mathrm{m}}a_{y1} & {}^{\mathrm{m}}a_{y4}-{}^{\mathrm{m}}a_{y2}\\ {}^{\mathrm{m}}a_{z3}-{}^{\mathrm{m}}a_{z5} & {}^{\mathrm{m}}a_{z6}-{}^{\mathrm{m}}a_{z1} & {}^{\mathrm{m}}a_{z4}-{}^{\mathrm{m}}a_{z2}\end{bmatrix} \tag{2-15}$$

$$\boldsymbol{O}_a=\frac{1}{4}\begin{bmatrix}{}^{\mathrm{m}}a_{x1}+{}^{\mathrm{m}}a_{x2}+{}^{\mathrm{m}}a_{x4}+{}^{\mathrm{m}}a_{x6}\\ {}^{\mathrm{m}}a_{y2}+{}^{\mathrm{m}}a_{y3}+{}^{\mathrm{m}}a_{y4}+{}^{\mathrm{m}}a_{y5}\\ {}^{\mathrm{m}}a_{z1}+{}^{\mathrm{m}}a_{z3}+{}^{\mathrm{m}}a_{z5}+{}^{\mathrm{m}}a_{z6}\end{bmatrix} \tag{2-16}$$

$$\boldsymbol{K}_a=\frac{1}{4g^2}\begin{bmatrix}k_x & 0 & 0\\ 0 & k_y & 0\\ 0 & 0 & k_z\end{bmatrix} \tag{2-17}$$

$$\begin{cases}k_x=2\,{}^{\mathrm{s}}a_{x3}+{}^{\mathrm{s}}a_{x5}-{}^{\mathrm{s}}a_{x1}-{}^{\mathrm{s}}a_{x2}-{}^{\mathrm{s}}a_{x4}-{}^{\mathrm{s}}a_{x6}\\ k_y=2\,{}^{\mathrm{s}}a_{y1}+{}^{\mathrm{s}}a_{y6}-{}^{\mathrm{s}}a_{y2}-{}^{\mathrm{s}}a_{y3}-{}^{\mathrm{s}}a_{y4}-{}^{\mathrm{s}}a_{y5}\\ k_z=2\,{}^{\mathrm{s}}a_{z2}+{}^{\mathrm{s}}a_{z4}-{}^{\mathrm{s}}a_{z1}-{}^{\mathrm{s}}a_{z3}-{}^{\mathrm{s}}a_{z5}-{}^{\mathrm{s}}a_{z6}\end{cases} \tag{2-18}$$

2.2.3　陀螺仪校准

与加速度计类似，对陀螺仪建立的误差模型为

$${}^{\mathrm{m}}\boldsymbol{\omega}=\boldsymbol{T}_{\omega}\,{}^{\mathrm{s}}\boldsymbol{\omega}+\boldsymbol{O}_{\omega} \tag{2-19}$$

式中，${}^{\mathrm{m}}\boldsymbol{\omega}$ 为陀螺仪测量值，${}^{\mathrm{m}}\boldsymbol{\omega}=\begin{bmatrix}{}^{\mathrm{m}}\omega_x & {}^{\mathrm{m}}\omega_y & {}^{\mathrm{m}}\omega_z\end{bmatrix}^{\mathrm{T}}$；${}^{\mathrm{s}}\boldsymbol{\omega}$ 为陀螺仪的理论输出值，

${}^{s}\boldsymbol{\omega}=\begin{bmatrix}{}^{s}\omega_x & {}^{s}\omega_y & {}^{s}\omega_z\end{bmatrix}^{T}$；$\boldsymbol{O}_{\omega}$ 为偏移矩阵，$\boldsymbol{O}_{\omega}=\begin{bmatrix}O_{\omega x} & O_{\omega y} & O_{\omega z}\end{bmatrix}^{T}$，其中，$O_{\omega x}$、$O_{\omega y}$、$O_{\omega z}$ 分别为各轴的零偏；$\boldsymbol{T}_{\omega}$ 为校准矩阵，$\boldsymbol{T}_{\omega}=\begin{bmatrix}T_x & T_{xy} & T_{xz}\\ T_{yx} & T_y & T_{yz}\\ T_{zx} & T_{zy} & T_z\end{bmatrix}$。

将陀螺仪固定在转台上，分别绕 x 轴、y 轴和 z 轴以已知的恒定角速度 ω_x、ω_y、ω_z 做顺时针和逆时针运动。每次运动中采集 1 分钟的陀螺仪测量数据，取其均值作为陀螺仪的测量值，用 ${}^{m}\boldsymbol{\omega}_i=\begin{bmatrix}{}^{s}\omega_{xi} & {}^{s}\omega_{yi} & {}^{s}\omega_{zi}\end{bmatrix}^{T}$（$i$=1～6）表示。将其代入公式（2-19）可以得到 6 个方程，解方程组可以得到陀螺仪的校准矩阵和偏移矩阵，分别具有公式（2-20）和公式（2-21）所示的形式，将其代入公式（2-19）即可进行陀螺仪的实时校准。为清晰起见，在后续章节中用 ${}^{s}\boldsymbol{\omega}$、${}^{s}\boldsymbol{a}$、${}^{s}\boldsymbol{m}$ 分别表示校准后的角速度、加速度和磁场强度。

$$\boldsymbol{T}_{\omega}=\begin{bmatrix}\dfrac{{}^{s}\omega_{x1}-{}^{s}\omega_{x2}}{2\omega_x} & \dfrac{{}^{s}\omega_{x3}-{}^{s}\omega_{x4}}{2\omega_y} & \dfrac{{}^{s}\omega_{x5}-{}^{s}\omega_{x6}}{2\omega_z}\\ \dfrac{{}^{s}\omega_{y1}-{}^{s}\omega_{y2}}{2\omega_x} & \dfrac{{}^{s}\omega_{y3}-{}^{s}\omega_{y4}}{2\omega_y} & \dfrac{{}^{s}\omega_{y5}-{}^{s}\omega_{y6}}{2\omega_z}\\ \dfrac{{}^{s}\omega_{z1}-{}^{s}\omega_{z2}}{2\omega_x} & \dfrac{{}^{s}\omega_{z3}-{}^{s}\omega_{z4}}{2\omega_y} & \dfrac{{}^{s}\omega_{z5}-{}^{s}\omega_{z6}}{2\omega_z}\end{bmatrix} \tag{2-20}$$

$$\boldsymbol{O}_{\omega}=\frac{1}{2}\begin{bmatrix}{}^{s}\omega_{x1}+{}^{s}\omega_{x2}\\ {}^{s}\omega_{y3}+{}^{s}\omega_{y4}\\ {}^{s}\omega_{z5}+{}^{s}\omega_{z6}\end{bmatrix} \tag{2-21}$$

第3章　节点姿态估计技术

3.1　刚体姿态描述方法

本章将导航坐标系表示为{n:^{n}x ^{n}y ^{n}z}，其中，^{n}x 轴指向磁北，^{n}y 轴和 ^{n}z 轴分别指向磁东和地心。测量节点的传感器坐标系表示为{s:^{s}x ^{s}y ^{s}z}，其坐标轴方向与内部传感器的坐标轴方向一致。为了估计载体在导航坐标系中的姿态，将测量节点刚性附着在载体上，假设传感器坐标系与载体坐标系方向一致，因此传感器在导航坐标系中的姿态就是载体在导航坐标系中的姿态。

常用于描述被检测对象姿态的参数有欧拉角、方向余弦矩阵和单位四元数。欧拉角具有明确、直观的意义，通过三次有序的绕轴旋转，使得被检测对象的坐标系和参考坐标系重合，每次旋转的角度称为欧拉角，绕 x 轴的转角被称为横滚角，绕 y 轴的转角被称为俯仰角，绕 z 轴的转角被称为航向角。由于旋转轴可以位于两个坐标系中的任何一个，而且转动顺序是任意的，因此实现三次有序旋转的转动方式共有 24 种，但欧拉角存在万向节死锁的问题，不能实现对被检测对象的全姿态描述。

方向余弦矩阵用旋转矩阵描述每次旋转，将旋转过三次的旋转矩阵相乘便得到将被检测对象从其自身载体坐标系旋转至参考坐标系中所需的旋转变换。方向余弦矩阵与欧拉角类似，存在多种形式。然而，方向余弦矩阵在计算过程中包含大量的非线性矩阵运算，包含许多冗余元素，矩阵维数较高。如果在低功耗的嵌入式系统中使用方向余弦矩阵，则将占用较多的内存资源，因此方向余弦矩阵在实际生活中应用较少。

单位四元数是一个四维向量，可以将有限次数的旋转运动等效为绕固定坐标系中的旋转轴进行的一次旋转运动。单位四元数只需要四个变量就能描述被检测对象的姿态，可以很容易地转换成旋转轴和旋转角且所涉及的运算量小，不存在万向节死锁问题，可以实现全姿态描述，因此在低功耗系统中得到了广泛应用。本章选择单位四元数用于姿态描述。值得注意的是，欧拉角、方向余弦矩阵和单位四元数三种描述被检测对象姿态的方式之间可以非常方便地进行相互转换，具体转换方式在很多文献中都有介绍，此处不再赘述。

3.2　基于 EKF 的姿态估计算法

3.2.1　过程模型

用单位四元数 $\boldsymbol{q}=[q_1\ q_2\ q_3\ q_4]^{\mathrm{T}}$ 描述被检测对象在导航坐标系中的姿态，q_1 为实数部分，$\boldsymbol{q}_v=[q_2\quad q_3\quad q_4]^{\mathrm{T}}$ 为向量部分。将单位四元数作为 EKF 的状态向量，根据单位四元数的姿态运动学方程，假设在很短的采样间隔 $[t-1,t]$ 内，被检测对象的角速度方向固定不变，则用单位四元数表示的姿态运动学方程的离散形式，即过程模型，具有公式（3-1）所示的形式：

$$\boldsymbol{q}_t^- = \boldsymbol{\Phi}_t \cdot \hat{\boldsymbol{q}}_{t-1} + \boldsymbol{w}_{\omega,t} \tag{3-1}$$

式中，$\boldsymbol{w}_{\omega,t}$ 表示 t 时刻的过程噪声。

式（3-1）实现了利用 t-1 时刻的姿态估计预测 t 时刻的姿态。由于预测得到的姿态估计还未融入观测值进行修正，因此并不是最终确定的姿态估计，而是次优姿态估计。用 $\boldsymbol{q}_t^-$ 表示 t 时刻的次优姿态估计，$\hat{\boldsymbol{q}}_{t-1}$ 表示 t-1 时刻的最优姿态估计。$\boldsymbol{\Phi}_t$ 为该系统的状态转移矩阵，可以表示为

$$\boldsymbol{\Phi}_t = \boldsymbol{I}_{4\times4} + \frac{\Delta t}{2}\boldsymbol{\Omega}({}^{\mathrm{s}}\boldsymbol{\omega}_t) \tag{3-2}$$

式中，$\boldsymbol{I}_{4\times4}$ 为四维单位矩阵；Δt 为采样间隔；${}^{\mathrm{s}}\boldsymbol{\omega}_t$ 为 t 时刻传感器坐标系下校准后的角速度，${}^{\mathrm{s}}\boldsymbol{\omega}_t=\left[{}^{\mathrm{s}}\omega_x\quad {}^{\mathrm{s}}\omega_y\quad {}^{\mathrm{s}}\omega_z\right]^{\mathrm{T}}$，其中，$\omega_x$ 为 x 轴角速度，ω_y 为 y 轴角速度，ω_z 为 z 轴角速度；$\boldsymbol{\Omega}({}^{\mathrm{s}}\boldsymbol{\omega}_t)$ 可以表示为

$$\boldsymbol{\Omega}({}^{\mathrm{s}}\boldsymbol{\omega}_t)=\begin{bmatrix} 0 & -{}^{\mathrm{s}}\omega_x & -{}^{\mathrm{s}}\omega_y & -{}^{\mathrm{s}}\omega_z \\ {}^{\mathrm{s}}\omega_x & 0 & {}^{\mathrm{s}}\omega_z & -{}^{\mathrm{s}}\omega_y \\ {}^{\mathrm{s}}\omega_y & -{}^{\mathrm{s}}\omega_z & 0 & {}^{\mathrm{s}}\omega_x \\ {}^{\mathrm{s}}\omega_z & {}^{\mathrm{s}}\omega_y & -{}^{\mathrm{s}}\omega_x & 0 \end{bmatrix} \tag{3-3}$$

$\boldsymbol{w}_{\omega,t}$ 可以用公式（3-4）表示，即

$$\boldsymbol{w}_{\omega,t} = -\frac{\Delta t}{2}\boldsymbol{\Xi}(\hat{\boldsymbol{q}}_{t-1})\boldsymbol{v}_{\omega,t} \tag{3-4}$$

式中，$\boldsymbol{v}_{\omega,t}$ 为 t 时刻陀螺仪的噪声，该噪声的均值为 0，方差为 $\Sigma_\omega=\sigma_\omega^2\boldsymbol{I}_{3\times3}$；$\boldsymbol{\Xi}(\hat{\boldsymbol{q}}_{t-1})$ 可表示为

$$\boldsymbol{\Xi}(\hat{\boldsymbol{q}}_{t-1})=\begin{bmatrix} q_1 & -q_2 & -q_3 & -q_4 \\ q_2 & q_1 & -q_4 & q_3 \\ q_3 & q_4 & q_1 & -q_2 \\ q_4 & -q_3 & q_2 & q_1 \end{bmatrix} \tag{3-5}$$

过程噪声协方差矩阵与预测过程的可信度息息相关，由公式（3-4）可以看出，陀螺仪的噪声特性与过程噪声密不可分，因此可以得到过程噪声协方差矩阵具有以下形式：

$$\boldsymbol{Q}_{t-1}=\boldsymbol{w}_{\omega,t-1}\boldsymbol{w}_{\omega,t-1}^{\mathrm{T}}=\frac{\Delta t^2}{4}\boldsymbol{\varXi}(\hat{\boldsymbol{q}}_{t-1})\varSigma_{\omega}\boldsymbol{\varXi}(\hat{\boldsymbol{q}}_{t-1}) \tag{3-6}$$

3.2.2 观测模型

用单位四元数表示的导航坐标系相对传感器坐标系的旋转矩阵具有以下形式：

$$\boldsymbol{C}(\boldsymbol{q})=\begin{bmatrix} q_1^2+q_2^2-q_3^2-q_4^2 & 2(q_2q_3+q_1q_4) & 2(q_2q_4-q_1q_3) \\ 2(q_2q_3-q_1q_4) & q_1^2-q_2^2+q_3^2-q_4^2 & 2(q_3q_4+q_1q_2) \\ 2(q_2q_4+q_1q_3) & 2(q_3q_4-q_1q_2) & q_1^2-q_2^2-q_3^2+q_4^2 \end{bmatrix} \tag{3-7}$$

如果用 $\boldsymbol{d}$ 表示导航坐标系与载体坐标系重合时重力场或环境磁场在传感器坐标系中的观测向量，那么利用旋转矩阵 $\boldsymbol{C}(\boldsymbol{q})$ 可以将观测向量从导航坐标系旋转至载体坐标系，这一过程可以表示为

$$\boldsymbol{S}=\boldsymbol{C}(\boldsymbol{q})\boldsymbol{d} \tag{3-8}$$

式中，$\boldsymbol{S}$ 为经过旋转后重力场或环境磁场在传感器坐标系中的观测向量。

重力场在导航坐标系中单位化后可以表示为 $\boldsymbol{g}=[0\quad 0\quad 1]^{\mathrm{T}}$。在载体坐标系中，加速度计的测量值经过单位化后可以表示为 ${}^{\mathrm{s}}\boldsymbol{a}_t=[{}^{\mathrm{s}}a_x\quad {}^{\mathrm{s}}a_y\quad {}^{\mathrm{s}}a_z]^{\mathrm{T}}$。将 $\boldsymbol{g}$ 与 ${}^{\mathrm{s}}\boldsymbol{a}_t$ 代入公式（3-8），重力场的观测方程可以表示为

$${}^{\mathrm{s}}\boldsymbol{a}_t=h_A(\boldsymbol{q}_t^-)=\boldsymbol{C}(\boldsymbol{q}_t^-)\boldsymbol{g}=\begin{bmatrix} 2(q_2q_4-q_1q_3) \\ 2(q_3q_4+q_1q_2) \\ q_1^2-q_2^2-q_3^2+q_4^2 \end{bmatrix} \tag{3-9}$$

观测方程是非线性函数，首先进行线性化计算，对公式（3-9）求雅可比矩阵的过程可以表示为

$$\boldsymbol{H}_{A|t}=\frac{\partial h_A(\boldsymbol{q}_t^-)}{\partial \boldsymbol{q}_t^-}=2\begin{bmatrix} -q_3 & q_4 & -q_1 & q_2 \\ q_2 & q_1 & q_4 & q_3 \\ q_1 & -q_2 & -q_3 & q_4 \end{bmatrix} \tag{3-10}$$

假设环境磁场在导航坐标系中只在 x 轴和 z 轴上有分量，对其进行单位化后可以表示为 $\boldsymbol{b}_t=[b_x\quad 0\quad b_z]^{\mathrm{T}}$。在载体坐标系中，磁力计测量值经过单位化后可以表示为 ${}^{\mathrm{s}}\boldsymbol{m}_t=[{}^{\mathrm{s}}m_x\quad {}^{\mathrm{s}}m_y\quad {}^{\mathrm{s}}m_z]^{\mathrm{T}}$，将其代入公式（3-8），可得环境磁场的观测方程为

$$
\begin{aligned}
{}^{\mathrm{s}}\boldsymbol{m}_t &= h_M(\boldsymbol{q}_t^-) = \boldsymbol{C}(\boldsymbol{q}_t^-)\boldsymbol{b}_t \\
&= \begin{bmatrix} \left(q_1^2+q_2^2-q_3^2-q_4^2\right)b_x + 2\left(q_2q_4-q_1q_3\right)b_z \\ 2\left(q_2q_3-q_1q_4\right)b_x + 2\left(q_3q_4+q_1q_2\right)b_z \\ 2\left(q_2q_4+q_1q_3\right)b_x + 2\left(q_1^2-q_2^2-q_3^2+q_4^2\right)b_z \end{bmatrix}
\end{aligned} \tag{3-11}
$$

对其求偏导数，得到的雅可比矩阵可以表示为

$$
\begin{aligned}
\boldsymbol{H}_{M|t} &= \frac{\partial h_M(\boldsymbol{q}_t^-)}{\partial \boldsymbol{q}_t^-} \\
&= 2\begin{bmatrix} q_1b_x - q_3b_z & q_2b_x + q_4b_z & -q_3b_x - q_1b_z & -q_4b_x + q_2b_z \\ -q_4b_x + q_2b_z & q_3b_x + q_1b_z & q_2b_x + q_4b_z & -q_1b_x + q_3b_z \\ q_3b_x + q_1b_z & q_4b_x - q_2b_z & q_1b_x - q_3b_z & q_2b_x + q_4b_z \end{bmatrix}
\end{aligned} \tag{3-12}
$$

为了简化表达，将观测模型记为

$$
\boldsymbol{Z}_t = h(\boldsymbol{q}_t^-) + \boldsymbol{v}_t \tag{3-13}
$$

式中，$\boldsymbol{v}_t$ 为 t 时刻的测量噪声，其统计特性为 $\boldsymbol{v}_t \sim N(0, \boldsymbol{R}_t)$，其中，$\boldsymbol{R}_t$ 为观测噪声协方差矩阵，其定义为 $\boldsymbol{R}_t = \Sigma_{a,m} = \sigma_{a,m}^2 \boldsymbol{I}_{6\times6}$；$h(\boldsymbol{q}_t^-)$ 为观测方程，当同时使用加速度计和磁力计时，观测方程具有以下形式：

$$
h(\boldsymbol{q}_t^-) = \begin{bmatrix} h_A(\boldsymbol{q}_t^-) \\ h_M(\boldsymbol{q}_t^-) \end{bmatrix} \tag{3-14}
$$

相应的雅可比矩阵为

$$
\boldsymbol{H}_t = \begin{bmatrix} \boldsymbol{H}_{A|t} \\ \boldsymbol{H}_{M|t} \end{bmatrix} \tag{3-15}
$$

3.2.3　EKF 执行过程

确定好过程模型和观测模型后，可以执行 EKF 预测和更新流程。预测过程包括利用状态转移矩阵求状态变量的预测值，即

$$
\boldsymbol{q}_t^- = \boldsymbol{\Phi}_t \hat{\boldsymbol{q}}_{t-1} \tag{3-16}
$$

进而可得到状态向量预测误差协方差矩阵为

$$
\boldsymbol{P}_t^- = \boldsymbol{\Phi}_t \hat{\boldsymbol{P}}_{t-1} \boldsymbol{\Phi}_t^{\mathrm{T}} + \boldsymbol{Q}_t \tag{3-17}
$$

更新过程包括计算最优卡尔曼增益，即

$$
\boldsymbol{K}_t = \boldsymbol{P}_t^- \boldsymbol{H}_t^{\mathrm{T}} (\boldsymbol{H}_t \boldsymbol{P}_t^- \boldsymbol{H}_t^{\mathrm{T}} + \boldsymbol{R}_t)^{-1} \tag{3-18}
$$

然后利用最优卡尔曼增益更新状态估计和协方差估计：

$$\hat{\boldsymbol{q}}_t = \boldsymbol{q}_t^- + \boldsymbol{K}_t[\boldsymbol{Z}_t - h(\boldsymbol{q}_t^-)] \tag{3-19}$$

$$\boldsymbol{P}_t = \boldsymbol{P}_t^- - \boldsymbol{K}_t\boldsymbol{H}_t\boldsymbol{P}_t^- \tag{3-20}$$

3.3 基于 DEKF 的解耦姿态估计算法

3.3.1 问题描述

理论上，对三轴角速度进行积分可以获得高动态姿态变化，但不断累积的积分误差会导致解算的姿态发散。大多数姿态估计算法选择重力场和地磁场作为绝对参考，利用这两个均匀场在传感器坐标系中的观测值修正陀螺仪的积分误差。然而，在地球上的大部分区域，重力场与地磁场的方向并不垂直。例如，赤道附近的磁倾角为 0°，而磁极处的磁倾角为90°。此外，客观环境中的铁磁物体和电子仪器等设备也将造成额外的磁干扰。当磁场和重力场不互相垂直时，磁场在重力场方向上将产生一个投影向量。如果在求解刚体姿态时将两个非正交的均匀场作为绝对参考，磁力计测量值将不仅对航向姿态解算有影响，还将耦合干扰横滚姿态和俯仰姿态的估计。因此，解耦磁力计测量值对横滚姿态和俯仰姿态的影响对数据融合算法具有重要意义。例如，对于船舶、四旋翼飞行器等平衡控制系统，在磁干扰下实现健壮的横滚姿态和俯仰姿态估计非常重要。

为使重力场和磁场在姿态估计过程中解耦，首先利用加速度和角速度融合算法获得不包含航向信息的非航向姿态估计，然后利用磁场和角速度估计物体的航向姿态，最后将非航向姿态与航向姿态融合实现完整的姿态估计。这一过程引入了以下四个子问题[68]。

（1）融合加速度矢量和角速度矢量估计物体姿态。

利用 EKF 融合加速度和角速度解算的横滚姿态和俯仰姿态是收敛的，陀螺仪零漂会导致航向姿态在系统长时间运行过程中累积积分误差，仅利用加速度计测量的重力场作为参考无法修正这一误差。系统长期运行时，利用 IMU 实现的姿态估计中只有横滚姿态和俯仰姿态是可靠的，而航向姿态并不可靠。

（2）从单位四元数中剔除航向姿态。

为了从融合加速度和角速度解算的单位四元数中将航向姿态剔除，获得非航向姿态估计，首先考虑从单位四元数所描述的姿态中识别并分解出航向姿态和非航向姿态。但非航向姿态中的俯仰姿态存在奇异值，会导致出现万向节死锁问题。因此，存在奇异值的非航向姿态可能会对姿态分解过程产生影响，导致分解出的航向姿态也产生奇异点。如何在非航向姿态出现奇异点的情况下，保证航向姿态稳定可靠是需要解决的一个重要问题。

（3）融合磁场矢量和角速度矢量估计航向姿态。

磁力计测得的磁场矢量可以分解为与重力场平行的垂直分量和与重力场垂直的水平分量。这两部分在姿态估计中的作用不同，其中，垂直分量会影响俯仰姿态和横滚姿态，而水平分量会影响航向姿态。因此，首先需要将磁场矢量中的垂直分量剔除，保留磁场矢量的水平分量。在估计航向姿态时，角速度矢量中只有垂直分量对航向姿态有影响，因此需要从陀螺仪测得的角速度矢量中提取垂直分量。在获得磁场矢量中的水平分量和角速度矢量中的垂直分量后，将二者进行融合以实现航向姿态估计。

（4）融合非航向姿态与航向姿态实现完整姿态估计。

先利用加速度计和陀螺仪获得非航向姿态估计，再利用磁力计和陀螺仪获得航向姿态估计，将非航向姿态和航向姿态进行融合，最终获得完整姿态估计。

3.3.2　融合加速度矢量和角速度矢量估计物体姿态

利用加速度计和陀螺仪数据实现基于 EKF 的姿态估计与 3.2 节中所介绍的方法相似，不同之处在于 3.2 节介绍的方法中还融合了磁力计数据。因此，二者具有相同的过程模型（见 3.2.1 节）。为了便于区分，本节利用 $\boldsymbol{q}_{A|t}^{-}$ 表示 t 时刻的次优姿态估计，用 $\hat{\boldsymbol{q}}_{A|t}$ 表示 t 时刻的最优姿态估计。由于仅利用重力场作为参考，因此本节中的观测方程具有公式（3-9）所示的形式，相应的雅可比矩阵如公式（3-10）所示。

融合加速度计和陀螺仪数据实现最优姿态估计后，由于航向姿态仅由角速度决定，无法利用其他参考均匀场（如地磁场）进行修正，系统长时间运行时陀螺仪的零漂将导致航向姿态发生偏移，因此需要从 $\hat{\boldsymbol{q}}_{A|t}$ 中剔除航向姿态，最终获得非航向姿态估计 $\hat{\boldsymbol{q}}'_{A|t}$。

3.3.3　从单位四元数中剔除航向姿态

随着时间的推移，$\hat{\boldsymbol{q}}_{A|t}$ 中的航向姿态存在的误差不断累积且无法修正，本节主要研究如何剔除航向姿态。由于单位四元数和欧拉角可以相互转换，因此可以先将单位四元数转换为欧拉角，再将航向角转换为用单位四元数表示的航向姿态，最后将单位四元数表示的航向姿态从 $\hat{\boldsymbol{q}}_{A|t}$ 中剔除。然而，欧拉角存在万向节死锁问题，如果在单位四元数转化为欧拉角的过程中产生奇异点，后续利用航向角转化成的航向姿态也有可能

产生奇异值，导致整个姿态估计系统不稳定。

本节利用增量四元数分析奇异值问题，整个分析过程中的所有姿态全部用单位四元数表示。假设t时刻和t−1 时刻通过 3.3.2 节获得单位姿态四元数分别具有以下形式：

$$\hat{\boldsymbol{q}}_{A|t}=\begin{bmatrix}q_{1,A|t} & q_{2,A|t} & q_{3,A|t} & q_{4,A|t}\end{bmatrix}^{\mathrm{T}} \tag{3-21}$$

$$\hat{\boldsymbol{q}}_{A|t-1}=\begin{bmatrix}q_{1,A|t-1} & q_{2,A|t-1} & q_{3,A|t-1} & q_{4,A|t-1}\end{bmatrix}^{\mathrm{T}} \tag{3-22}$$

将相邻两个时刻之间的姿态变化定义为增量四元数$\boldsymbol{q}_{\Delta|t}$，可以得到以下关系：

$$\hat{\boldsymbol{q}}_{A|t}=q_{\Delta|t}\otimes\hat{q}_{A|t-1} \tag{3-23}$$

将公式（3-23）变形，得到增量四元数的表达式为

$$\boldsymbol{q}_{\Delta|t}=\hat{\boldsymbol{q}}_{A|t}\otimes\hat{\boldsymbol{q}}_{A|t-1}^{-1} \tag{3-24}$$

为了将增量四元数中的航向姿态剔除，首先研究如何利用增量四元数提取出一个相邻两个时刻之间姿态变化的水平矢量。在载体坐标系中构造一个t时刻的水平矢量：

$${}^{\mathrm{s}}\boldsymbol{N}_t=\begin{bmatrix}{}^{\mathrm{s}}n_x & {}^{\mathrm{s}}n_y & {}^{\mathrm{s}}n_z\end{bmatrix}^{\mathrm{T}}=\begin{bmatrix}1 & 0 & 0\end{bmatrix}^{\mathrm{T}} \tag{3-25}$$

利用增量四元数表示旋转矩阵，可以求出该矢量相邻两个时刻之间的姿态变化为

$${}^{\mathrm{n}}\boldsymbol{N}_t^-=\boldsymbol{C}^{\mathrm{T}}(\boldsymbol{q}_{\Delta|t})\cdot{}^{\mathrm{s}}\boldsymbol{N}_t=\begin{bmatrix}{}^{\mathrm{n}}n_x^- & {}^{\mathrm{n}}n_y^- & {}^{\mathrm{n}}n_z^-\end{bmatrix}^{\mathrm{T}} \tag{3-26}$$

去掉${}^{\mathrm{n}}\boldsymbol{N}_t^-$中的垂直部分并对其进行单位化，可以得到该矢量在水平方向上的姿态变化为

$$\begin{aligned}{}^{\mathrm{n}}\boldsymbol{N}_t'&=\begin{bmatrix}{}^{\mathrm{n}}n_x' & {}^{\mathrm{n}}n_y' & 0\end{bmatrix}^{\mathrm{T}}\\&=\begin{bmatrix}\dfrac{{}^{\mathrm{n}}n_x^-}{\sqrt{\left({}^{\mathrm{n}}n_x^-\right)^2+\left({}^{\mathrm{n}}n_y^-\right)^2}} & \dfrac{{}^{\mathrm{n}}n_y^-}{\sqrt{\left({}^{\mathrm{n}}n_x^-\right)^2+\left({}^{\mathrm{n}}n_y^-\right)^2}} & 0\end{bmatrix}^{\mathrm{T}}\end{aligned} \tag{3-27}$$

合并${}^{\mathrm{n}}\boldsymbol{N}_t'$中的水平分量，得到水平方向上的姿态变化初值为

$${}^{\mathrm{n}}\boldsymbol{N}_t=\begin{bmatrix}n_x & 0 & 0\end{bmatrix}^{\mathrm{T}}=\begin{bmatrix}1 & 0 & 0\end{bmatrix}^{\mathrm{T}} \tag{3-28}$$

将水平方向上的姿态变化初值${}^{\mathrm{n}}\boldsymbol{N}_t$经过水平增量四元数$\boldsymbol{q}_{\Delta Z|t}=\begin{bmatrix}p_1 & 0 & 0 & p_4\end{bmatrix}^{\mathrm{T}}$表示的旋转矩阵进行变换，得到矢量在水平方向上的姿态变化${}^{\mathrm{n}}\boldsymbol{N}_t'$为

$${}^{\mathrm{n}}\boldsymbol{N}_t'=\boldsymbol{C}(\boldsymbol{q}_{\Delta Z|t}){}^{\mathrm{n}}\boldsymbol{N}_t=\begin{bmatrix}p_1^2-p_4^2 & 2p_1p_4 & 0\\-2p_1p_4 & p_1^2-p_4^2 & 0\\0 & 0 & 1\end{bmatrix}\begin{bmatrix}{}^{\mathrm{n}}n_x\\0\\0\end{bmatrix} \tag{3-29}$$

将公式（3-29）展开，可以得到以下关系：

$$\begin{cases} p_4 = \pm\sqrt{\dfrac{1}{2}\left(1 - {}^{\mathrm{n}}n_x'\right)} \\ p_1 p_4 = -\dfrac{1}{2}\,{}^{\mathrm{n}}n_y' \end{cases} \tag{3-30}$$

增量四元数的求解过程如下。首先，判断 $\frac{1}{2}\left(1 - {}^{\mathrm{n}}n_x'\right)$ 的符号：若符号为负，则令 $\boldsymbol{q}_{\Delta Z|t} = [1 \quad 0 \quad 0 \quad 0]^{\mathrm{T}}$；若符号为正，则利用公式（3-30）中的第二个子公式判断 p_4 的符号。由于 p_1 恒为正，可以确定 p_4 与 $-\frac{1}{2}\,{}^{\mathrm{n}}n_y'$ 具有相同的符号。然后，利用公式（3-30）中的第一个子公式求解 p_4。最后，将 p_4 代入公式（3-30）中的第二个子公式求解 p_1，进而求解出水平增量四元数 $\boldsymbol{q}_{\Delta Z|t}$。

水平增量四元数 $\boldsymbol{q}_{\Delta Z|t}$ 描述了航向姿态变化，利用公式（3-31）将其从基于 IMU 计算的最优姿态估计 $\hat{\boldsymbol{q}}_{A|t}$ 中去除，可以获得解耦的最优姿态四元数 $\hat{\boldsymbol{q}}'_{A|t}$，即不包含航向姿态的姿态估计。

$$\hat{\boldsymbol{q}}'_{A|t} = \boldsymbol{q}_{\Delta Z|t} \otimes \hat{\boldsymbol{q}}_{A|t} \tag{3-31}$$

3.3.4　融合磁场矢量和角速度矢量估计航向姿态

为了实现准确的航向姿态解算，首先从磁力计测得的磁场矢量中提取出与重力场垂直的水平分量，从陀螺仪测得的角速度矢量中提取出与重力场平行的垂直分量，最后融合二者获得航向姿态估计。

利用公式（3-32）将磁场矢量 ${}^{\mathrm{s}}\boldsymbol{m}_t = [{}^{\mathrm{s}}m_x \quad {}^{\mathrm{s}}m_y \quad {}^{\mathrm{s}}m_z]^{\mathrm{T}}$ 从传感器坐标系旋转到中间坐标系获得 $\boldsymbol{m}_t^-$，中间坐标系由导航坐标系经过航向姿态四元数旋转后获得。由于 $\hat{\boldsymbol{q}}'_{A|t}$ 中已剔除了航向姿态，仅包含横滚姿态和俯仰姿态，因此磁场矢量经 $\hat{\boldsymbol{q}}'_{A|t}$ 旋转到中间坐标系后，其中水平分量的信息完全得以保留。

$$\boldsymbol{m}_t^- = \boldsymbol{C}^{\mathrm{T}}(\hat{\boldsymbol{q}}'_{A|t})\,{}^{\mathrm{s}}\boldsymbol{m}_t = \begin{bmatrix} m_x^- & m_y^- & m_z^- \end{bmatrix}^{\mathrm{T}} \tag{3-32}$$

去除 $\boldsymbol{m}_t^-$ 中的垂直分量，仅保留水平分量，并对其进行单位化，可以获得与重力场垂直的磁场分量在传感器坐标系中的描述，如公式（3-33）所示。

$$\begin{aligned} {}^{\mathrm{s}}\boldsymbol{m}_t' &= \begin{bmatrix} {}^{\mathrm{s}}m_x' & {}^{\mathrm{s}}m_y' & 0 \end{bmatrix}^{\mathrm{T}} \\ &= \begin{bmatrix} \dfrac{m_x^-}{\sqrt{\left(m_x^-\right)^2 + \left({}^{n}m_y^-\right)^2}} & \dfrac{m_y^-}{\sqrt{\left(m_x^-\right)^2 + \left(m_y^-\right)^2}} & 0 \end{bmatrix}^{\mathrm{T}} \end{aligned} \tag{3-33}$$

将${}^{s}\boldsymbol{m}_t'$中的水平分量进行合并，可以得到磁场矢量的水平分量在导航坐标系中的表示：

$$ {}^{n}\boldsymbol{m}_t' = \begin{bmatrix} {}^{n}m_x' & 0 & 0 \end{bmatrix}^{T} = \begin{bmatrix} 1 & 0 & 0 \end{bmatrix}^{T} \tag{3-34} $$

同理，可以从陀螺仪输出的角速度矢量中提取垂直分量，前提是需要证明航向姿态四元数对角速度矢量的垂直分量无影响。假设航向姿态四元数$\boldsymbol{q}_M = \begin{bmatrix} q_1 & 0 & 0 & q_4 \end{bmatrix}^{T}$将某对象旋转了一个姿态，可以通过公式（3-35）将角速度矢量旋转到导航坐标系中：

$$ {}^{n}\boldsymbol{\omega}_t = \boldsymbol{C}^{T}(\boldsymbol{q}_M)\,{}^{s}\boldsymbol{\omega}_t = \begin{bmatrix} {}^{n}\omega_x & {}^{n}\omega_y & {}^{n}\omega_z \end{bmatrix}^{T} \tag{3-35} $$

将公式（3-35）展开可以得到以下关系：

$$ (q_1^2 + q_4^2)\,{}^{s}\omega_z = {}^{n}\omega_z \tag{3-36} $$

由于$q_1^2 + q_4^2 = 1$，因此在航向姿态四元数所描述的旋转过程中，角速度矢量在导航坐标系z轴的分量与其在载体坐标系z轴的分量相同，即航向姿态四元数对角速度矢量的垂直分量不产生影响。

根据以上结果，利用$\hat{\boldsymbol{q}}_{A|t}'$将角速度矢量${}^{s}\boldsymbol{\omega}_t$从传感器坐标系旋转到中间坐标系中，获得$\boldsymbol{\omega}_t^-$，如公式（3-37）所示：

$$ \boldsymbol{\omega}_t^- = \boldsymbol{C}^{T}(\hat{\boldsymbol{q}}_{A|t}')\,{}^{s}\boldsymbol{\omega}_t = \begin{bmatrix} \omega_x^- & \omega_y^- & \omega_z^- \end{bmatrix}^{T} \tag{3-37} $$

$\boldsymbol{\omega}_t^-$中的垂直分量即所要求的角速度矢量中的垂直分量，因此角速度矢量的垂直分量在传感器坐标系中可以表示为

$$ {}^{s}\boldsymbol{\omega}_t' = \begin{bmatrix} 0 & 0 & {}^{s}\omega_z' \end{bmatrix}^{T} \tag{3-38} $$

获得传感器坐标系中磁场矢量的水平分量${}^{s}\boldsymbol{m}_t'$和角速度矢量的垂直分量${}^{s}\boldsymbol{\omega}_t'$后，利用第二个EKF算法对二者进行数据融合，即可实现航向姿态估计，该过程与基于EKF的姿态估计过程类似。状态向量$\boldsymbol{q}_M = \begin{bmatrix} q_1 & 0 & 0 & q_4 \end{bmatrix}^{T}$，$\boldsymbol{q}_{M|t}^-$和$\hat{\boldsymbol{q}}_{M|t}$分别表示$t$时刻的次优姿态估计和最优姿态估计。在观测模型中，旋转矩阵用航向姿态四元数表示，具有以下形式：

$$ \boldsymbol{C}(\boldsymbol{q}_M) = \begin{bmatrix} q_1^2 - q_4^2 & 2q_1q_4 & 0 \\ -2q_1q_4 & q_1^2 - q_4^2 & 0 \\ 0 & 0 & q_1^2 + q_4^2 \end{bmatrix} \tag{3-39} $$

对于磁场矢量中的水平分量，分别用${}^{n}\boldsymbol{m}_t' = [{}^{n}m_x' \quad 0 \quad 0]^{T}$与${}^{s}\boldsymbol{m}_t' = [{}^{s}m_x' \quad {}^{s}m_y' \quad 0]^{T}$代替公式（3-8）中的$\boldsymbol{d}$与$\boldsymbol{S}$，观测方程具有以下形式：

$$
{}^{s}\boldsymbol{m}_t' = h_M(\boldsymbol{q}_{M|t}^-) = \boldsymbol{C}(\boldsymbol{q}_{M|t}^-)\,{}^{n}\boldsymbol{m}_t' = {}^{n}m_x' \begin{bmatrix} q_1^2 - q_4^2 \\ -2q_1q_4 \\ 0 \end{bmatrix} \tag{3-40}
$$

相应的雅可比矩阵为

$$
\boldsymbol{H}_{M|t} = \frac{\partial h_M(\boldsymbol{q}_{M|t}^-)}{\partial \boldsymbol{q}_{M|t}^-} = 2\,{}^{n}m_x' \begin{bmatrix} q_1 & 0 & 0 & -q_4 \\ -q_4 & 0 & 0 & -q_1 \\ 0 & 0 & 0 & 0 \end{bmatrix} \tag{3-41}
$$

3.3.5　融合非航向姿态与航向姿态实现完整姿态估计

融合解耦后的非航向姿态四元数 $\hat{\boldsymbol{q}}_{A|t}'$ 和航向姿态四元数 $\hat{\boldsymbol{q}}_{M|t}$，即可获得最优姿态估计 $\hat{\boldsymbol{q}}_t$，即

$$
\hat{\boldsymbol{q}}_t = \hat{\boldsymbol{q}}_{M|t} \cdot \hat{\boldsymbol{q}}_{A|t}' \tag{3-42}
$$

由于该算法融合了两个 EKF 算法，因此将其称为 DEKF 算法。

3.4　基于正交观测矢量的姿态估计算法

3.4.1　参考矢量构造

3.3 节在 DEKF 框架下融合加速度矢量、角速度矢量的垂直分量和磁场矢量的水平分量实现了解耦的姿态估计，由于利用了两个 EKF 算法，因此计算量相对较大。本节利用重力场矢量和磁场矢量的向量积构造一个参考矢量，代替磁场矢量作为观测参考矢量[153]。根据向量叉乘运算，该参考矢量与重力场矢量正交。在导航坐标系中，参考矢量描述为 ${}^{n}\boldsymbol{r} = [0 \quad 1 \quad 0]^{\mathrm{T}}$，垂直于重力场方向，指向磁东方向。在传感器坐标系中，该参考矢量由加速度矢量和磁场矢量的向量积构成，如公式（3-43）所示，使用前同样需要对其进行单位化。

$$
{}^{s}\boldsymbol{r} = {}^{s}\boldsymbol{a} \times {}^{s}\boldsymbol{m} = \begin{bmatrix} a_y m_z - a_z m_y \\ a_z m_x - a_x m_z \\ a_x m_y - a_y m_x \end{bmatrix} \tag{3-43}
$$

此外，还需要考虑以下两个问题。

首先，当磁倾角接近于±90°时，根据向量的叉乘运算规则，将得到 ${}^{s}\boldsymbol{r} = [0 \quad 0 \quad 0]^{\mathrm{T}}$，无法确定参考矢量在传感器坐标系中的表示。此时，利用公式（3-16）中

陀螺仪测量值积分获得的次优姿态估计将传感器坐标系中的磁场矢量旋转至导航坐标系中并进行标准化，计算其与导航坐标系中标准化的重力场矢量的夹角绝对值，并将其与一个预定义的阈值进行比较，如公式（3-44）所示，其中，阈值 ε_θ 通过试错法确定。当二者的夹角绝对值小于该阈值时，表明此时重力场矢量与磁场矢量的夹角很小。为避免出现零向量的情况，可以利用预测姿态来确定 ${}^{\mathrm{s}}\boldsymbol{r}$，如公式（3-45）所示。当二者的夹角绝对值大于或等于该阈值时，则利用公式（3-45）构建参考矢量。

$$\left|\arccos\left(\frac{(\boldsymbol{C}^{\mathrm{T}}(\boldsymbol{q}^{-})\,{}^{\mathrm{s}}\boldsymbol{m})\,{}^{\mathrm{n}}\boldsymbol{g}}{\left\|{}^{\mathrm{s}}\boldsymbol{m}\right\|}\right)\right| < \varepsilon_\theta \tag{3-44}$$

$${}^{\mathrm{s}}\boldsymbol{r} = \boldsymbol{C}(\boldsymbol{q}^{-})\,{}^{\mathrm{n}}\boldsymbol{r} \tag{3-45}$$

其次，当载体运动不可以忽略时，加速度计测量值中将包含除重力加速度外的运动加速度信息。当环境中存在磁干扰时，磁力计测量值中将包含除地磁场信息外的其他干扰磁场信息。运动加速度和干扰磁场都将影响姿态估计结果。在这种情况下，加速度计测量值和磁力计测量值均不可靠，无法用于构造参考矢量并融入姿态估计算法。针对这一问题，采取与参考矢量相同的处理方式，即利用当前时刻的次优姿态估计预测重力场矢量和地磁场矢量在传感器坐标系中的观测值，如公式（3-46）和公式（3-47）所示：

$${}^{\mathrm{s}}\boldsymbol{a} = \boldsymbol{C}(\boldsymbol{q}^{-})\,{}^{\mathrm{n}}\boldsymbol{g} \tag{3-46}$$

$${}^{\mathrm{s}}\boldsymbol{m} = \boldsymbol{C}(\boldsymbol{q}^{-})\,{}^{\mathrm{n}}\boldsymbol{n} \tag{3-47}$$

式中，${}^{\mathrm{n}}\boldsymbol{g}=[0\quad 0\quad 1]^{\mathrm{T}}$ 为导航坐标系中的重力场矢量；${}^{\mathrm{n}}\boldsymbol{n}=[1\quad 0\quad 0]^{\mathrm{T}}$ 为导航坐标系中的磁北矢量。

3.4.2 参考矢量观测协方差推导

在 EKF 框架中，将构造的参考矢量与重力场矢量作为观测矢量，更新次优姿态估计和协方差矩阵估计。在此之前，需要确定构造的参考矢量的观测协方差。假设重力场观测方差 $\boldsymbol{\sigma}_a^2=[\sigma_{ax}^2\quad \sigma_{ay}^2\quad \sigma_{az}^2]^{\mathrm{T}}$，磁场观测方差 $\boldsymbol{\sigma}_m^2=[\sigma_{mx}^2\quad \sigma_{my}^2\quad \sigma_{mz}^2]^{\mathrm{T}}$，由于对加速度计测量值和磁力计测量值均进行了标准化，因此重力观测方差和磁场测方差分别近似为

$$\hat{\boldsymbol{\sigma}}_a^2 \approx \frac{\boldsymbol{\sigma}_a^2}{G^2} \tag{3-48}$$

$$\hat{\boldsymbol{\sigma}}_m^2 \approx \frac{\boldsymbol{\sigma}_m^2}{M^2} \tag{3-49}$$

式中，G 为重力场矢量模值，G =9.81m/s^2；M 为校准后的磁场矢量幅值，M=1Gauss

（1Gauss=10^{-4}T）。因此，重力场和磁场的噪声协方差矩阵分别为

$$\hat{\boldsymbol{\Sigma}}_a = \frac{1}{G^2}\begin{bmatrix} \sigma_{ax}^2 & 0 & 0 \\ 0 & \sigma_{ay}^2 & 0 \\ 0 & 0 & \sigma_{az}^2 \end{bmatrix} \tag{3-50}$$

$$\hat{\boldsymbol{\Sigma}}_m = \frac{1}{M^2}\begin{bmatrix} \sigma_{mx}^2 & 0 & 0 \\ 0 & \sigma_{my}^2 & 0 \\ 0 & 0 & \sigma_{mz}^2 \end{bmatrix} \tag{3-51}$$

从公式（3-43）中可以看出，构造的参考矢量所包含的三个分量是加速度计测量值和磁力计测量值的非线性组合。因此，首先在向量 $\boldsymbol{x} = \begin{bmatrix} a_x & a_y & a_z & m_x & m_y & m_z \end{bmatrix}^{\mathrm{T}}$ 均值处对参考矢量函数进行一阶泰勒展开，可以得到其线性化后的形式：

$$\boldsymbol{r} = \boldsymbol{r}^0 + \boldsymbol{J}\boldsymbol{x} \tag{3-52}$$

式中，$\boldsymbol{J}$ 为对构造的参考矢量求偏导数得到的雅可比矩阵。因此，参考矢量的协方差矩阵为

$$\boldsymbol{\Sigma}_r = \boldsymbol{J}\begin{bmatrix} \hat{\boldsymbol{\Sigma}}_a & 0 \\ 0 & \hat{\boldsymbol{\Sigma}}_m \end{bmatrix}\boldsymbol{J}^{\mathrm{T}} \tag{3-53}$$

同样地，该协方差矩阵需要近似为

$$\hat{\boldsymbol{\Sigma}}_r \approx \frac{\boldsymbol{\Sigma}_r}{R^2} \tag{3-54}$$

式中，R 为构造的参考矢量的模值，可以通过收集测量节点处于静止状态时的加速度计测量值和磁力计测量值进行计算。为了避免出现零矩阵的情况，定义构造的参考矢量的协方差矩阵根据公式（3-55）进行自适应调节。其中，$\hat{\boldsymbol{\Sigma}}_r(i,i)$（$i = 1,2,3$）表示协方差矩阵 $\hat{\boldsymbol{\Sigma}}_r$ 中位于第 i 行第 i 列的元素。

$$\hat{\boldsymbol{\Sigma}}_r = \begin{cases} \hat{\boldsymbol{\Sigma}}_m，\hat{\boldsymbol{\Sigma}}_r(1,1) < \sigma_{mx}^2 \text{ 或 } \hat{\boldsymbol{\Sigma}}_r(2,2) < \sigma_{my}^2 \text{ 或 } \hat{\boldsymbol{\Sigma}}_r(3,3) < \sigma_{mz}^2 \\ \hat{\boldsymbol{\Sigma}}_r，\text{其他情况} \end{cases} \tag{3-55}$$

3.4.3 基于正交观测矢量的解耦姿态解算

以构造的参考矢量和重力场矢量作为参考，可以利用一个 EKF 算法实现基于单位四元数的姿态估计。在该算法中，状态向量、过程模型及卡尔曼滤波预测过程与 3.2 节中的相同。在观测阶段，由于利用构造的参考矢量替代磁场矢量作为参考，因此相应的观测模型为

$$\boldsymbol{Z}_t = \begin{bmatrix} {}^{\mathrm{s}}\boldsymbol{a}_t \\ {}^{\mathrm{s}}\boldsymbol{r}_t \end{bmatrix} = h(\boldsymbol{X}_t^-) + \boldsymbol{v}_t = \begin{bmatrix} \boldsymbol{C}(\boldsymbol{q}_t^-) & \boldsymbol{0}_{3\times3} \\ \boldsymbol{0}_{3\times3} & \boldsymbol{C}(\boldsymbol{q}_t^-) \end{bmatrix} \begin{bmatrix} {}^{\mathrm{n}}\boldsymbol{g} \\ {}^{\mathrm{n}}\boldsymbol{r} \end{bmatrix} + \boldsymbol{v}_t \tag{3-56}$$

式中，$\boldsymbol{v}_t$ 为测量噪声。忽略加速度矢量与构造的参考矢量的相关性，可以得到观测协方差矩阵为

$$\boldsymbol{R} = \begin{bmatrix} \hat{\boldsymbol{\Sigma}}_a & \boldsymbol{0}_{3\times3} \\ \boldsymbol{0}_{3\times3} & \hat{\boldsymbol{\Sigma}}_r \end{bmatrix} \tag{3-57}$$

由于观测模型是非线性的，通过计算其雅可比矩阵，在 EKF 过程之前进行一阶泰勒展开使其线性化：

$$\boldsymbol{H}_t = \frac{\partial h(\boldsymbol{q}_t^-)}{\partial \boldsymbol{q}_t^-} = 2\begin{bmatrix} -q_3 & q_4 & -q_1 & q_2 \\ q_2 & q_1 & q_4 & q_3 \\ q_1 & -q_2 & -q_3 & q_4 \\ q_4 & q_3 & q_2 & q_1 \\ q_1 & -q_2 & q_3 & -q_4 \\ -q_2 & -q_1 & q_4 & q_3 \end{bmatrix} \tag{3-58}$$

EKF 的卡尔曼增益和更新过程与 3.2.3 节中的相同。至此，本节通过构造一个与重力场矢量正交的参考矢量，保证了参考均匀场的正交性，并在一个 EKF 框架下实现了基于单位四元数的解耦姿态估计。

3.5 实验与分析

为了验证本章所提出的节点姿态估计算法的性能，本节设计完成四个实验。其中，第一个实验用于验证算法解耦磁干扰对横滚姿态和俯仰姿态干扰的性能；第二个实验评估了算法的在静态和动态运动中的姿态估计性能；第三个实验用于验证算法在大范围俯仰运动中的姿态估计性能；第四个实验对比了不同算法的计算效率。本章提出的算法称为改进的解耦姿态估计（Improved Decoupled Orientation Estimator，IDOE）算法。

3.5.1 磁干扰下解耦姿态估计实验

磁干扰下解耦姿态估计实验原理图如图 3-1 所示。首先，将 MARG 测量节点放置在一个木制平台上，在实验过程中二者均保持静止，测量节点参考姿态为横滚角-20°、俯仰角 0°、航向角 40°。实验开始后，首先在自然的实验室环境中将 MARG 测量节点静置一段时间。然后，将一个强磁铁移动到 MARG 测量节点附近，并使强磁铁沿着不规则路径围绕 MARG 测量节点进行旋转，创建一个磁干扰环境。引入的磁干扰导致

MARG 测量节点输出的航向角在[−100°, 150°]区间内变化。最后，将强磁铁移走，MARG 测量节点重新处于自然的实验室环境中，直至实验结束。

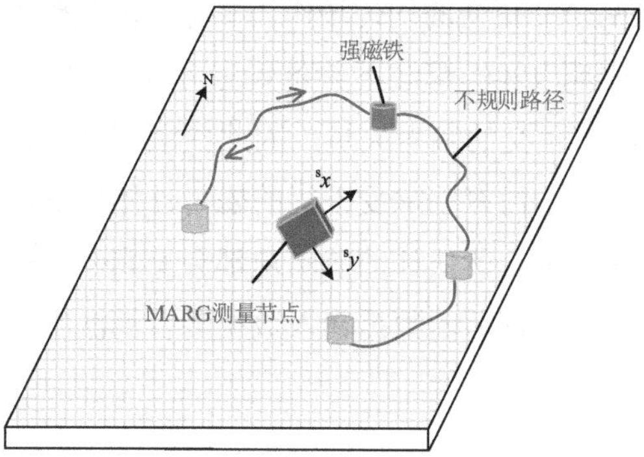

图 3-1　磁干扰下解耦姿态估计实验原理图

实验过程中的磁场三轴磁力计测量值、磁场幅值和磁倾角变化如图 3-2 所示。由图 3-2 可以看出，在引入强磁铁之后，原来的磁场受到严重扰动，磁场幅值几乎增加了 7 倍，磁倾角在−41°～48°之间波动。当将强磁铁移走后，磁场又恢复到之前的水平。为了清楚地展示姿态耦合干扰现象，数据融合算法均采用原始磁力计测量值作为输入信号，而不对其进行可靠性验证。

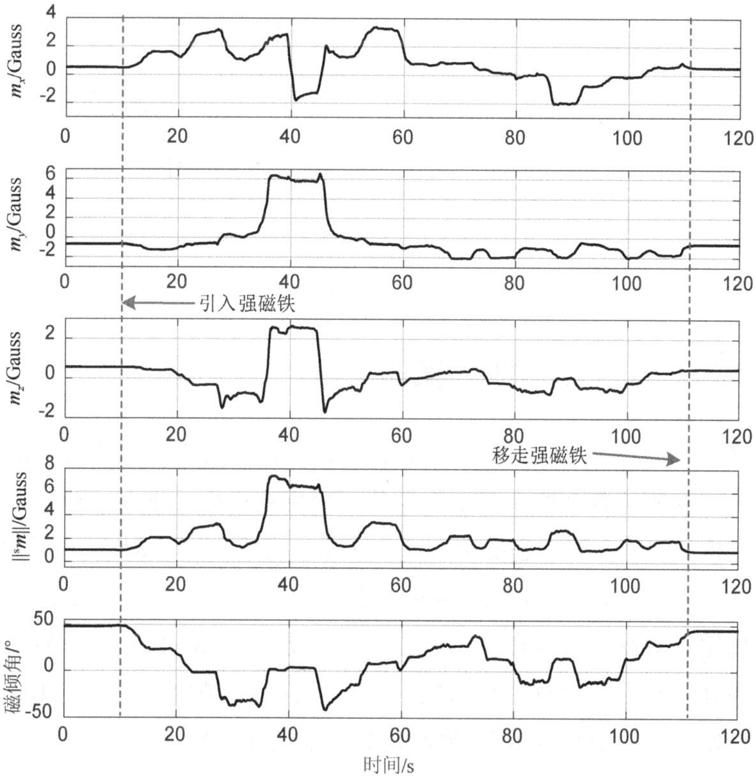

图 3-2　实验过程中的磁场三轴磁力计测量值、磁场幅值和磁倾角变化

三种数据融合算法在磁干扰影响下的姿态估计结果如图 3-3 所示。为了进行更直观的描述，将数据融合算法输出的单位四元数按照四元数与旋转矩阵的对应关系转换为欧拉角。由于 EKF 算法以两个非正交的均匀场作为参考，因此磁干扰严重影响了横滚姿态估计和俯仰姿态估计，表明 EKF 算法不具备姿态分离能力。本章所提出的 DEKF 和 IDOE 两种算法均采用两个正交的参考矢量，因此横滚姿态估计和俯仰姿态估计可以不受磁力计测量值的影响。由于没有剔除受干扰的磁力计测量值，因此在所有的对比算法中，无论其是否具有解耦特性，所估计的航向角都会受到磁干扰影响。如果对磁力计测量值进行可靠性验证，并将验证后的数据输入数据融合算法中，则可以进一步改善航向姿态估计结果。

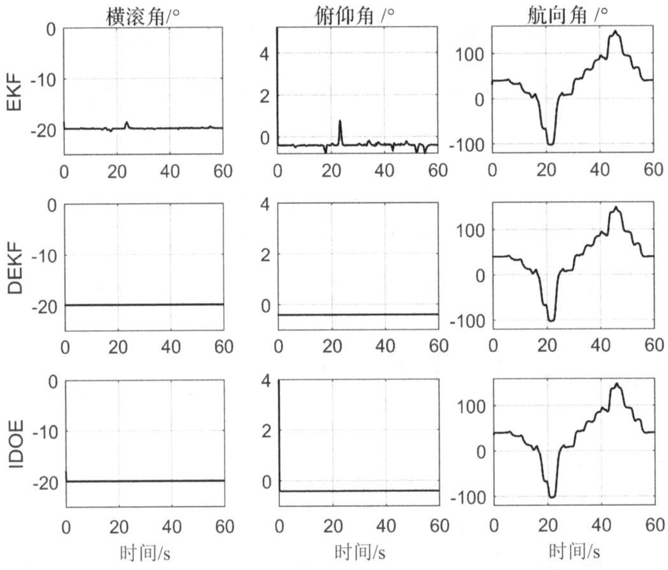

图 3-3　三种数据融合算法在磁干扰影响下的姿态估计结果

3.5.2　静态与动态姿态估计实验

除了在磁干扰环境中实现健壮的姿态估计，对处于静态、动态运动的目标进行准确的姿态估计也是验证数据融合算法性能的一个重要指标。本实验测试了三种数据融合算法在估计机械臂静态和动态姿态方面的性能。实验选用 UR5 机械臂控制 GX5 测量节点的运动。静态与动态姿态估计实验平台如图 3-4 所示，为降低 UR5 机械臂运动产生的磁干扰对姿态解算的影响，将一根长木棍固定在 UR5 机械臂末端，将一个 GX5 测量节点放置在木棍上。此外，长木棍上还固定有一个数字水平仪，用于调平。GX5 测量节点的初始姿态为俯仰角 40°、横滚角 0°、航向角 3.5°。

实验过程中控制 UR5 机械臂第六个关节以 60°/s 的最大角速度在−130°～130°范围内

绕其 z 轴旋转，使固定在其末端长木棍上的 GX5 测量节点产生相同的运动。UR5 机械臂第六个关节在静态与动态姿态估计实验过程中的转速和转角变化如图 3-5 所示。由图 3-5 可以看出，每个运动周期都包含动态阶段和静态阶段。在该实验中，将 UR5 机械臂控制器输出的基于编码器的末端姿态作为参考姿态，以比较不同数据融合算法的性能。

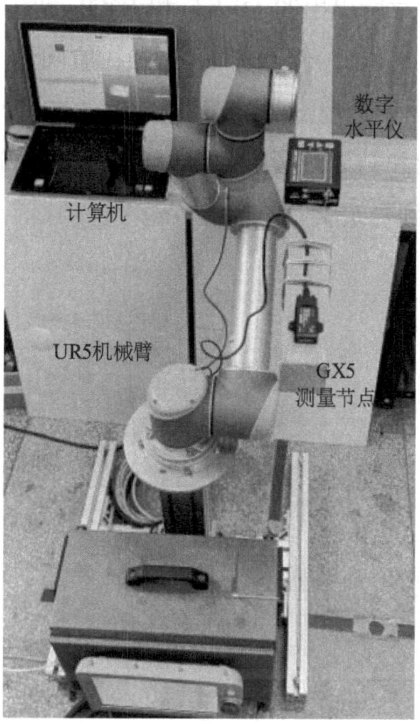

图 3-4　静态与动态姿态估计实验平台

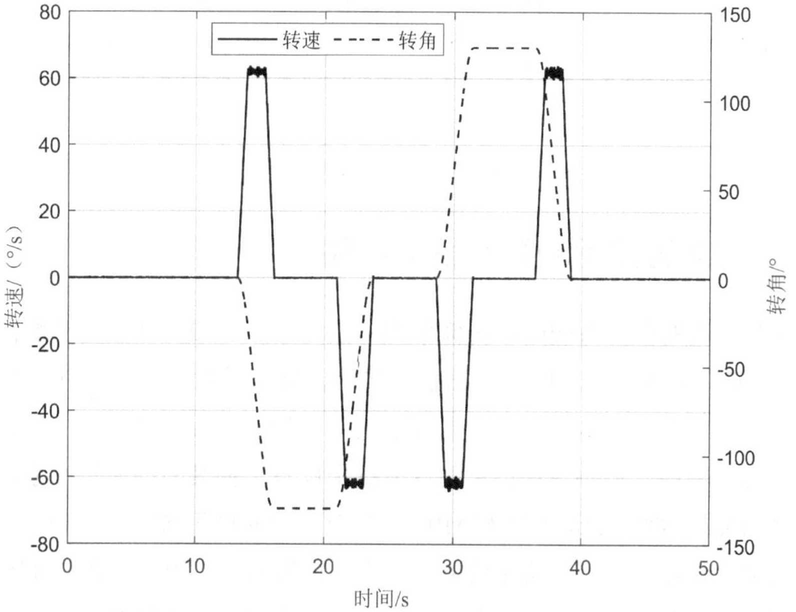

图 3-5　UR5 机械臂第六个关节在静态与动态姿态估计实验过程中的转速和转角变化

不同算法对静态和动态运动的 UR5 机械臂末端姿态估计的结果如图 3-6 所示。如果不考虑初始收敛阶段，动态误差大于静态误差，在 UR5 机械臂动态阶段尤为明显。这可能是由 UR5 机械臂关节坐标系、MARG 测量节点坐标系和导航坐标系没对准造成的。此外，传感器数据没有进行可靠性验证，UR5 机械臂运动引起的运动加速度和磁干扰也可能导致误差增大。对于本章所提出的 DEKF 和 IDOE 两种数据融合算法，DEKF 算法的最大误差分别为横滚角 3.8319°、俯仰角 5.0929°、航向角 4.1886°，IDOE 算法的最大误差分别为横滚角 3.8341°、俯仰角 5.0632°、航向角 3.8712°。此外，图 3-6 还反映了算法收敛性能的特点，在开始和结束阶段，以及 UR5 机械臂运动发生变化时，DEKF 和 IDOE 两种算法能快速收敛到稳定状态。

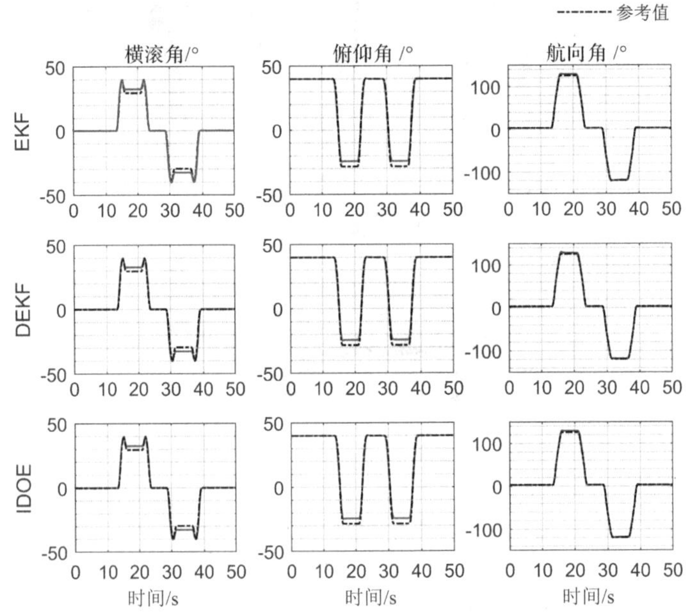

图 3-6　不同算法对静态和动态运动的 UR5 机械臂末端姿态估计的结果

3.5.3　大范围俯仰运动姿态估计实验

在欧拉角描述的姿态系统中，俯仰角的范围为$-\pi/2\sim\pi/2$，横滚角和航向角的范围为$-\pi\sim\pi$。当俯仰角接近$\pm\pi/2$ 时，将出现奇异值，此时欧拉角退化为两个自由度，称为万向节死锁。为了验证本章所提出的算法没有奇异值，设计了大范围俯仰运动姿态估计实验。在实验前，调整 MARG 测量节点坐标系，使其与导航坐标系对齐。控制 UR5 机械臂首先以 60°/s 的速度绕 MARG 测量节点的 y 轴正向旋转 120°，停止；然后以-60°/s 的速度旋转 120°回到初始位置，停止，再以-60°/s 的速度旋转 120°，停止；最后以 60°/s 的速度旋转 120° 回到初始位置，上述运动过程重复两次。

大范围俯仰运动的姿态估计结果如图 3-7 所示，彩色图像请扫描二维码查看。俯仰角的范围为$-\pi/2 \sim \pi/2$，当转角大于$\pi/2$时，DEKF 和 IDOE 两种算法估计的俯仰角将减小；当转角小于$-\pi/2$时，两种算法估计的俯仰角将增大。例如，在 6.7～7.5s 时间段内，当实际转角从 90°增大到 120°时，DEKF 和 IDOE 两种算法估计的俯仰角从 90°下降到 60°；在 8.9～9.6s 时间段内，当实际转角从 120°减小到 90°时，两种算法估计的俯仰角从 60°增大到 90°，此时横滚角和航向角均从-180°跳变为 0°。俯仰角参考值为 UR5 机械臂控制器中读取的第六个关节的关节角，为了与俯仰角的定义一致，当关节角大于$\pm\pi/2$时，参考关节角用$\pi-\theta$描述。

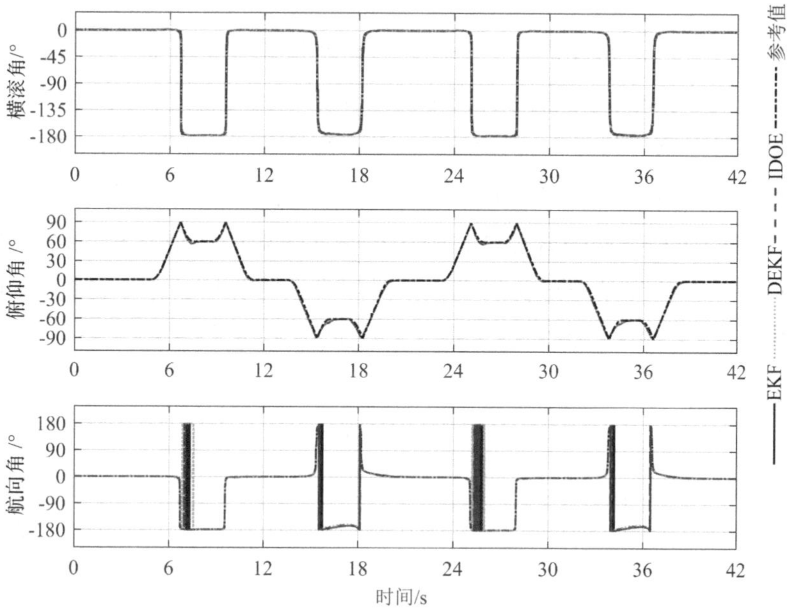

图 3-7　大范围俯仰运动的姿态估计结果

由于旋转运动是绕 y 轴进行的，所以在此过程中横滚角和航向角的参考值保持为零。然而从图 3-7 中可以看出，两种算法估计的航向角在-180°～180°范围内发生了多次翻转。这种现象是由单位四元数转换为旋转矩阵和欧拉角时的固有计算误差造成的。以 DEKF 算法在 3420 和 3421 两个相邻时刻的姿态估计为例，其输出的单位四元数分别为

$$\boldsymbol{q}_{3420} = \begin{bmatrix} 0.6438 & 0.0233 & 0.7644 & -0.0280 \end{bmatrix}^{\mathrm{T}}$$

$$\boldsymbol{q}_{3421} = \begin{bmatrix} 0.6425 & 0.0234 & 0.7654 & -0.0278 \end{bmatrix}^{\mathrm{T}}$$

根据公式（3-7），这两个时刻的旋转矩阵为

$$
\boldsymbol{C}_{3420}=\begin{bmatrix} -0.1701 & -0.0004 & 0.9855 \\ 0.0717 & 0.9975 & -0.0128 \\ 0.9829 & -0.0728 & -0.1696 \end{bmatrix}
$$

$$
\boldsymbol{C}_{3421}=\begin{bmatrix} -0.1733 & 0.0001 & -0.9848 \\ 0.0715 & 0.9973 & -0.0125 \\ 0.9822 & -0.0726 & -0.1728 \end{bmatrix}
$$

相应的欧拉角转换为

$$
\text{roll}_{3420}=-175.6840°，\text{pitch}_{3481}=80.2311°，\text{yaw}_{3481}=-179.8653°
$$

$$
\text{roll}_{3421}=-175.8625°，\text{pitch}_{3482}=79.9974°，\text{yaw}_{3482}=179.9669°
$$

可以看出，单位四元数描述的姿态与旋转矩阵描述的姿态是连续的，二者描述的姿态几乎相同。然而，当使用反三角函数计算欧拉角时，转换后的航向角在$-\pi$～π之间翻转。但在单位四元数描述的姿态中，翻转并不存在。大范围俯仰运动中的单位四元数估计结果如图 3-8 所示，彩色图像请扫描二维码查看。在本实验中，DEKF 和 IDOE 两种数据融合算法估计的单位四元数的四个元素变化平稳，表明所提出的两种算法在俯仰角接近其固有极限时不存在奇异值。由于旋转方向是绕 y 轴旋转，q_2 和 q_4 的理论参考值为零，实际估计的 q_2 和 q_4 在零附近略有波动，其原因分析与前文类似。

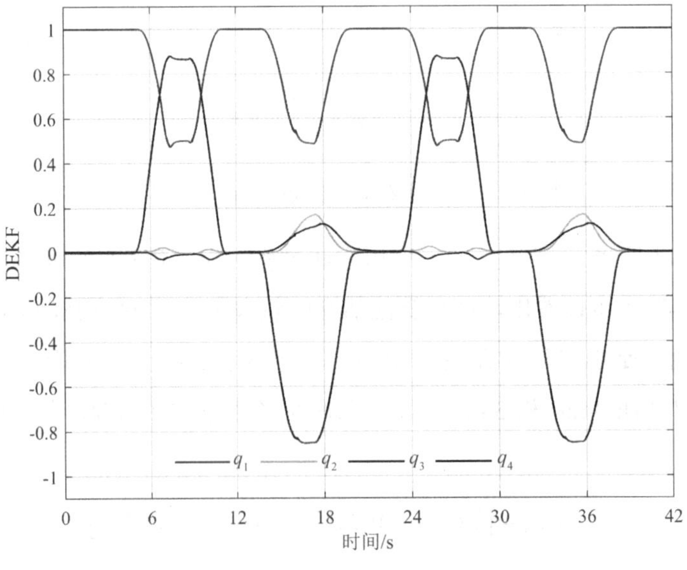

（a）DEKF 算法估计的单位四元数

图 3-8　大范围俯仰运动中的单位四元数估计结果

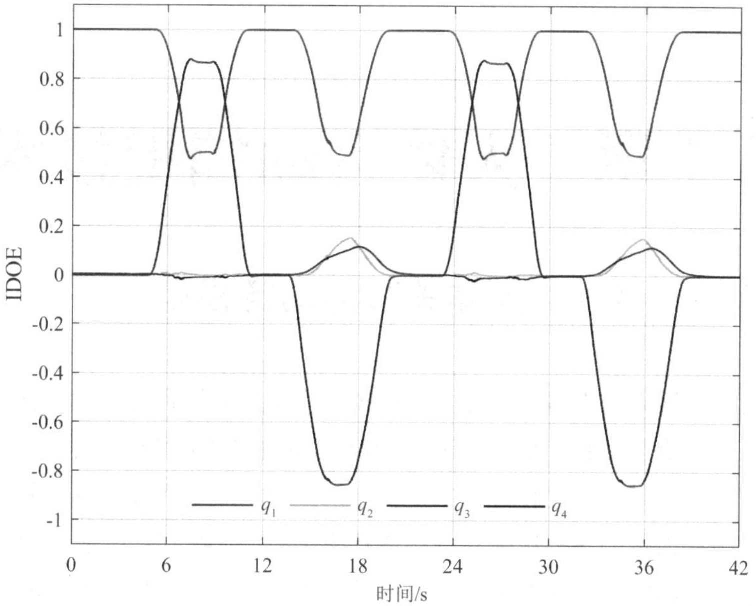

（b）IDOE 算法估计的四元数

图 3-8　大范围俯仰运动中的单位四元数估计结果（续）

3.5.4　算法计算效率对比实验

对于基于微处理器的嵌入式系统和应用，计算效率是衡量姿态估计算法性能的一个重要指标。本实验中，在配置了 Intel i9-12900H CPU 2.5GHz 处理器和 64GB 内存的计算机上安装 MATLAB 2020a 软件，将三种数据融合算法在 MATLAB 2020a 软件上离线运行 20 000 次，计算其平均时间及标准偏差，如表 3-1 所示。由于采用了单一 EKF 框架，因此 IDOE 算法的平均计算效率比 DEKF 算法的平均计算效率提高了约 60%。在 IDOE 和 DEKF 算法具有相当的精度和解耦能力的情况下，实现了计算效率的进一步提高，有利于将数据融合算法部署于微处理器。

表 3-1　算法时间消耗

算法名称	平均时间/μs	标准偏差/μs
EKF	41.578	9.272
DEKF	54.983	8.064
IDOE	21.641	3.589

第 4 章　人体运动捕捉技术

4.1　人体关节运动链模型

为了实现准确逼真的人体运动捕捉与重构，需要建立符合人体运动特征的三维人体模型，并进行运动学建模。人体的运动系统由 206 块骨骼、78 个关节及 639 块骨骼肌组成。其中，骨骼是运动杠杆，关节是支点，二者构成了人体体形的基础。为了便于分析，通常根据人体的主要肢体对骨骼进行简化，如简化后的上肢由上臂骨骼、前臂骨骼和手部骨骼组成。连接前臂和上臂的关节为肘关节，连接手和前臂的关节为腕关节。假设骨骼和关节是紧耦合的，忽略关节的轻微平移运动，可以将关节运动简化为类似于铰链的运动。相应地，将各肢体视为由铰链连接的刚体连杆，相邻两个连杆之间的自由度对应于人体关节的旋转自由度。因此，人体运动便简化为一系列刚体连杆绕对应关节的旋转运动，可以利用层次关节骨骼链模型对人体运动进行建模。层次关节骨骼链模型通常将人体模型构建为树状结构，通过选定某个骨骼作为根节点，将其他骨骼按照父节点与子节点的顺序依次生长，从而构成人体关节运动链模型。其中，根节点具有平移自由度和旋转自由度，其他节点有旋转自由度，父节点的运动可以通过运动链传递给各子节点。因此，人体的平移运动可以由根节点的平移运动表示，人体各部位的运动可以描述为子节点相对于父节点的运动，而子节点的运动由父节点和子节点共同决定。

为了更加细致地重构人体运动，本章将人体关节运动链模型构建为由 21 块骨骼和 21 个关节组成的层次关节骨骼链模型，如图 4-1 所示[154]，彩色图像请扫描二维码查看。该模型包含的 21 块骨骼分别为头部、颈部、胸腔、脊椎段 1~3、左右肩膀、左右上臂、左右前臂、左右手、骨盆、左右大腿、左右小腿、左右脚，骨骼之间的连接遵循父子层级。连接父骨骼与子骨骼的关节中心用黑色圆点表示，分别标记为 P_1~P_{11}、P_{13}~P_{16}、P_{18}~P_{20}、P_{22}~P_{24}。以左上肢运动链支路为例，左肩膀为左上臂的父骨骼，左上臂为左前臂的父骨骼，左前臂为左手的父骨骼。各子骨骼可以绕着其与父骨骼连接的关节中心点做旋转运动，如左上臂绕 P_{14} 节点做旋转运动，左前臂绕 P_{15} 节点做旋转运动，左手绕 P_{16} 节点做旋转运动。在该模型中，P_{17}、P_{12}、P_{25}、P_{21}、P_{26} 分别为左右手尖端、左右脚尖端及头顶位置。考虑到人体佩戴可穿戴测量节点的便捷性与舒适性，本章利用 17 个 MARG 测量节点捕捉人体运动，将 MARG 测量节点以任意姿态分别部署于人体头部、左右肩膀、左右上臂、左右前臂、左右手、胸腔、骨盆、左右大腿、左右小腿、左右脚的任意位置上。

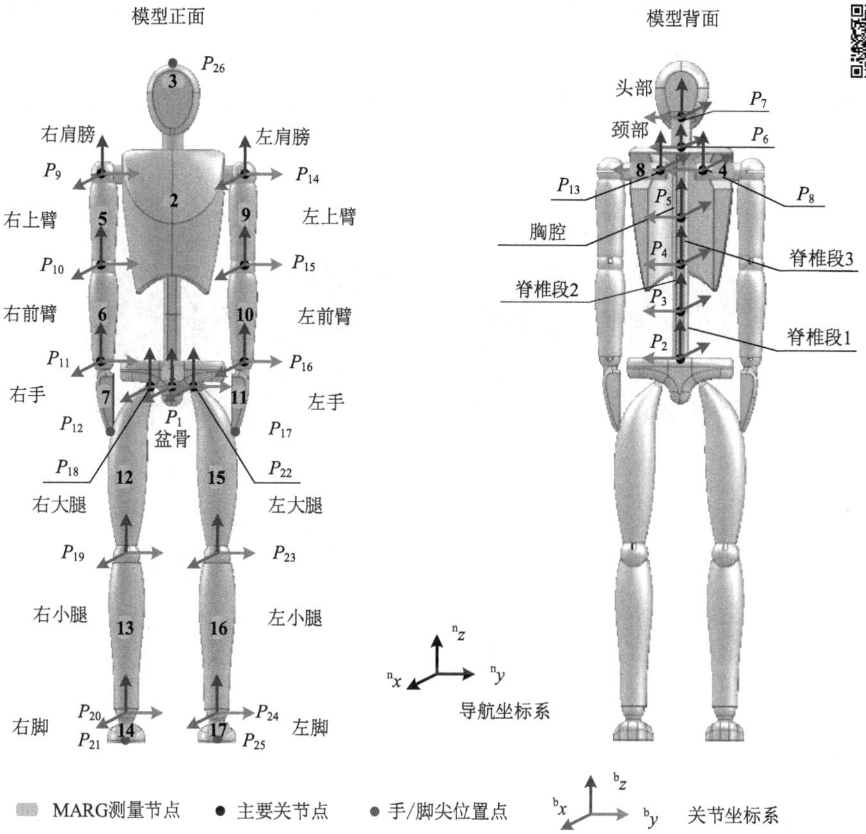

图 4-1　人体关节运动链模型与 MARG 测量节点部署位置图

在图 4-1 所示的人体关节运动链模型中，导航坐标系的方向与前述内容一致，记作{n：${}^nx\,{}^ny\,{}^nz$ }，${}^nx$ 轴指向磁北，${}^ny$ 轴指向东，${}^nz$ 轴指向地心。MARG 测量节点坐标系记作{s：${}^sx\,{}^sy\,{}^sz$ }，与内部传感器坐标轴一致。将骨骼坐标系的原点定义在关节中心，记作{b：${}^bx\,{}^by\,{}^bz$ }，${}^bx$ 轴垂直于身体指向前方，${}^bz$ 轴平行于身体指向上方，${}^by$ 轴的方向根据右手坐标系确定。

4.2　人体运动捕捉算法

4.2.1　初始姿态标定

由于测量节点内部电路板的加工装配误差及传感器的生产制造误差，各个测量节点的参考磁北方向可能不一致，进而导致测量节点之间的初始北向姿态不一致。如图 4-2 所示，将各个测量节点放置在水平桌面上，调整其横滚角、俯仰角、航向角输出均为 0°时，不论是自研测量节点（黑色）还是 Xsens 测量节点（橙色），其北向姿态均不一致。在实际应用中，忽略这一问题将导致测量节点捕捉的人体动作发生畸变。例如，人在水平方向伸直了手臂，但系统捕捉到的手臂姿态却是弯曲的。因此，在初始姿态标定过程中，首先需要对多个测量节点进行基准北向标定，以统一其基准北向姿态。

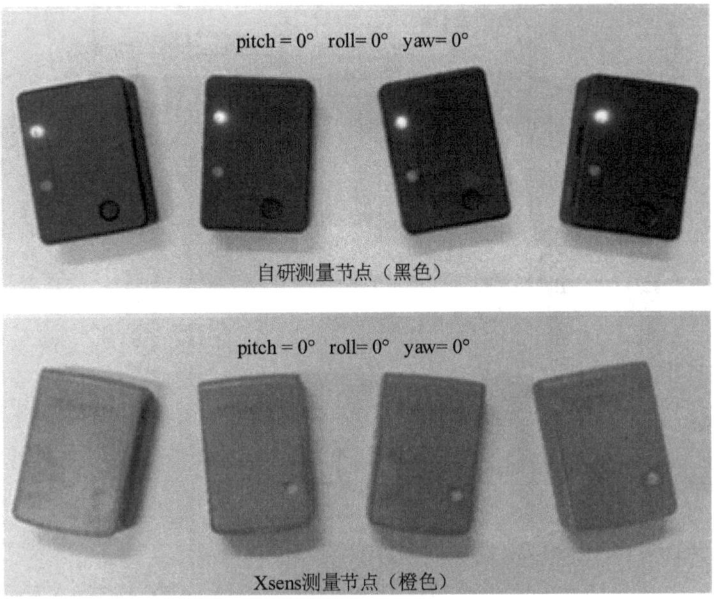

图 4-2　输出姿态相同时各测量节点的实际姿态

为了采集各个测量节点的北向偏差数据，本节将人体运动捕捉系统中的 MARG 测量节点放置在一个非金属平面上，调整每一个 MARG 测量节点的方向，直至所有模块的 ${}^{s}x$ 轴指向同一方向。根据 MARG 测量节点坐标系定义，当俯仰角接近±90°时，MARG 测量节点的 ${}^{s}x$ 轴将与重力矢量同向。因此，在对多个 MARG 测量节点进行基准北向标定的过程中，通常将俯仰角的范围限制在[0°, ±70°]，各个 MARG 测量节点的俯仰姿态和横滚姿态无须完全一致。

本节将各 MARG 测量节点水平放置，调整其 ${}^{s}x$ 轴指向地理北极方向，然后开始采集各个 MARG 测量节点的传感器数据，并根据第 3 章中的单节点姿态估计算法融合多传感器数据计算 MARG 测量节点的单位四元数信息。以其中一个 MARG 测量节点为例，假设该 MARG 测量节点一共采集了 n 组传感器数据，通过相应的计算得到 n 组姿态四元数 $\boldsymbol{q}_{\text{D-MARG},i}=\begin{bmatrix} q_{i,1} & q_{i,2} & q_{i,3} & q_{i,4}\end{bmatrix}^{\mathrm{T}}$（$i$=1,2, ⋯, n），则该 MARG 测量节点在这一时间段内的姿态四元数为

$$
\begin{aligned}
\boldsymbol{q}_{\text{D-MARG}} &= \begin{bmatrix} q_1 & q_2 & q_3 & q_4 \end{bmatrix}^{\mathrm{T}} \\
&= \begin{bmatrix} \dfrac{1}{n}\sum_{i=1}^{n} q_{i,1} & \dfrac{1}{n}\sum_{i=1}^{n} q_{i,2} & \dfrac{1}{n}\sum_{i=1}^{n} q_{i,3} & \dfrac{1}{n}\sum_{i=1}^{n} q_{i,4} \end{bmatrix}^{\mathrm{T}}
\end{aligned} \tag{4-1}
$$

根据四元数和欧拉角的转换关系可以计算得到该 MARG 测量节点的航向角为

$$
\psi = \arctan\left(\frac{2\left(\sum_{i=1}^{n} q_{i,2} \sum_{i=1}^{n} q_{i,3} + \sum_{i=1}^{n} q_{i,1} \sum_{i=1}^{n} q_{i,4} \right)}{\left(\sum_{i=1}^{n} q_{i,1} \right)^2 + \left(\sum_{i=1}^{n} q_{i,2} \right)^2 - \left(\sum_{i=1}^{n} q_{i,3} \right)^2 - \left(\sum_{i=1}^{n} q_{i,4} \right)^2} \right) \tag{4-2}
$$

根据单位四元数的定义，可以进一步得到该 MARG 测量节点的北向姿态四元数具有以下形式：

$$
\boldsymbol{q}_{\text{xo}} = \begin{bmatrix} q_{\text{xo},1} & q_{\text{xo},2} & q_{\text{xo},3} & q_{\text{xo},4} \end{bmatrix}^{\mathrm{T}} = \begin{bmatrix} \cos\dfrac{\psi}{2} & 0 & 0 & -\sin\dfrac{\psi}{2} \end{bmatrix}^{\mathrm{T}} \tag{4-3}
$$

同理，可以计算系统中其他 MARG 测量节点的北向姿态四元数。

本文中 MARG 测量节点可以以任意姿态佩戴在人体肢体上，此时各 MARG 测量节点将具有不同的初始姿态。假设在人体运动过程中，MARG 测量节点与肢体的相对位姿保持不变，则 MARG 测量节点与对应肢体之间存在一个恒定的姿态偏差。因此，为了实现后续的基于 MARG 测量节点的肢体姿态估计及人体运动捕捉，需要计算每个 MARG 测量节点的初始姿态。本文采用 N 型标定姿态计算 MARG 测量节点部署于人体后的初始姿态。在实验开始前，实验人员面向北立正站立，目视前方，双臂自然下垂，并保持静止，如图 4-3 所示，然后采集各个 MARG 测量节点在这一过程中输出的姿态四元数。

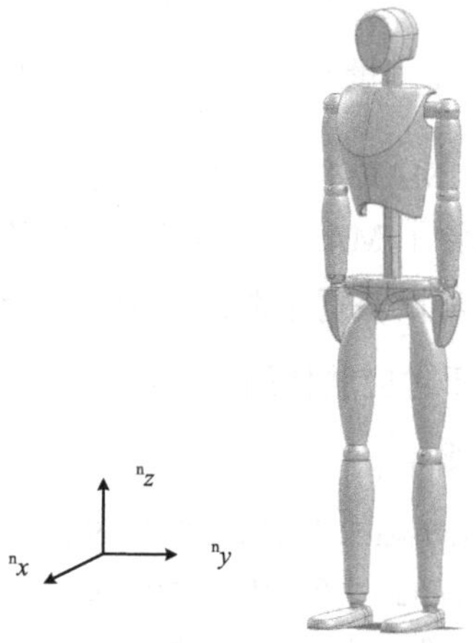

图 4-3　MARG 测量节点-人体初始姿态标定姿态

假设某个MARG测量节点一共采集了m组姿态四元数$\boldsymbol{q}_{\text{D-MARG},i}=\begin{bmatrix} q_{i,1} & q_{i,2} & q_{i,3} & q_{i,4} \end{bmatrix}^{\mathrm{T}}$（$i$=1,2, ⋯, m），该MARG测量节点当前状态下的初始姿态四元数为

$$\boldsymbol{q}_{\text{init}}=\begin{bmatrix} \frac{1}{m}\sum_{i=1}^{m}q_{i,1} & \frac{1}{m}\sum_{i=1}^{m}q_{i,2} & \frac{1}{m}\sum_{i=1}^{m}q_{i,3} & \frac{1}{m}\sum_{i=1}^{m}q_{i,4} \end{bmatrix}^{\mathrm{T}} \tag{4-4}$$

至此，本节获得了各MARG测量节点的北向姿态四元数$\boldsymbol{q}_{\text{xo}}$和初始姿态四元数$\boldsymbol{q}_{\text{init}}$，在此基础上，将进一步融合MARG测量节点的传感器信息计算各肢体姿态。

4.2.2 关节姿态解算

融合单个MARG测量节点的传感器输出数据解算的四元数描述了MARG测量节点相对于导航坐标系的姿态。此外，运动捕捉系统中部署的多个MARG测量节点存在北向偏差，且与各肢体之间存在相对姿态偏差。在这种情况下，佩戴于肢体的MARG测量节点输出的四元数无法直接、准确地描述各肢体在导航坐标系中的姿态。

为实现从各MARG测量节点的姿态中准确提取与之相对应的关节姿态，首先将肢体上MARG测量节点输出的姿态四元数$\boldsymbol{q}_{\text{D-MARG}}$中包含的北向姿态四元数$\boldsymbol{q}_{\text{xo}}$去除，如公式（4-5）所示：

$$\boldsymbol{q}_{M}=\boldsymbol{q}_{\text{xo}}\otimes\boldsymbol{q}_{\text{D-MARG}}=\begin{bmatrix} q_{\text{xo},1}q_{\text{imu},1}-q_{\text{xo},2}q_{\text{imu},2}-q_{\text{xo},3}q_{\text{imu},3}-q_{\text{xo},4}q_{\text{imu},4} \\ q_{\text{xo},2}q_{\text{imu},1}+q_{\text{xo},1}q_{\text{imu},2}-q_{\text{xo},4}q_{\text{imu},3}+q_{\text{xo},3}q_{\text{imu},4} \\ q_{\text{xo},3}q_{\text{imu},1}+q_{\text{xo},4}q_{\text{imu},2}+q_{\text{xo},1}q_{\text{imu},3}-q_{\text{xo},2}q_{\text{imu},4} \\ q_{\text{xo},4}q_{\text{imu},1}-q_{\text{xo},3}q_{\text{imu},2}+q_{\text{xo},2}q_{\text{imu},3}+q_{\text{xo},1}q_{\text{imu},4} \end{bmatrix} \tag{4-5}$$

此时将系统中所有的MARG测量节点放置在一个非金属平面上，调整每个MARG测量节点的${}^{\text{s}}x$轴指向同一方向，并计算此时各四元数$\boldsymbol{q}_{M}$所表示的航向角，会发现各个航向角完全一致。因此，经过这一操作，所有MARG测量节点的北向基准已经调整到同一个方向。$\boldsymbol{q}_{M}$描述了MARG测量节点在导航坐标系中的姿态。

在采用N型标定姿态标定MARG测量节点相对于人体的初始姿态的过程中，采集的初始姿态四元数$\boldsymbol{q}_{\text{init}}$同样包含了MARG测量节点的初始北向偏差$\boldsymbol{q}_{\text{xo}}$，因此也需要将其去除。如式（4-6）所示，可以获得去除北向姿态四元数的初始姿态四元数$\boldsymbol{q}_{\text{in}}$，它描述了MARG测量节点相对于对应肢体的姿态偏差。

$$\begin{aligned}\boldsymbol{q}_{\text{in}}&=\boldsymbol{q}_{\text{xo}}\otimes\boldsymbol{q}_{\text{init}}\\&=\begin{bmatrix} q_{\text{xo},1}q_{\text{init},1}-q_{\text{xo},2}q_{\text{init},2}-q_{\text{xo},3}q_{\text{init},3}-q_{\text{xo},4}q_{\text{init},4} \\ q_{\text{xo},2}q_{\text{init},1}+q_{\text{xo},1}q_{\text{init},2}-q_{\text{xo},4}q_{\text{init},3}+q_{\text{xo},3}q_{\text{init},4} \\ q_{\text{xo},3}q_{\text{init},1}+q_{\text{xo},4}q_{\text{init},2}+q_{\text{xo},1}q_{\text{init},3}-q_{\text{xo},2}q_{\text{init},4} \\ q_{\text{xo},4}q_{\text{init},1}-q_{\text{xo},3}q_{\text{init},2}+q_{\text{xo},2}q_{\text{init},3}+q_{\text{xo},1}q_{\text{init},4} \end{bmatrix}\end{aligned} \tag{4-6}$$

将 $\boldsymbol{q}_M$ 中包含的 MARG 测量节点相对于人体的姿态偏差 $\boldsymbol{q}_{\text{in}}$ 去除，便可以获得描述人体各个关节姿态的四元数 $\boldsymbol{q}_{\text{body}}$，如公式（4-7）所示，其中，$\boldsymbol{q}_{\text{in}}^* = \begin{bmatrix} q_{\text{in},1} & -q_{\text{in},2} & -q_{\text{in},3} & -q_{\text{in},4} \end{bmatrix}^{\mathrm{T}}$ 为 $\boldsymbol{q}_{\text{in}}$ 的共轭四元数。

$$
\begin{aligned}
\boldsymbol{q}_{\text{body}} &= \boldsymbol{q}_M \otimes \boldsymbol{q}_{\text{in}}^* \\
&= \begin{bmatrix}
q_{M,1}q_{\text{in},1} + q_{M,2}q_{\text{in},2} + q_{M,3}q_{\text{in},3} + q_{M,4}q_{\text{in},4} \\
q_{M,2}q_{\text{in},1} - q_{M,1}q_{\text{in},2} + q_{M,4}q_{\text{in},3} - q_{M,3}q_{\text{in},4} \\
q_{M,3}q_{\text{in},1} - q_{M,4}q_{\text{in},2} - q_{M,1}q_{\text{in},3} + q_{M,2}q_{\text{in},4} \\
q_{M,4}q_{\text{in},1} + q_{M,3}q_{\text{in},2} - q_{M,2}q_{\text{in},3} - q_{M,1}q_{\text{in},4}
\end{bmatrix}
\end{aligned}
\tag{4-7}
$$

通过以上操作后，姿态四元数 $\boldsymbol{q}_{\text{body}}$ 直接反映了人体各个关节上固定的关节坐标系相对于导航坐标系的姿态。在后面的章节中直接使用 $\boldsymbol{q}_{\text{body}}$ 作为人体各个关节的姿态，为使符号简洁，在后续介绍中将关节姿态四元数由 $\boldsymbol{q}_{\text{body}}$ 简化为 $\boldsymbol{q}$。

4.2.3　人体运动学模型

选取骨盆节点 P_1 作为人体运动的根节点，参考机器人正运动学建模方式，以骨盆节点 P_1 为起点计算躯干、上肢和下肢运动链中其他节点相对于根节点的位置。其中，骨盆可以绕着骨盆节点 P_1 做旋转运动，也可以产生平移运动，其他骨骼只能绕着父节点做旋转运动。若已知根节点在导航坐标系中的位置，在此基础上可以计算出其他肢体节点在导航坐标系中的位置。构建的人体模型中主要骨骼长度定义如图 4-4 所示，根据图 4-1 中的关节坐标系定义，可以计算出人体模型中主要关节点及手、脚、头端点相对于其父节点的位置偏移，如表 4-1 所示。例如，P_{18} 节点的坐标描述了人体模型基坐标系中右髋关节点相对于骨盆中心点的位置，其相对位置偏移记作 ${}^1\boldsymbol{P}_{18} = \begin{bmatrix} 0 & -L_8 & 0 \end{bmatrix}^{\mathrm{T}}$。

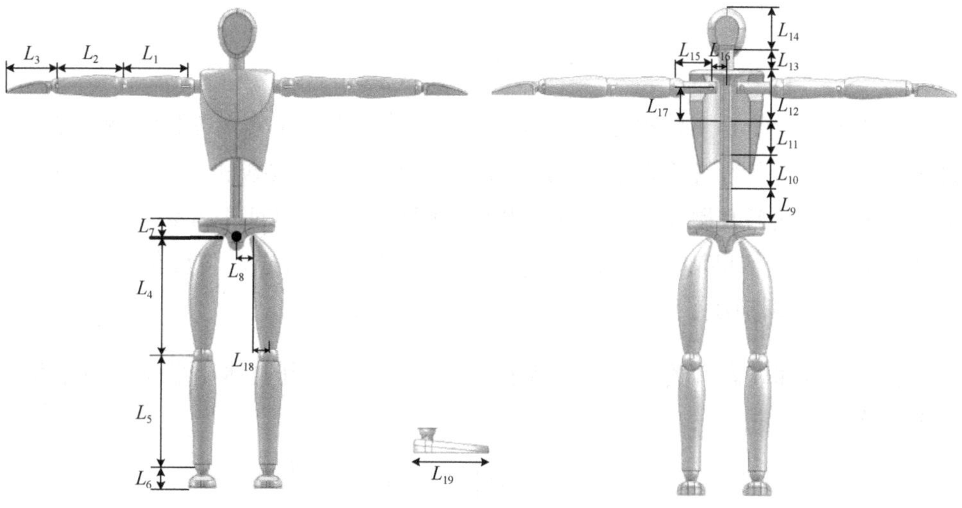

图 4-4　构建的人体模型中主要骨骼长度定义

表 4-1 人体模型中主要关节点及手、脚、头端点相对于其父节点的位置偏移

关节点	相对位置偏移	关节点	相对位置偏移	端点	相对位置偏移
P_2	${}^{1}\boldsymbol{P}_2=[0\quad 0\quad L_7]^{\mathrm{T}}$	P_{13}	${}^{5}\boldsymbol{P}_{13}=[0\quad L_{16}\quad L_{17}]^{\mathrm{T}}$	P_{12}	${}^{11}\boldsymbol{P}_{12}=[0\quad 0\quad -L_3]^{\mathrm{T}}$
P_3	${}^{2}\boldsymbol{P}_3=[0\quad 0\quad L_9]^{\mathrm{T}}$	P_{14}	${}^{13}\boldsymbol{P}_{14}=[0\quad L_{15}\quad 0]^{\mathrm{T}}$	P_{17}	${}^{16}\boldsymbol{P}_{17}=[0\quad 0\quad -L_3]^{\mathrm{T}}$
P_4	${}^{3}\boldsymbol{P}_4=[0\quad 0\quad L_{10}]^{\mathrm{T}}$	P_{15}	${}^{14}\boldsymbol{P}_{15}=[0\quad 0\quad -L_1]^{\mathrm{T}}$	P_{21}	${}^{20}\boldsymbol{P}_{21}=[L_{19}\quad 0\quad -L_6]^{\mathrm{T}}$
P_5	${}^{4}\boldsymbol{P}_5=[0\quad 0\quad L_{11}]^{\mathrm{T}}$	P_{16}	${}^{15}\boldsymbol{P}_{16}=[0\quad 0\quad -L_2]^{\mathrm{T}}$	P_{25}	${}^{24}\boldsymbol{P}_{25}=[L_{19}\quad 0\quad -L_6]^{\mathrm{T}}$
P_6	${}^{5}\boldsymbol{P}_6=[0\quad 0\quad L_{12}]^{\mathrm{T}}$	P_{18}	${}^{1}\boldsymbol{P}_{18}=[0\quad -L_8\quad 0]^{\mathrm{T}}$	P_{26}	${}^{7}\boldsymbol{P}_{26}=[0\quad 0\quad L_{14}]^{\mathrm{T}}$
P_7	${}^{6}\boldsymbol{P}_7=[0\quad 0\quad L_{13}]^{\mathrm{T}}$	P_{19}	${}^{18}\boldsymbol{P}_{19}=[0\quad -L_8\quad -L_4]^{\mathrm{T}}$		
P_8	${}^{5}\boldsymbol{P}_8=[0\quad -L_{16}\quad L_{17}]^{\mathrm{T}}$	P_{20}	${}^{19}\boldsymbol{P}_{20}=[0\quad 0\quad -L_5]^{\mathrm{T}}$		
P_9	${}^{8}\boldsymbol{P}_9=[0\quad -L_{15}\quad 0]^{\mathrm{T}}$	P_{22}	${}^{1}\boldsymbol{P}_{22}=[0\quad L_8\quad 0]^{\mathrm{T}}$		
P_{10}	${}^{9}\boldsymbol{P}_{10}=[0\quad 0\quad -L_1]^{\mathrm{T}}$	P_{23}	${}^{22}\boldsymbol{P}_{23}=[0\quad L_8\quad -L_4]^{\mathrm{T}}$		
P_{11}	${}^{10}\boldsymbol{P}_{11}=[0\quad 0\quad -L_2]^{\mathrm{T}}$	P_{24}	${}^{23}\boldsymbol{P}_{24}=[0\quad 0\quad -L_5]^{\mathrm{T}}$		

在机器人正运动学模型中，根据连杆坐标系定义及 Denavit Hartenberg 参数（连杆长度、关节角、连杆偏移量和扭转角），可以求解各个连杆的变换矩阵，其具有如公式（4-8）所示的形式：

$$ {}^{i-1}_{\ \ i}\boldsymbol{T}=\begin{bmatrix} {}^{i-1}_{\ \ i}\boldsymbol{R} & {}^{i-1}_{\ \ i}\boldsymbol{P} \\ \boldsymbol{0} & 1 \end{bmatrix} \tag{4-8} $$

式中，${}^{i-1}_{\ \ i}\boldsymbol{T}$ 为连杆坐标系$\{i\}$相对于连杆坐标系$\{i-1\}$的位姿变换矩阵；${}^{i-1}_{\ \ i}\boldsymbol{R}$ 为由关节角、扭转角计算得到的旋转矩阵，描述了连杆坐标系$\{i\}$相对于连杆坐标系$\{i-1\}$的姿态；${}^{i-1}_{\ \ i}\boldsymbol{P}$ 为由连杆长度、连杆偏移量和扭转角计算获得的位置，描述了连杆坐标系$\{i\}$的原点在连杆坐标系$\{i-1\}$中的坐标。针对由多个连杆组成的链式结构，将各个连杆变换矩阵连乘即可得到末端连杆坐标系$\{N\}$相对于根节点连杆坐标系$\{0\}$的位姿变换矩阵，如公式（4-9）所示：

$$ {}^{0}_{N}\boldsymbol{T}={}^{0}_{1}\boldsymbol{T}\,{}^{1}_{2}\boldsymbol{T}\,{}^{2}_{3}\boldsymbol{T}\cdots{}^{N-1}_{\ \ N}\boldsymbol{T} \tag{4-9} $$

与机器人正运动学模型相比，人体正运动学模型相对简单。各肢体姿态可以直接通过佩戴于该肢体上的测量节点获得，首先利用第 3 章的数据融合算法可以解算各测量节点的姿态，然后利用 4.2.2 节的关节姿态解算方法分别对各测量节点姿态进行处理，即可获得各肢体的姿态信息。为了与各测量节点相对应，将肢体姿态分别记作 $\boldsymbol{q}_1\sim\boldsymbol{q}_{17}$，它们分别描述了各肢体在导航坐标系中的姿态。

在已知各肢体姿态和关节相对位置的基础上，可以得到肢体 i 相对于导航坐标系的位姿矩阵为

$$ {}^{\mathrm{n}}_{i}\boldsymbol{T}=\begin{bmatrix} {}^{\mathrm{n}}_{i}\boldsymbol{R} & {}^{\mathrm{n}}_{i}\boldsymbol{P} \\ \boldsymbol{0}_{3\times3} & 1 \end{bmatrix}=\begin{bmatrix} \boldsymbol{C}^{\mathrm{T}}(\boldsymbol{q}_i) & {}^{\mathrm{n}}_{i}\boldsymbol{P} \\ \boldsymbol{0}_{3\times3} & 1 \end{bmatrix} \tag{4-10} $$

${}_i^{\mathrm{n}}\boldsymbol{T}$ 包括肢体 i 由测量节点解算的四元数转换得到的旋转矩阵 $\boldsymbol{C}^{\mathrm{T}}(\boldsymbol{q}_i)$，以及肢体 i 在导航坐标系中的位置 ${}_i^{\mathrm{n}}\boldsymbol{P}$。假设已知 P_1 节点在导航坐标系中的位置为 ${}^{\mathrm{n}}\boldsymbol{P}_1$，则可以依次递推上半身和下半身的位置与姿态，建立人体正运动学模型。本节以右脚—右小腿—右大腿—骨盆—脊椎段 1—脊椎段 2—脊椎段 3—胸腔—右肩—右上臂—右前臂—右手这条运动链为例，依次计算各关节点、肢体端点在导航坐标系中的位姿矩阵。

假设人体运动导致骨盆在导航坐标系中的位置由 ${}^{\mathrm{n}}\boldsymbol{P}_1$ 从变为 ${}^{\mathrm{n}}\boldsymbol{P}_1'$，其姿态为 $\boldsymbol{q}_1$，则骨盆在导航坐标系中的位姿矩阵可以写为

$$
{}_1^{\mathrm{n}}\boldsymbol{T} = \begin{bmatrix} \boldsymbol{C}^{\mathrm{T}}(\boldsymbol{q}_1) & {}^{\mathrm{n}}\boldsymbol{P}_1' \\ \boldsymbol{0}_{3\times 3} & 1 \end{bmatrix} \tag{4-11}
$$

此时与骨盆相连的右髋关节点的位置变为

$$
{}^{\mathrm{n}}\boldsymbol{P}_{18} = \boldsymbol{C}^{\mathrm{T}}(\boldsymbol{q}_1)\,{}^{1}\boldsymbol{P}_{18} + {}^{\mathrm{n}}\boldsymbol{P}_1' \tag{4-12}
$$

测量 P_{12}、P_{13}、P_{14} 节点解算的右大腿、右小腿和右脚的姿态分别为 $\boldsymbol{q}_{12}$、$\boldsymbol{q}_{13}$、$\boldsymbol{q}_{14}$，因此右膝关节、右踝关节和右脚尖端的位姿矩阵为

$$
\begin{aligned}
{}_{i+7}^{\mathrm{n}}\boldsymbol{T} &= \begin{bmatrix} \boldsymbol{C}^{\mathrm{T}}(\boldsymbol{q}_i) & {}^{\mathrm{n}}\boldsymbol{P}_{i+7} \\ \boldsymbol{0}_{3\times 3} & 1 \end{bmatrix} \\
&= \begin{bmatrix} \boldsymbol{C}^{\mathrm{T}}(\boldsymbol{q}_i) & {}^{\mathrm{n}}\boldsymbol{P}_{i+6} + \boldsymbol{C}^{\mathrm{T}}(\boldsymbol{q}_i)\,{}^{i+6}\boldsymbol{P}_{i+7} \\ \boldsymbol{0}_{3\times 3} & 1 \end{bmatrix}, i = 12,13,14
\end{aligned} \tag{4-13}
$$

在骨盆—脊椎段 1—脊椎段 2—脊椎段 3—胸腔支路中，为了降低运动捕捉系统部署的复杂度，仅在骨盆和胸腔上分别佩戴了测量节点 1 和测量节点 2，用于测量骨盆和胸腔的姿态，在脊椎段 1、脊椎段 2 和脊椎段 3 上并未佩戴测量节点。因此，本节利用测量节点 1 解算的骨盆姿态四元数 $\boldsymbol{q}_1$ 和测量节点 2 解算的胸腔姿态四元数 $\boldsymbol{q}_2$ 进行球面线性插值（Spherical Linear Interpolation，Slerp），以实现脊椎段 1～脊椎段 3 的姿态平滑过渡。单位四元数的球面线性插值公式为

$$
\mathrm{Slerp}(\boldsymbol{q}_1, \boldsymbol{q}_2, t) = \frac{\sin[(1-t)\alpha]\boldsymbol{q}_1 + \sin(t\alpha)\boldsymbol{q}_2}{\sin\alpha} \tag{4-14}
$$

式中，α 为两个单位四元数 $\boldsymbol{q}_1$ 和 $\boldsymbol{q}_2$ 之间的夹角。在进行球面线性插值的过程中，如果 $\alpha > 90°$，则将两个单位四元数 $\boldsymbol{q}_1$ 和 $\boldsymbol{q}_2$ 中的任意一个取反，以避免插值过程中绕远路。此外，当 $\boldsymbol{q}_1$ 和 $\boldsymbol{q}_2$ 的夹角很小时，为避免 $\sin\alpha$ 接近于零时造成的运算误差，此时可以用公式（4-15）所示的线性插值代替球面线性插值。

$$
\mathrm{Slerp}(\boldsymbol{q}_1, \boldsymbol{q}_2, t) = (1-t)\boldsymbol{q}_1 + t\boldsymbol{q}_2 \tag{4-15}
$$

将 t 的取值分别设置为 0.25、0.5 和 0.75，以获得描述脊椎段 1、脊椎段 2 和脊椎

段 3 在导航坐标系中姿态的单位四元数$\boldsymbol{q}_{s1}$、$\boldsymbol{q}_{s2}$和$\boldsymbol{q}_{s3}$。

当人在运动时，与骨盆相连的脊椎段 1 的关节点 P_2 在导航坐标系中的位置变为

$$ {}^{\mathrm{n}}\boldsymbol{P}_2 = \boldsymbol{C}^{\mathrm{T}}(\boldsymbol{q}_1)\,{}^{1}\boldsymbol{P}_2 + {}^{\mathrm{n}}\boldsymbol{P}_1' \tag{4-16} $$

相应地，脊椎段 2、脊椎段 3、胸腔的位置为

$$ {}^{\mathrm{n}}\boldsymbol{P}_{i+2} = \boldsymbol{C}^{\mathrm{T}}(\boldsymbol{q}_{si})\,{}^{i+1}\boldsymbol{P}_{i+2} + {}^{\mathrm{n}}\boldsymbol{P}_{i+1},\quad i=1,2,3 \tag{4-17} $$

将$\boldsymbol{q}_{s1}$和${}^{\mathrm{n}}\boldsymbol{P}_2$、$\boldsymbol{q}_{s2}$和${}^{\mathrm{n}}\boldsymbol{P}_3$、$\boldsymbol{q}_{s3}$和${}^{\mathrm{n}}\boldsymbol{P}_4$、$\boldsymbol{q}_2$和${}^{\mathrm{n}}\boldsymbol{P}_5$分别代入公式（4-10），即可获得脊椎段 1、脊椎段 2、脊椎段 3 和胸腔的位姿矩阵。胸腔运动带动右胸锁关节点的位置变为

$$ {}^{\mathrm{n}}\boldsymbol{P}_8 = \boldsymbol{C}^{\mathrm{T}}(\boldsymbol{q}_2)\,{}^{5}\boldsymbol{P}_8 + {}^{\mathrm{n}}\boldsymbol{P}_5 \tag{4-18} $$

佩戴于右肩、右上臂、右前臂、右手的测量节点解算的肢体相对于导航坐标系的姿态分别为$\boldsymbol{q}_4$、$\boldsymbol{q}_5$、$\boldsymbol{q}_6$、$\boldsymbol{q}_7$。同理可以计算出右肩关节、右肘关节、右腕关节、右手尖端的位姿矩阵为

$$ \begin{aligned} {}_{i+5}^{\mathrm{n}}\boldsymbol{T} &= \begin{bmatrix} \boldsymbol{C}^{\mathrm{T}}(\boldsymbol{q}_i) & {}^{\mathrm{n}}\boldsymbol{P}_{i+5} \\ \boldsymbol{0}_{3\times3} & 1 \end{bmatrix} \\ &= \begin{bmatrix} \boldsymbol{C}^{\mathrm{T}}(\boldsymbol{q}_i) & {}^{\mathrm{n}}\boldsymbol{P}_{i+4} + \boldsymbol{C}^{\mathrm{T}}(\boldsymbol{q}_i)\,{}^{i+4}\boldsymbol{P}_{i+5} \\ \boldsymbol{0}_{3\times3} & 1 \end{bmatrix},\quad i=4,5,6,7 \end{aligned} \tag{4-19} $$

至此，以骨盆为根节点，推导了右脚—右小腿—右大腿—骨盆—脊椎段 1—脊椎段 2—脊椎段 3—胸腔—右肩—右上臂—右前臂—右手运动链中各关节点、端点的位姿矩阵。同理，可以计算出人体运动过程中左半身及头颈部关节点的实时位置和姿态信息，建立完整的人体正运动学模型。

4.3 人体位置跟踪算法

4.3.1 基于自适应零速度更新的脚部位置跟踪

在脚绑式惯性导航系统中，假设脚、鞋、佩戴于鞋上的测量节点为一个完整的刚体，如图 4-5 所示，因此测量节点与脚的运动状态一致，本节用测量节点的位置代表脚的位置，可以通过融合测量节点采集的数据分析脚在导航坐标系中的运动。在图 4-5 中，以脚底的三个压力传感器作为参考系统，为算法评估提供参考基准，其测量值未用于位置估计。为了简化部署，提高系统的健壮性，对测量节点在脚背上的佩戴姿态不做要求。

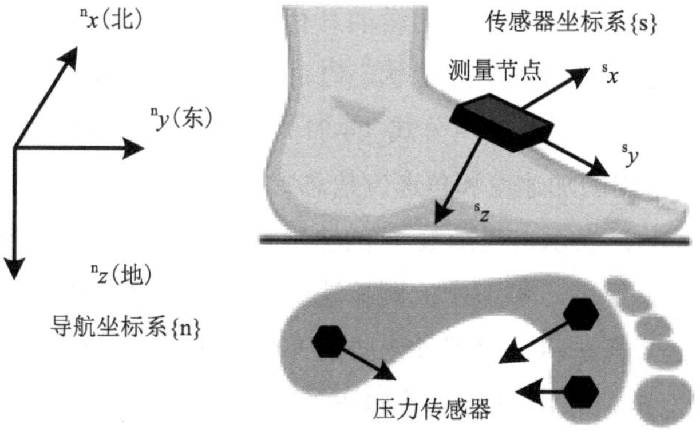

图 4-5　脚绑式零速度检测系统结构图

基于惯性导航系统的脚部运动跟踪算法原理如图 4-6 中虚线框所示。由于脚绑式测量节点输出的加速度与角速度为传感器坐标系中的投影，为了实现导航坐标系中的位置估计，需要先将测量节点输出的加速度转换到导航坐标系中。

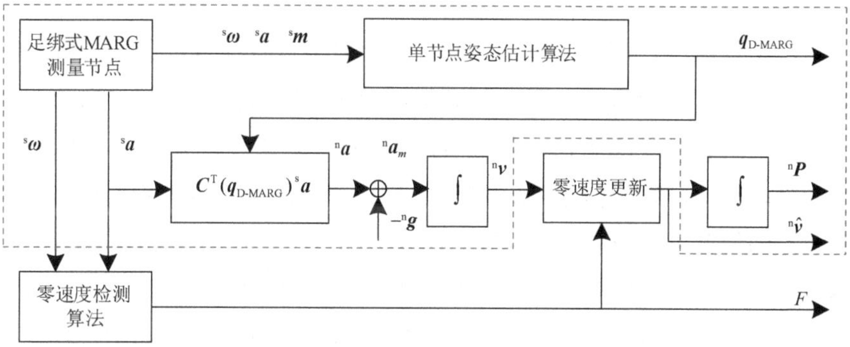

图 4-6　基于惯性导航系统的脚部位置估计算法框图

由于 $^{\mathrm{n}}\boldsymbol{a}$ 中包含了重力加速度，需要将其去除，以获得脚的运动加速度：

$$^{\mathrm{n}}\boldsymbol{a}_m = {}^{\mathrm{n}}\boldsymbol{a} - {}^{\mathrm{n}}\boldsymbol{g} \tag{4-20}$$

理论上，通过积分运动加速度，可以获得脚的运动速度：

$$^{\mathrm{n}}\boldsymbol{v} = \int_0^t {}^{\mathrm{n}}\boldsymbol{a}_m \mathrm{d}t \tag{4-21}$$

对脚的运动速度再次积分可以获得脚的实时位置：

$$^{\mathrm{n}}\boldsymbol{P} = \int_0^t {}^{\mathrm{n}}\boldsymbol{v} \mathrm{d}t \tag{4-22}$$

然而由于加速度测量值和姿态解算过程中存在偏差，公式（4-21）计算的脚的速度已经包含了积分误差，再次对该速度进行积分将导致位置估计误差在短时间内急剧增加。为了抑制位置误差，在惯性导航系统的基础上引入了零速度更新技术，如图 4-6

中虚线框以外的部分所示。由于脚的运动具有周期性，一个步态周期中脚的运动包括静止和摆动两种状态，当脚处于静止状态时，其速度应该为零。然而由于加速度测量偏差，当脚处于静止状态时，利用公式（4-21）计算的速度可能并不为零。零速度检测算法利用测量节点输出的加速度和角速度信息判断脚是否处于静止状态，这一过程用公式（4-23）中的函数 F 表示，当函数 F 的输出为 0 时，表示零速度检测算法检测到当前脚处于静止状态，反之，零速度检测算法认为脚处于摆动状态。当脚处于静止阶段时，通过零速度更新算法将该时间段内脚的速度修正为零。假设步态周期摆动阶段的加速度偏差保持恒定，利用速度偏差修正该阶段的加速度偏差，获得修正后的速度 $^{n}\hat{\boldsymbol{v}}$，对该速度进行积分，以降低位置漂移误差。因此，本章旨在提出一种灵活的零速度检测算法，可以检测人处于多种运动模式（走路、跑步、上楼、下楼）中的零速度状态。

$$F(t)=\begin{cases}0, & \text{静止阶段}\\ 1, & \text{摆动阶段}\end{cases} \tag{4-23}$$

在一个步态周期中，同一只脚的运动由四个典型过程组成，分别是脚跟触地、完全着地、脚跟离地和完全离地。在此基础上，步态周期可分为静止和摆动两个阶段。图 4-7 展示了上述四种步态事件，以及四种不同的步态阶段划分方式。方式 1 将脚没有完全离开地面的阶段划分为静止阶段[155]。然而在该静止阶段，脚的速度并不总是为零，测量节点的位置可能在脚跟触地和脚跟离地的过程中发生变化。假设在 P 节点佩戴一个测量节点，测量节点在脚跟触地过程中的位置变化如图 4-8 所示。可以看出，测量节点在 x 轴方向上的位移增大，在 z 轴方向上位移减小。脚跟离地过程也存在类似的情况。方式 2 将脚跟开始触地至脚完全触地这一过程划分为静止阶段，也存在上述问题。方式 3 仅将脚完全触地的时间段划分为静止阶段[156]，与方式 1 和方式 2 相比，方式 3 对脚所处静止阶段和运动阶段的划分更加准确。

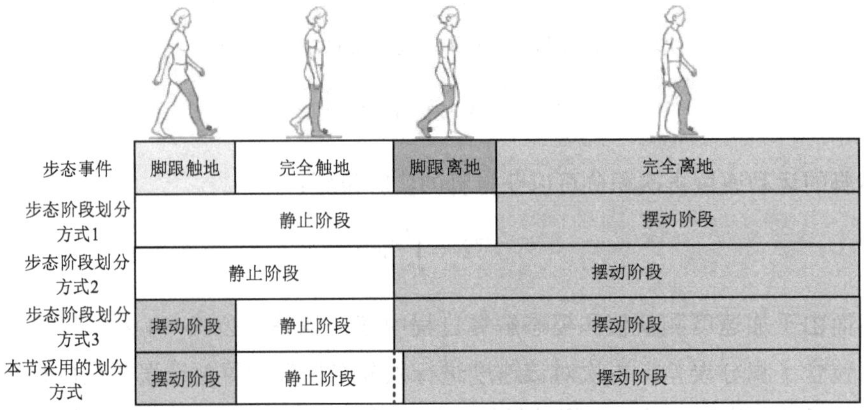

图 4-7　步态事件和步态阶段划分方式

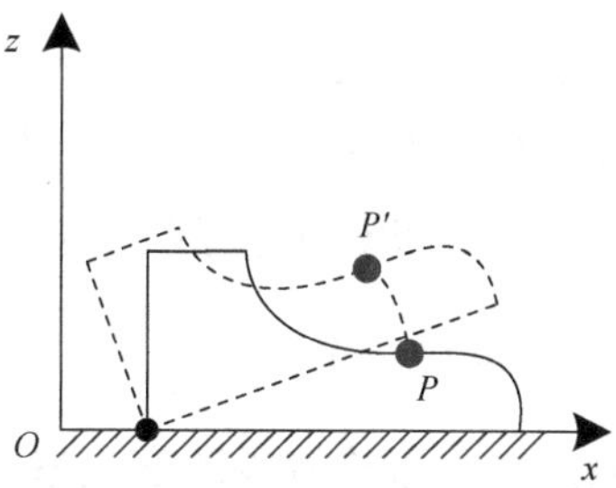

图 4-8　测量节点在脚跟触地过程中的位置变化

图 4-9 所示为行人在步行、跑步、上楼、下楼过程中脚部角速度幅值$\|{}^{s}\boldsymbol{\omega}\|$和运动加速度幅值$\|{}^{s}\boldsymbol{a}_m\|$的变化，分别描述了脚的旋转和平移运动特性。从图 4-9 中黑色框标记部分可以看出，角速度的变化发生在加速度之前，表明陀螺仪对脚的初始运动更敏感。然而，脚在这一时间段内仍然静止不动，这意味着在这段时间内没有平移特征，但旋转特征逐渐增强。由于零速度检测的目的是抑制惯性导航系统的位置误差，平移运动中的静止阶段是零速度检测算法所要检测的。因此，本节提出的零速度检测算法检测的静止阶段包括脚完全触地和脚跟离地后的一小段时间，如图 4-7 所示。

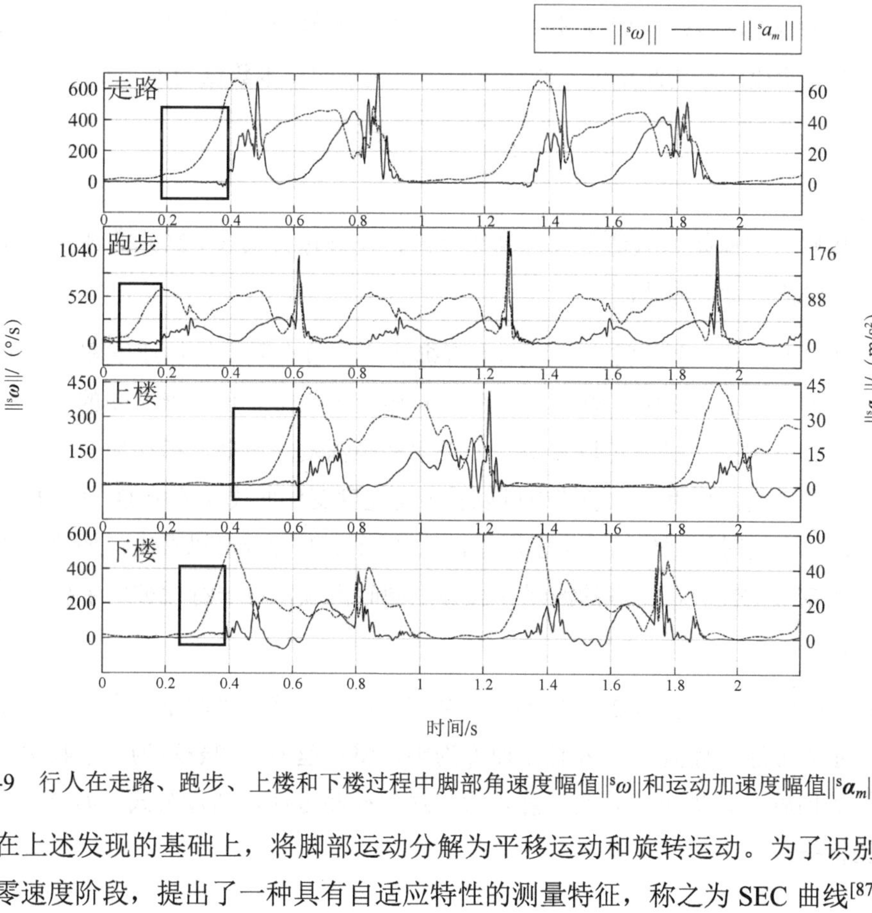

图 4-9　行人在走路、跑步、上楼和下楼过程中脚部角速度幅值$\|{}^{s}\omega\|$和运动加速度幅值$\|{}^{s}\boldsymbol{a}_m\|$的变化

在上述发现的基础上，将脚部运动分解为平移运动和旋转运动。为了识别平移运动的零速度阶段，提出了一种具有自适应特性的测量特征，称之为 SEC 曲线[87]，使零

速度检测算法能够应用于不同的步态模式，如走路，跑步，上楼和下楼。将零速度检测分解为四个子问题：（1）从步态周期中提取指定的动态特征；（2）构造 SEC 曲线；（3）识别零速度状态；（4）SEC 曲线和阈值进行自适应调节。

（1）从步态周期中提取指定的动态特征。

传统算法通过提取静态测量特征来检测零速度状态。然而由于测量值波动，测量特征的波谷可能导致摆动状态被误判为静止状态，导致虚警率 $P_{\mathrm{FA}}=P(F=0\mid F=1)$ 增加。而测量特征的波峰过大也有可能导致静止状态被误判为摆动状态，导致漏检率增加。为了避免这一问题，拟提出一种新的测量特征，该测量特征在每个步态周期中具有类似于凹函数的性质，并且在静止阶段和摆动阶段具有不同的表现，因此可以很容易地区分静止状态和摆动状态，使零速度检测不受测量波动的影响。

首先从脚部平移和旋转运动中提取了部分动态特征，包括瞬时加速度、瞬时角速率及角速度幅值离散度。t 时刻描述瞬时特征的运动加速度和角速度为

$$S_t^c=\sqrt{c_x^2+c_y^2+c_z^2}-\overline{c}_0,\quad c\in\{a,\omega\} \tag{4-24}$$

式中，c_j $(j=x,y,z)$ 为加速度计和陀螺仪在传感器坐标系中的三轴测量值；$\overline{c}_0$ 为脚第一次处于静止阶段的平均测量值，假设该阶段所采集的样本数量为 L，$\overline{c}_0$ 为

$$\overline{c}_0=\frac{1}{L}\sum_{i=1}^{L}\sqrt{c_x^2+c_y^2+c_z^2} \tag{4-25}$$

由于传感器的原始测量值中包含高频噪声，在进行公式（4-24）的计算之前需要对传感器测量值进行低通滤波。

图 4-10 所示为一个正常步态周期内脚绑式测量节点采集的加速度和角速度测量值，展示了瞬时特征的变化。测量节点的采样频率为 1kHz，低通滤波器的截止频率设置为 120Hz。从第一个子图可以看出，如果忽略小幅度的波动，运动加速度曲线主要包含 A、C 两个波。从第二个子图中可以看出角速度变化曲线大致由 D、E、F 三个波组成。将这二者同时绘制到第三个子图中，从 I、H、J 部分可以看出，加速度和角速度波形具有错峰的性质，二者的波峰和波谷不同时出现，这一特性被用于提取所需的动态特征。

Skog 等人基于公式（4-26）中的两个共识：脚处于静止时测量节点采集的加速度幅值等于重力加速度幅值 G，并且角速度为零，将零速度检测表示为一个数学上的二元假设检验问题[73]，提出了著名的静止假设最优检测方法，通过公式（4-27）计算零速度检测特征：

$$\begin{cases} \left\| {}^{s}\boldsymbol{a} \right\| = G \\ \left\| {}^{s}\boldsymbol{\omega} \right\| = 0 \end{cases} \tag{4-26}$$

$$T_{\text{SHOE}}(z_t) = \frac{1}{T} \sum_{n=t}^{t+T-1} \left(\frac{1}{\sigma_a^2} \left\| {}^{s}\boldsymbol{a}_n - \|\boldsymbol{g}\| \frac{\overline{\boldsymbol{a}}_t}{\|\overline{\boldsymbol{a}}_t\|} \right\|^2 + \frac{1}{\sigma_\omega^2} \left\| {}^{s}\boldsymbol{\omega}_n \right\|^2 \right) \tag{4-27}$$

式中，z_t 为在[t，$t+T-1$]时间段 T 个连续的加速度和角速度采样值，$z_t = \left\{ {}^{s}\boldsymbol{a}_n, {}^{s}\boldsymbol{\omega}_n \right\}_{n=t}^{t+T-1}$；$\overline{\boldsymbol{a}}_t$ 为该阶段的加速度平均值，$\overline{\boldsymbol{a}}_t = \sum_{n=t}^{t+T-1} {}^{s}\boldsymbol{a}_n$；$\sigma_a^2$ 和 σ_ω^2 分别为加速度计和陀螺仪的噪声方差，通过采集脚第一次处于静止阶段时的传感器测量值计算获得。通过将该测量特征与预先设置的阈值进行比较，即可进行零速度检测。当检测特征小于预设置阈值时，认为脚处于静止状态，反之认为脚处于摆动状态，如公式（4-28）所示：

$$F(t) = \begin{cases} 0, & T_{\text{SHOE}}(z_t) < \gamma_{\text{SHOE}} \\ 1, & T_{\text{SHOE}}(z_t) \geqslant \gamma_{\text{SHOE}} \end{cases} \tag{4-28}$$

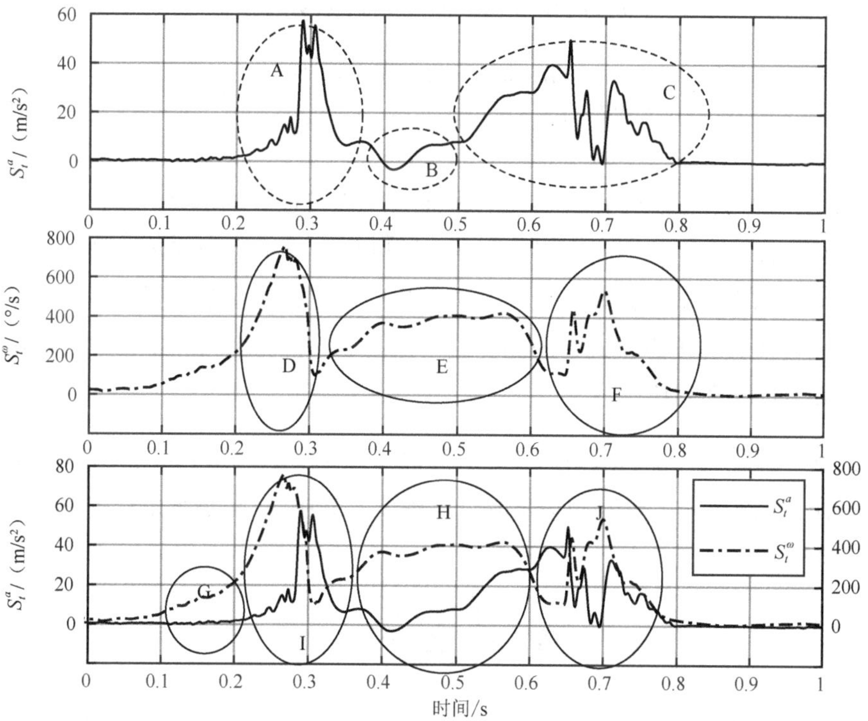

图 4-10　一个正常步态周期内脚绑式测量节点采集的加速度和角速度测量值

然而，公式（4-26）在某些情况下存在一些不足。一方面，静止状态有可能被误判为摆动状态。例如，在图 4-10 中的 G 部分，运动加速度 S_t^a 近似为零，但角速度 S_t^ω 却增长到 100°/s，根据公式（4-26），脚应该处于平移运动过程。然而通过观测和压力传感器判断，此时脚是静止的。另一方面，当测量节点处于摇摆阶段，如图 4-10 中的 B、C、D、F 部分，由于测量波动，S_t^a 和 S_t^ω 的测量值可能会降至很小。此时，以此作为检测特征的零速度检测算法可能会将其误判为静止状态，导致虚警率增加，进而导致估计的位置距离变短。因此，在两种共识的基础上，零速度检测算法需要通过一定的方法处理测量波动，增加了混合步态模式下的检测难度。

为了避免测量节点运动过程中测量偏差的影响及概率密度函数参数化的困难，本章不再基于上述两种共识来检测零速度状态，而是转向研究测量节点在旋转和平移运动时的加速度和角速度特征，通过提取摆动相位中可能发生测量下探的区域中所包含的部分动态特征来识别零速度状态。为了清晰起见，引入另一个二进制标志 F' 来表示两种相反的特征提取结果，如公式（4-29）所示。当 $F'=1$ 时，认为此时的特征为所需要的动态特征，S_t^a 和 S_t^ω 满足公式（4-30）中的条件，其中，γ_a 和 γ_ω 分别表示 S_t^a 和 S_t^ω 的阈值。

$$\begin{cases} F'=1, & \text{测量节点运动中的特定动态特征} \\ F'=0, & \text{测量节点运动中的其他动态特征} \end{cases} \tag{4-29}$$

$$F'(t)=\begin{cases} 1, & \left|S_t^a\right| > \gamma_a \text{ 或 } \left|S_t^\omega\right| > \gamma_\omega \\ 0, & \left|S_t^a\right| \leqslant \gamma_a \text{ 和 } \left|S_t^\omega\right| \leqslant \gamma_\omega \end{cases} \tag{4-30}$$

图 4-11 所示为上楼运动的三个步态测量值及动态特征提取结果，其中阈值分别设置为 $\gamma_a=0.1g$、$\gamma_\omega=40°/\mathrm{s}$。可以看出，在 K、L 和 M 三个存在测量值下探的区域，仍有小部分时间段内期望的动态特征没有被提取出来。因此，虽然公式（4-30）提取的动态特征可以覆盖某些步态模式中的测量值下探区域，但在上楼和下楼等其他运动模式中可能会发生误检和漏检。

为解决这一问题进一步引入角速度幅值离散度，从 $[t-\kappa+1, t]$ 时间段采集 κ 组角速度测量值，按照公式（4-31）计算角速度幅值离散度，其中 κ 与系统采样率有关，本节将其设置为 15。

$$\sigma_t=\sqrt{\frac{1}{\kappa}\sum_{n=t-\kappa+1}^{t}\left|S_n^\omega\right|^2} \tag{4-31}$$

引入角速度幅值离散度后，公式（4-30）可以进一步改写为公式（4-32），其中 $\gamma_{\sigma\omega}$ 为 σ_t 的阈值。

$$F'(t)=\begin{cases} 1, & \left|S_t^a\right| > \gamma_a、\left|S_t^\omega\right| > \gamma_\omega \text{ 或 } \sigma_t > \gamma_{\sigma\omega} \\ 0, & \left|S_t^a\right| \leqslant \gamma_a、\left|S_t^\omega\right| \leqslant \gamma_\omega \text{ 和 } \sigma_t \leqslant \gamma_{\sigma\omega} \end{cases} \tag{4-32}$$

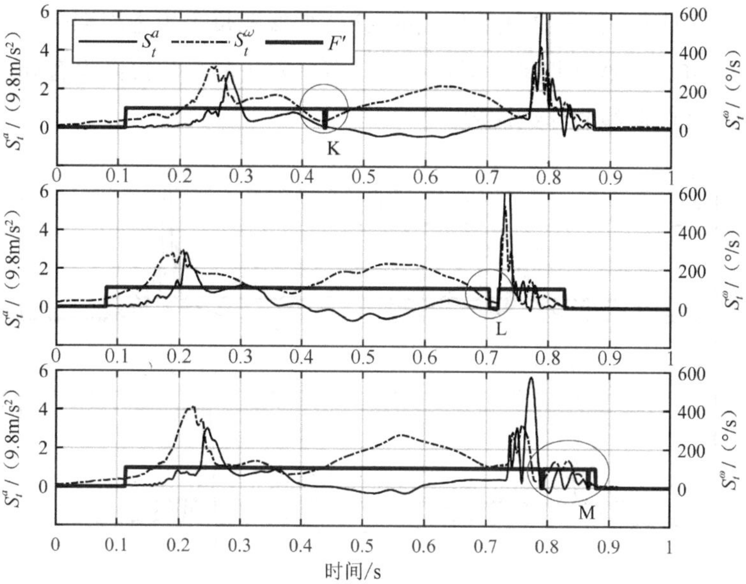

图 4-11　上楼运动的三个步态测量值及动态特征提取结果

设置$\gamma_{\sigma\omega}=40°/\mathrm{s}$，利用公式（4-32）重新提取图 4-11 中的上楼运动中三个步态数据的动态特征，结果如图 4-12 所示。从图 4-12 中可以看出，在引入角速度幅值离散度之后，所提取的动态特征完全覆盖了摆动阶段中可能由于测量波动而出现误检的区域。虽然$F'=0$包含在静止阶段中，但不能被视为最终的零速度状态区间。如图 4-10 和图 4-12 的 G 部分所示，S_t^a保持在接近零的位置，而S_t^ω是增加的，说明旋转特征逐渐增强，但缺乏平移特征，应检测为静止状态。因此，$F'=0$是当前阈值下期望检测到的零速度阶段的子集。

（2）构造 SEC 曲线。

在脚绑式惯性导航系统中，首先将测量节点采集的加速度从传感器坐标系变换至导航坐标系，去除重力加速度，获得脚的运动加速度。然后，对运动加速度进行积分计算获得速度。最后，对速度进行积分计算获得脚的位置。从这一过程中可以看出，加速度测量值是脚部位置估计的基础。因此，将公式（4-33）中定义的加速度能量曲线作为基础，将生成 SEC 曲线作为检测特征。

$$E_t^a=\frac{1}{\kappa}\sum_{n=t-\kappa+1}^{t}\left|S_n^a\right|^2 \tag{4-33}$$

为了保证 SEC 曲线包含完整的动态特征和静态特征，利用提取的动态特征对加速度能量曲线进行修正。如果一个步态周期内测量特征曲线没有大范围波动，通过设定阈值可以很容易地区分其中包含的摆动阶段与静止阶段。因此，为了便于进行零速度检测，期望修正加速度能量曲线后生成的 SEC 曲线在每个步态周期中具有类似于凹函数的表现，且 SEC 曲线在摆动阶段保持不下降，对于静止阶段则没有要求。表 4-2 总结了生成实时 SEC 曲线的详细流程。

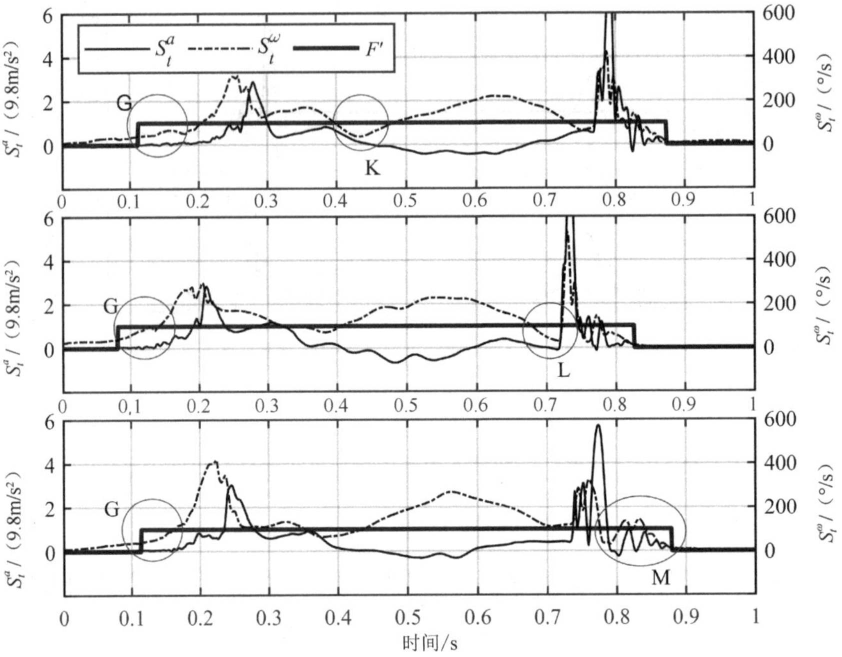

图 4-12　基于公式（4-32）的上楼运动中三个步态周期动态特征提取结果

表 4-2　SEC 曲线实时生成算法流程

算法： 用加速度和角速度测量值作为输入，实时生成 SEC 曲线

Initialize: t =1, SEC(0) = 0

while no stop commands received and $^s\mathbf{a}_t$, $^s\boldsymbol{\omega}_t$ are valid, **do**

1）**Input:** $^s\mathbf{a}_t$， $^s\boldsymbol{\omega}_t$

2）$S_t^a=\sqrt{a_x^2+a_y^2+a_z^2}-\bar{a}_0$, $S_t^\omega=\sqrt{\omega_x^2+\omega_y^2+\omega_z^2}-\bar{\omega}_0$

3）$\sigma_t=\sqrt{\frac{1}{\kappa}\sum_{t\in\Omega_n}\left|S_t^\omega\right|^2}$

4）**If** $\left|S_t^\omega\right|>\gamma_\omega$， set F′=1

Else if $\left|S_t^a\right|>\gamma_a$， set F′=1

Else if $\sigma_t>\gamma_{\sigma\omega}$， set F′=1

Else, set F′=0

5）$E_t^a=\frac{1}{\kappa}\sum_{t\in\Omega_n}\left|S_t^a\right|^2$

6）**If** F′=1,

If $S_t^a>SEC(t-1)$， $SEC(t)=E_t^a$

续表

Else SEC(t) = SEC(t − 1)
Else SEC(t) = E_t^a
7）**Output:** SEC(t) , t=t+1
end while

图 4-13 所示为基于图 4-10 中一个正常步态周期数据提取的动态特征、计算的加速度能量曲线及生成的 SEC 曲线，彩色图像请扫描二维码查看。从图 4-13 中可以看出，一个步态周期内生成的 SEC 曲线与凹函数相似，在摆动阶段具有非递减特性，有利于从步态周期中分离出静止阶段。

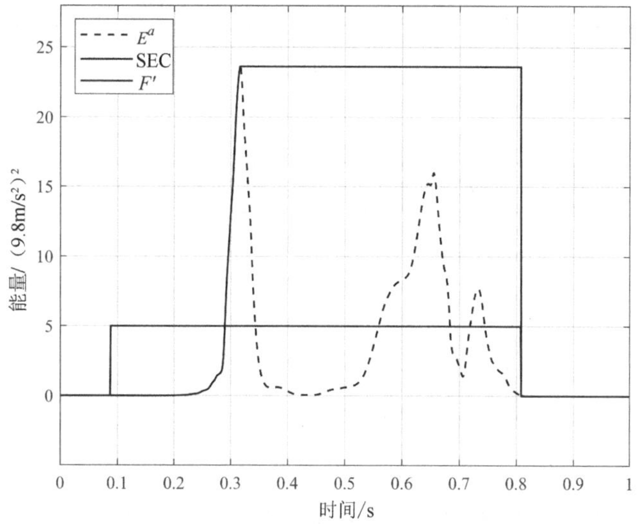

图 4-13　基于图 4-10 中一个正常步态周期数据提取的动态特征、计算的加速度能量曲线及生成的 SEC 曲线

图 4-14 所示为基于图 4-11 中三个上楼步态周期数据提取的动态特征、计算的加速度能量曲线及生成的 SEC 曲线，为了清晰起见，将 F'放大了 10 倍。可以看出，上楼步态的 SEC 曲线与图 4-13 中正常步态的 SEC 曲线整体相似。不同的是，图 4-14 中的 SEC 曲线在步态周期后期进一步增大，这可能是由于在上楼过程中脚与地面接触的影响更大。

（3）识别零速度状态。

由于 SEC 曲线的特殊波形，通过将其与阈值 γ_s 进行比较可以很容易地区分静止阶段和摆动阶段，如公式（4-34）所示。当 SEC 曲线低于该阈值，则认为脚处于静止阶段。为了适应不同的运动模式，阈值 γ_s 可以自适应调节，其调节过程将在后续内容中介绍。

$$F(t)=\begin{cases}0, & \mathrm{SEC}(t)<\gamma_s \\ 1, & \mathrm{SEC}(t)\geqslant\gamma_s\end{cases} \tag{4-34}$$

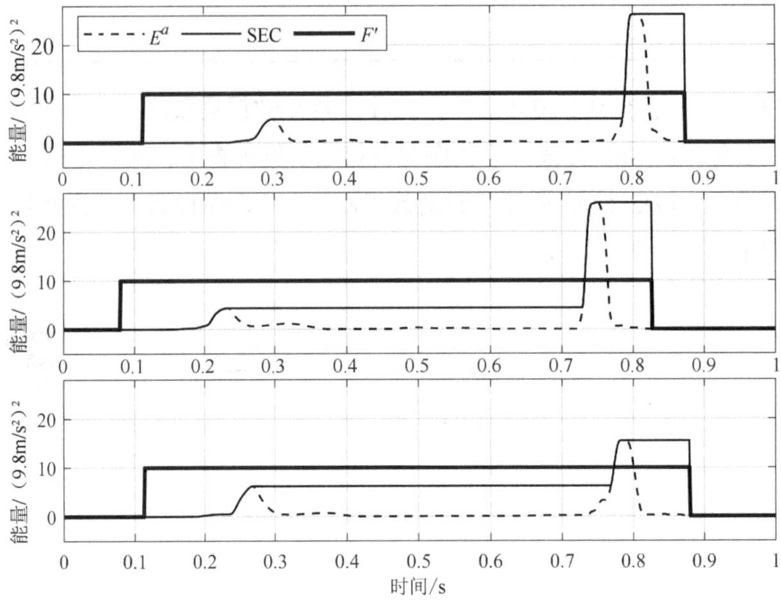

图 4-14　基于图 4-11 中三个上楼步态周期数据提取的动态特征、计算的加速度能量曲线及生成的 SEC 曲线

针对图 4-10 中一个正常步态周期的数据，将 SEC 曲线的阈值设置为 $\gamma_s=0.09\|\boldsymbol{g}\|^2$，一个正常步态周期中的零速度检测结果如图 4-15 所示，彩色图像请扫描二维码查看。蓝色实线为指定动态特征的提取结果，红色实线为基于 SEC 曲线的零速度检测结果，$F=0$ 代表基于 SEC 曲线的零速度检测算法所检测到的静止阶段。为了便于区分，分别将 F' 与 F 放大了 5 倍和 10 倍。可以看出，未被提取为指定动态特征的区域是静止阶段的子集，这与图 4-10 和图 4-12 中的 G 部分是一致的，其原因已在前文中说明。SEC 曲线在摆动阶段的非递减特性使脚部零速度检测更加容易，这也是 SEC 曲线的主要贡献。

（4）SEC 曲线和阈值自适应调节。

实时、自适应的 SEC 曲线和零速度检测阈值对于实现不同运动模式下的零速度检测至关重要。将零速度检测算法的阈值参数组合为 $\gamma\triangleq\{\gamma_\omega,\gamma_a,\gamma_{\sigma\omega},\gamma_s\}$，其中 γ_ω、γ_a、$\gamma_{\sigma\omega}$ 用于生成 SEC 曲线，γ_s 将一个步态周期划分为静止阶段和摆动阶段。一般情况下，脚运动越快，步态频率越快，每个步态周期的平均角速度越高。因此，结合凹函数与 SEC 曲线的相似性，利用平均角速度对阈值进行自适应调节。图 4-16 所示为行走过程中阈值的实时自适应调节过程，彩色图像请扫描二维码查看。其中阈值 $\gamma\triangleq\{\gamma_\omega,\gamma_a,\gamma_{\sigma\omega},\gamma_s\}$ 通过以下三个步骤进行调整。

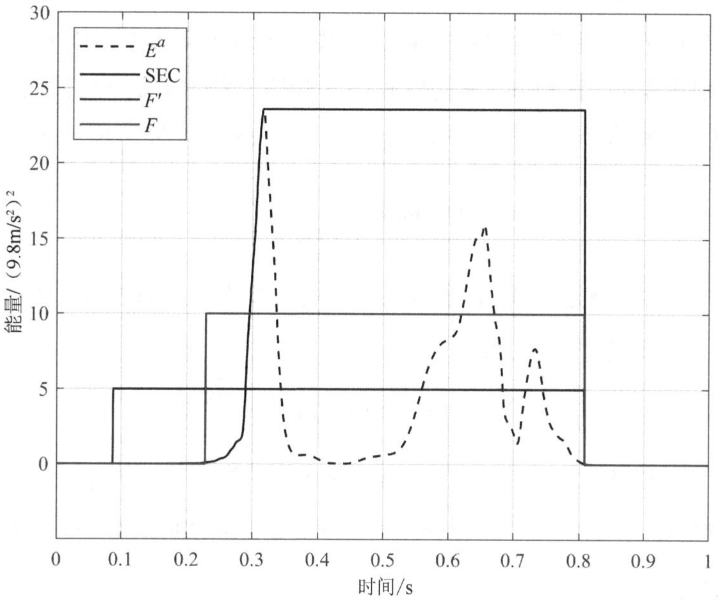

图 4-15　一个正常步态周期中的零速度检测结果

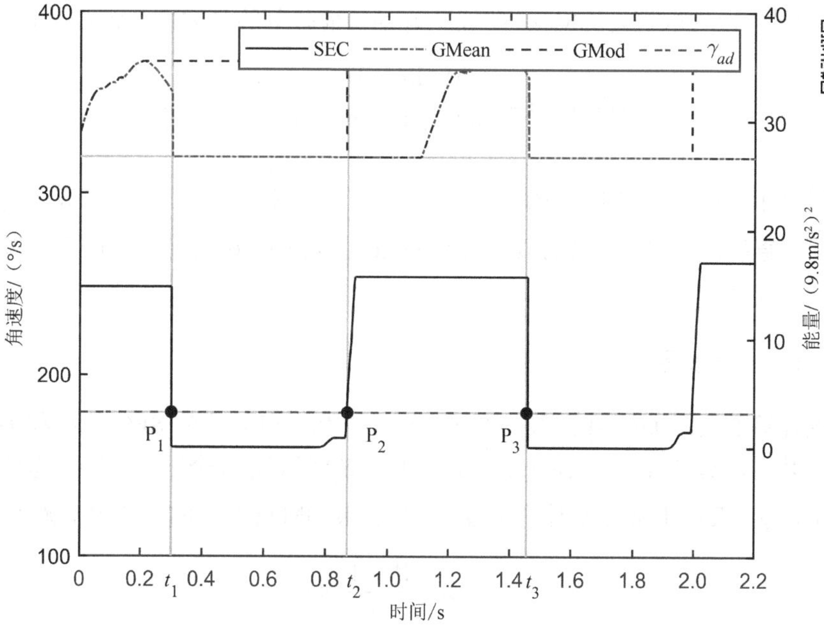

图 4-16　行走过程中阈值的实时自适应调节过程

① 计算平均角速度曲线 GMean。

首先为 SEC 曲线预先定义一个阈值 γ_{ad}，该阈值设置的原理是，γ_{ad} 在每个步态周期的凹部分与 SEC 曲线相交，如图 4-16 中红色虚线所示，并进一步确定步态周期的三个关键点。将阈值曲线与 SEC 曲线下降沿相交的点作为当前步态周期的起点 P_1 和上一个步态周期的终点 P_3。将阈值曲线与 SEC 曲线上升沿相交的点记作 P_2。P_1、P_2 和 P_3 对应的时刻分别记作 t_1、t_2 和 t_3。从起始时刻 t_1 开始，利用 t_1 到 t 时间段内陀螺仪采集的 m 组测量值计算每个周期的实时平均角速度，如公式（4-35）所示：

$$\mathrm{GMean}(t)=\frac{1}{m}\sum_{n=t_1}^{t}S_n^{\omega} \tag{4-35}$$

记 S_k^{GMean} 为正常走路过程中 k 个步态周期的平均角速度数据集，每个步态周期中 GMean 曲线的最大值的平均值为：

$$\mathrm{gmean\_max}=\mathrm{mean}(\max(S_k^{\mathrm{GMean}})) \tag{4-36}$$

如果计算的实时平均角速度小于 gmean_max，则将其修改为 gmean_max。修改后的 GMean 曲线如图 4-16 中红色虚线表示，其中，gmean_max 设置为 320°/s。

② 计算 GMod 曲线。

在 GMean 曲线的基础上，对其进行进一步修正得到每个步态周期的 GMod 曲线。首先，在$[t_1, t_2)$时间段内，GMod 曲线的取值保持为前一个时刻的值。其次，GMod 曲线在$[t_2, t_3]$时间段内取值为 GMean 曲线从 t_2 到当前时刻的最大值。该过程表示为

$$\mathrm{GMod}(t)=\begin{cases}\mathrm{GMod}(t_1-1), & t\in[t_1,t_2)\\ \max\limits_{t_2\leqslant\xi\leqslant t}\{\mathrm{GMean}(\xi)\}, & t\in[t_2,t_3]\end{cases} \tag{4-37}$$

如图 4-16 所示，上述第一条修正原则使 GMod 曲线在$[t_1, t_2)$时间区间内为一条平行于 x 轴的直线。第二条修正原则强制 GMod 曲线在$[t_2, t_3]$时间区间内不断调整，但仍然保持非递减特性。

③ SEC 曲线和零速度检测阈值调整。

根据计算的实时 GMod 曲线，通过公式（4-38）自动调整 SEC 曲线和零速度检测的阈值。其中，$\mathrm{GMod}_{\mathrm{std}}=\mathrm{mean}(\max(S_k^{\mathrm{GMod}}))$，$S_k^{\mathrm{GMod}}$ 表示 k 个正常走路步态的 GMod 曲线数据集，γ_{std} 表示正常走路时的阈值，μ 为调节 GMod 与 γ 的一个灵活阈值。

$$\gamma=\mu\times\frac{\mathrm{GMod}}{\mathrm{GMod}_{\mathrm{std}}}\times\gamma_{\mathrm{std}} \tag{4-38}$$

假设一个步态周期持续时间为$[T_0, T]$，零速度检测算法检测到脚在$[T_0, T_1)$时间段内处于摆动状态，在$[T_1, T]$时间段内处于静止状态。假设在一个步态周期的摆动阶段加速度偏差不变，记为 $\boldsymbol{a}_{\varepsilon}$。将实际运动加速度记作 ${}^{n}\boldsymbol{a}_{a}$，则$[T_0, T_1)$时间段内公式（4-20）可以表示为

$$^{\mathrm{n}}\boldsymbol{a}_m = {}^{\mathrm{n}}\boldsymbol{a}_a + \boldsymbol{a}_\varepsilon \tag{4-39}$$

对摆动阶段的运动加速度进行积分，得到脚处于摆动阶段的速度为

$$^{\mathrm{n}}\boldsymbol{v} = \int_0^t ({}^{\mathrm{n}}\boldsymbol{a}_a + \boldsymbol{a}_\varepsilon)\mathrm{d}t = {}^{\mathrm{n}}\boldsymbol{v}_a + \boldsymbol{a}_\varepsilon t,\ \ t \in [T_0,\ T_1) \tag{4-40}$$

其中，$^{\mathrm{n}}\boldsymbol{v}_a$ 为真实速度，$\boldsymbol{a}_\varepsilon t$ 为加速度偏差造成的积分误差。在 T_1 时刻，脚从摆动状态改变为静止状态，此时真实速度为零。因此，加速度偏差为

$$\boldsymbol{a}_\varepsilon = \frac{^{\mathrm{n}}\boldsymbol{v}(T_1)}{T_1} \tag{4-41}$$

在$[T_0, T_1)$时间段，零速度更新算法利用这一加速度偏差修正速度估计。在$[T_1, T]$时间段内，零速度更新算法将速度重置为零。将修正后的速度记为$^{\mathrm{n}}\hat{\boldsymbol{v}}$，这一过程总结为

$$^{\mathrm{n}}\hat{\boldsymbol{v}}(t) = \begin{cases} {}^{\mathrm{n}}\boldsymbol{v}(t) - \dfrac{^{\mathrm{n}}\boldsymbol{v}(T_1)}{T_1}t, & t \in [T_0,\ T_1) \\ 0, & t \in [T_1,\ T] \end{cases} \tag{4-42}$$

图 4-17 和图 4-18 分别为利用零速度更新修正前后三轴脚速度估计曲线。在未进行零速度更新之前，积分加速度获得的三轴脚速度均存在漂移。经过零速度更新之后，脚处于静止阶段的速度被修正为零，并且摆动结束时各轴速度也均为零，这表明零速度更新算法能够抑制加速度积分误差。将修正后的运动速度按照公式（4-22）进行脚部位置估计，相比于直接对原始运动加速度进行二次积分，可以进一步提高位置估计精度。

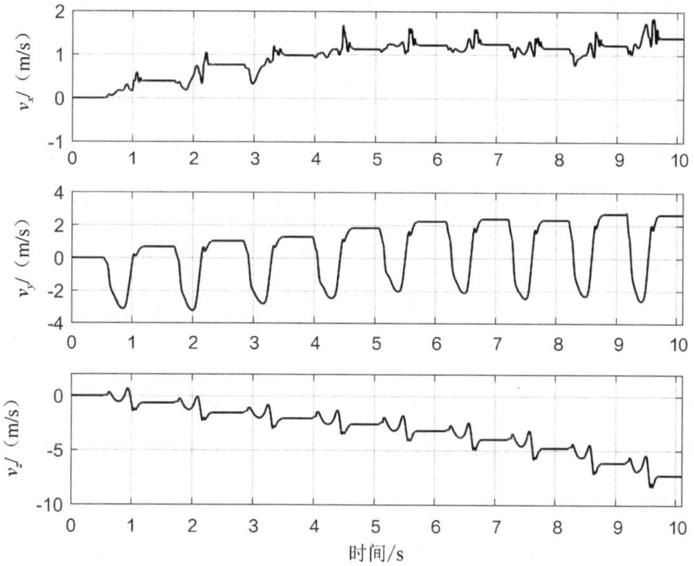

图 4-17　未进行零速度更新的三轴脚速度

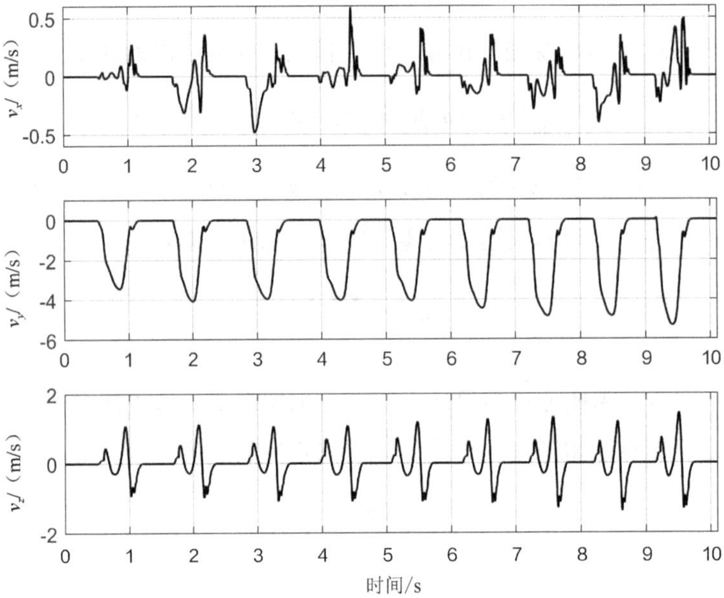

图 4-18　进行零速度更新后三轴脚速度

4.3.2　融合惯性导航与人体运动学模型的位置跟踪

4.3.1 节提出的基于零速度更新的位置估计方法基于惯性导航原理，通过检测运动中的零速度阶段修正积分加速度解算的速度，尽可能降低位置漂移误差。4.2 节中通过建立人体运动学模型实现了人体各关节的位置解算，不依赖于加速度积分，精度与主要肢体的尺寸测量精度和姿态估计精度有关。因此，考虑融合惯性导航与人体运动学模型两种位置估计算法，尽可能减少基于惯性导航获得位置估计的时间，并在不使用加速度积分解算位置期间，利用基于运动学模型的位置解算方法，提高人体位置估计精度。

在本章设计的人体运动捕捉系统中，人体左右脚上均佩戴一个测量节点。本节将人的双脚步态作为整体，分析其在位置估计中的作用，并据此将步态划分为不同的阶段，提出不同阶段下的位置估计策略。人在正常行走过程中，左右脚轮番触地，利用零速度检测算法可以检测到左右脚交替出现零速度状态。处于零速度状态的脚处于静止状态，其运动速度和加速度均为零，并且相对于地面的空间位置坐标固定。因此，以脚是否处于零速度状态为基准，可以将正常行走时的双脚步态划分为四种情况：仅有左脚处于零速度状态、仅有右脚处于零速度状态、双脚同时处于零速度状态、双脚同时处于非零速度状态。

针对前三种情况，基于人体运动学模型进行位置解算。在 4.4.2 节中假设骨盆位置已知，以此为基准点建立了人体运动学模型。当仅有左脚或右脚处于零速度状态时，可以根据左脚或右脚当前位置反向推导出骨盆中心位置。以左脚为例，假设左脚处于零速度状态时的位置为 ${}^{\mathrm{n}}\boldsymbol{P}_{25}'$ ，基于运动学模型，可以推导出骨盆中心点位置为

$$ {}^{\mathrm{n}}\boldsymbol{P}_1' = {}^{\mathrm{n}}\boldsymbol{P}_{25}' - \boldsymbol{C}^{\mathrm{T}}(\boldsymbol{q}_{17})\,{}^{24}\boldsymbol{P}_{25} - \boldsymbol{C}^{\mathrm{T}}(\boldsymbol{q}_{16})\,{}^{23}\boldsymbol{P}_{24} - \boldsymbol{C}^{\mathrm{T}}(\boldsymbol{q}_{15})\,{}^{22}\boldsymbol{P}_{23} - \boldsymbol{C}^{\mathrm{T}}(\boldsymbol{q}_{1})\,{}^{1}\boldsymbol{P}_{22} \quad (4\text{-}43) $$

同理，当右脚处于零速度状态时，将其位置记为 ${}^{\mathrm{n}}\boldsymbol{P}_{21}'$ ，也可以计算出骨盆中心位置为

$$ {}^{\mathrm{n}}\boldsymbol{P}_1' = {}^{\mathrm{n}}\boldsymbol{P}_{21}' - \boldsymbol{C}^{\mathrm{T}}(\boldsymbol{q}_{14})\,{}^{20}\boldsymbol{P}_{21} - \boldsymbol{C}^{\mathrm{T}}(\boldsymbol{q}_{13})\,{}^{19}\boldsymbol{P}_{20} - \boldsymbol{C}^{\mathrm{T}}(\boldsymbol{q}_{12})\,{}^{18}\boldsymbol{P}_{19} - \boldsymbol{C}^{\mathrm{T}}(\boldsymbol{q}_{1})\,{}^{1}\boldsymbol{P}_{18} \quad (4\text{-}44) $$

当双脚同时处于零速度状态时，选择上一时刻处于零速度状态脚的位置继续作为当前时刻的基准点，推导骨盆中心位置。在获得骨盆中心位置后，根据 4.2.3 节的人体运动学模型，便可以获得人体位置信息。

针对双脚同时处于非零速度状态的情况，通过对运动加速度二次积分进行位置解算，直至任意一只脚处于零速度状态，停止积分操作，转而基于人体运动学模型进行位置解算。在这一阶段中，加速度积分过程存在两种情况。第一种是加速度积分开始和结束于同一只脚，此时利用零速度更新方法进行位置修正。第二种情况是加速度积分开始和结束于不同脚，此时利用人体运动学模型进行位置修正。以右脚为例，当右脚处于非零速度状态时，开始对右脚运动加速度进行二次积分估计其位置，直到左脚触地后进入零速度状态，在这一过程中两只脚的速度交替为零。假设左脚处于零速度状态时，佩戴于左小腿和左大腿的测量节点输出的角速度分别为 ${}^{\mathrm{s}}\boldsymbol{\omega}_{16}$ 和 ${}^{\mathrm{s}}\boldsymbol{\omega}_{15}$ ，因此左小腿和左大腿的角速度在导航坐标系中可以用公式（4-45）计算：

$$ {}^{\mathrm{n}}\boldsymbol{\omega}_i = \boldsymbol{C}^{\mathrm{T}}(\boldsymbol{q}_i)\,{}^{\mathrm{s}}\boldsymbol{\omega}_i,\ i=16,\ 15 \quad (4\text{-}45) $$

将左膝关节和左髋关节在导航坐标系中的速度分别记为 ${}^{n}\boldsymbol{v}_{23}$ 和 ${}^{n}\boldsymbol{v}_{22}$ ，二者分别具有公式（4-46）和公式（4-47）所示的形式：

$$ {}^{\mathrm{n}}\boldsymbol{v}_{23} = {}^{\mathrm{n}}\boldsymbol{\omega}_{16} L_5 \quad (4\text{-}46) $$

$$ {}^{\mathrm{n}}\boldsymbol{v}_{22} = {}^{\mathrm{n}}\boldsymbol{v}_{23} + {}^{\mathrm{n}}\boldsymbol{\omega}_{15} L_4 \quad (4\text{-}47) $$

式中，L_4、L_5 分别代表左大腿长度和左小腿长度。以此类推，基于人体运动学模型，可以求出左脚处于零速度状态时右脚在导航坐标系中的速度，记为 ${}^{\mathrm{n}}\boldsymbol{v}_r$ 。然而由于加速度测量误差等因素，此时通过积分加速度获得的右脚实际速度可能并不为 ${}^{\mathrm{n}}\boldsymbol{v}_r$ ，假设其为 ${}^{\mathrm{n}}\boldsymbol{v}_r'$ 。因此，右脚的速度偏差可以表示为

$$ {}^{\mathrm{n}}\boldsymbol{v}_{\mathrm{off}} = {}^{\mathrm{n}}\boldsymbol{v}_r' - {}^{\mathrm{n}}\boldsymbol{v}_r \quad (4\text{-}48) $$

然后利用公式（4-41）计算加速度偏差，修正积分过程中右脚的运动速度，重新进行位置估计。

4.4 实验结果

4.4.1 零速度检测实验

为了验证零速度检测算法的性能，搭建了如图 4-19 所示的实验平台。实验人员为男性，32 岁，身高 1.80m，体重 90kg。将一个测量节点佩戴在实验人员的左鞋上，左鞋垫上的三个压力传感器（Force Sensing Resistor，FSR）构成参考系统，以对比各种算法的零速度检测结果。在选择参考系统时，最初考虑了光学跟踪系统。然而，光学跟踪系统只能在有限的区域内工作，如有预装基础设施的实验室。由于所设计的实验在广阔的室外环境和 15 层建筑的楼梯通道中完成，参考 Skog、Hausdorff 等学者进行实验的系统设置[73, 157]，利用压力传感器构建了一个非固定式的参考系统。采用的压力传感器为深圳市力感科技有限公司生产的 FS-INS-3Z-V2，延迟小于 10ms，能够快速感知力的变化。由于压力传感器上的电压随着施加在传感器上的压力的变化而变化，可以通过将当前电压与预定义的阈值对比，判断脚是否处于静止状态。实验中的测量节点是自主研发的，通过内置锂电池供电，可以同步测量脚的运动信息（包括加速度、角速度和压力传感器的电压）。测量节点内集成了 STMicroelectronics 公司的 STM32F779NI 作为微编程控制单元（Microprogrammed Control Unit，MCU），InvenSense 公司的三轴 MEMS 陀螺仪和加速度计 ICM-20602 组成 IMU。实验中通过将测量节点与压力传感器牢牢固定在鞋上，减少潜在的不利影响。

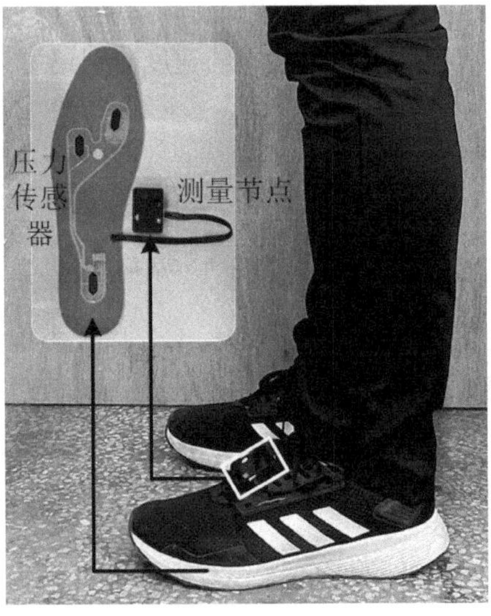

图 4-19　实验平台

实验中的参考系统与自行设计的 IMU 结构如图 4-20 所示。MCU 预留了 3 个模拟信号接口，以 1.82MHz 的频率采集压力传感器两端的电压。MCU 通过串行外设接口（Serial Peripheral Interface，SPI）以 1kHz 的频率采集加速度计和陀螺仪的信号。数据采集单元以 500Hz 的频率采集三个压力传感器、陀螺仪和加速度计的信号，并以 500Hz 的频率同步传输到计算机端进行处理。因此，计算机端接收到的压力传感器和 IMU 信号在时间上是同步的。所提出的算法运行在计算机端，将加速度和角速度测量值相融合，以估计零速度状态。同时，将压力传感器上的电压值分别与三个预定义阈值 V_{th1}、V_{th2}、V_{th3} 进行比较。将比较器的输出信号输入到逻辑与门，将逻辑与门的输出信号作为零速度参考。

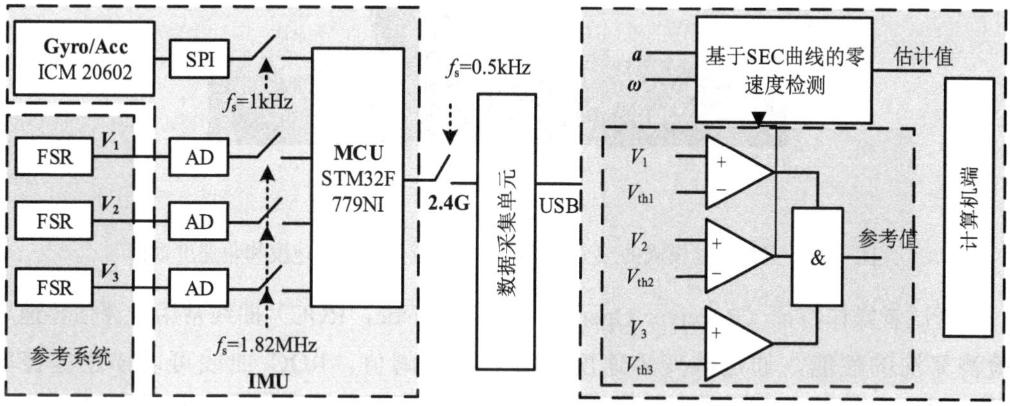

图 4-20　实验中的参考系统与自行设计的 IMU 结构

为了提高零速度检测的可靠性，在使用压力传感器作为参考系统之前，首先进行标定以确定 V_{th1}、V_{th2}、V_{th3}。利用相机记录左脚佩戴测量节点和压力传感器的实验人员的运动，当测量到的三个电压大于设定的阈值时，测量节点上的蓝色灯亮，表示脚处于静止状态。通过分析视频，可以判断脚静止时状态灯是否点亮。如果脚静止时状态灯没有点亮，则重新调整阈值，并重复这一过程，直到参考系统所指示的静止状态与实际情况一致。

为了对所提出的基于 SEC 曲线的零速度检测方法进行综合评价，采用了两种不同的评价指标。第一种是两个基于概率的指标，用于评估零速度检测性能。第二种是位置指标，用于评价所提出方法在脚部位置估计的性能。

在实验过程中，实验人员完成了包括五种运动模式的三个实验。第一个实验在矩形路径上完成，实验人员先以大约 4km/h 的速度正常行走 12 分钟，然后以大约 6km/h 的速度快速行走 10 分钟，再以大约 9km/h 的速度跑步 6 分钟。第二个实验在一栋 15 层的建筑中完成，实验人员从 B2 层上楼到 13 层，共 448 级台阶。第三个实验中，测试人员从 13 层下楼到 B2 层。三个实验过程中采集的运动数据如图 4-21 所示，包括不同运动模式下的运动加速度和角速度。

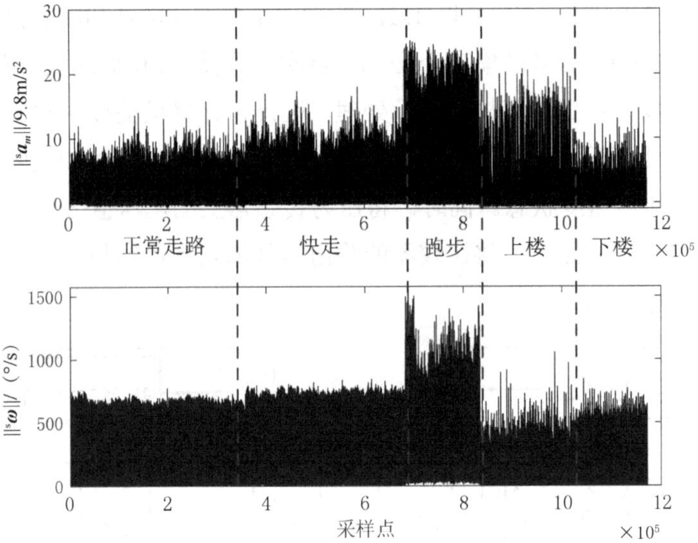

图 4-21　五种运动模式的三个实验中测量节点采集的加速度和角速度数据

受试者操作特征（Receiver Operator Characteristic，ROC）曲线常用于评估零速度检测算法的性能，通过改变零速度检测算法的阈值，ROC 曲线可以描述虚警率 $P_{\mathrm{FA}}=P(F=0|F=1)$ 与脚静止时算法检测到静止状态的检测概率 $P_{\mathrm{D}}=P(F=0|F=0)$ 之间的相对关系。实验中，压力传感器参考系统提供了真实的静止状态作为参考。Skog 等人指出，由于 ROC 曲线可能会在一定程度上误导基于零速度更新算法的惯性导航系统应用，因此不能将 ROC 曲线作为评价零速度检测算法性能的唯一指标[73]。在大多数步态中，零速度检测算法在低虚警率时仍然能检测出至少一次静止状态，对于抑制位置误差是有益的。Skog 等人引入了另外一个性能评价指标，将检测概率 P_{D} 替换为静止状态检测概率 P_{SD}[73]。P_{SD} 表示在一个步态周期中测量节点静止时，零速度检测算法至少一次输出为零的概率。因此，本节利用上述两种性能评价指标，将提出的基于 SEC 曲线的零速度检测算法与其他三种零速度检测算法进行比较。

基于第一个实验中采集的正常走路、快走、跑步数据，图 4-22 所示为四种零速度检测算法获得的 P_{D} 和 P_{SD} 相对于 P_{FA} 的概率曲线。曲线下的面积越大，表明零速度检测算法性能越好。可以看出，在三种混合运动模式下，四种零速度检测算法在两种评价指标下的表现不同。P_{D} 相对于 P_{FA} 的概率曲线表明各算法的表现依次为 SEC > E^w > E^a > SHOE。P_{SD} 相对于 P_{FA} 的概率曲线则表明各算法性能依次为 SEC > E^a > E^w > SHOE。两种性能评价指标均表明，在第一个实验的三种混合运动模式下，基于 SEC 曲线的零速度检测算法取得的效果优于其他三种算法。

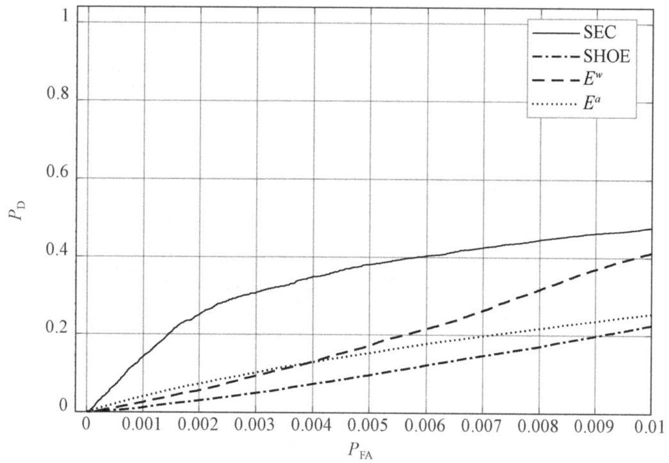

（a）P_D 相对于 P_{FA} 的概率曲线

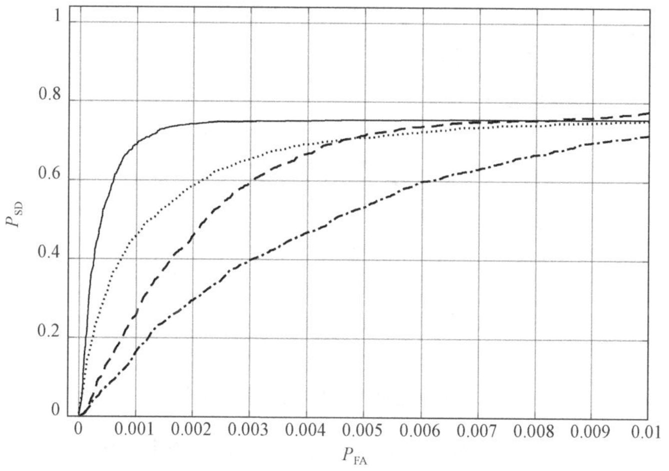

（b）P_{SD} 相对于 P_{FA} 的概率曲线

图 4-22　基于正常走路、快走、跑步数据的零速度检测概率曲线

图 4-23 和图 4-24 分别为四种算法基于第二个实验中上楼数据和第三个实验中下楼数据的 P_D 和 P_{SD} 相对于 P_{FA} 的曲线。可以看出，基于 SEC 曲线的零速度检测算法与基于 E^a 的算法性能相当，二者均优于基于静止假设最优检测和 E^w 的零速度检测算法。为了评估四种零速度检测算法在各种运动模式下的性能，利用正常行走、快速行走、跑步、上楼和下楼中获得的整个数据集对其进行测试。图 4-25 为四种算法在五种混合运动模式下的零速度检测概率曲线，基于 SEC 曲线的零速度检测方法在不同运动模式中都能够在一个较低的虚警率下实现零速度检测。为了对比零速度检测算法在较低虚警率下的性能，两种概率曲线均将 P_{FA} 取值设置为 0～0.01，这也是 ROC 曲线中 P_D 较小的原因。

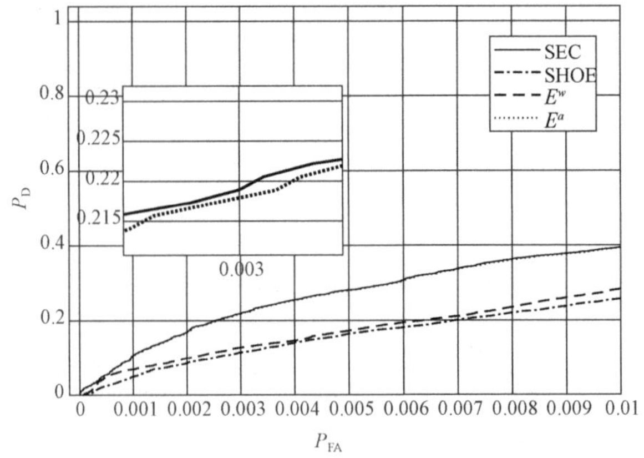

（a）P_D 相对于 P_{FA} 的概率曲线

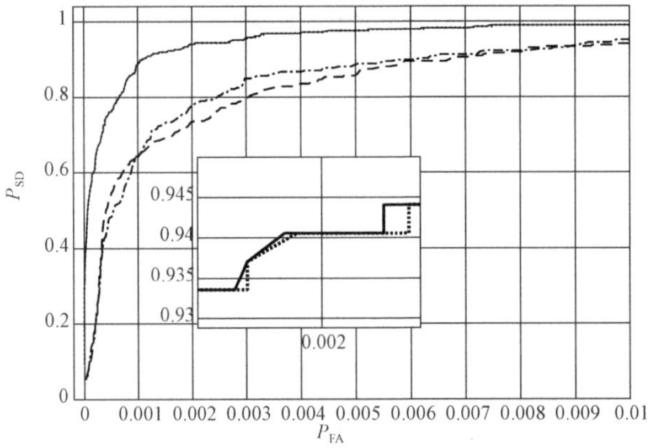

（b）P_{SD} 相对于 P_{FA} 的概率曲线

图 4-23　基于上楼数据的零速度检测概率曲线

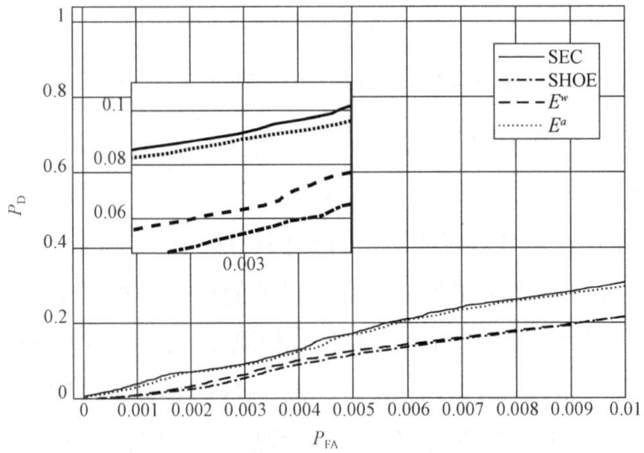

（a）P_D 相对于 P_{FA} 的概率曲线

图 4-24　基于下楼数据的零速度检测概率曲线

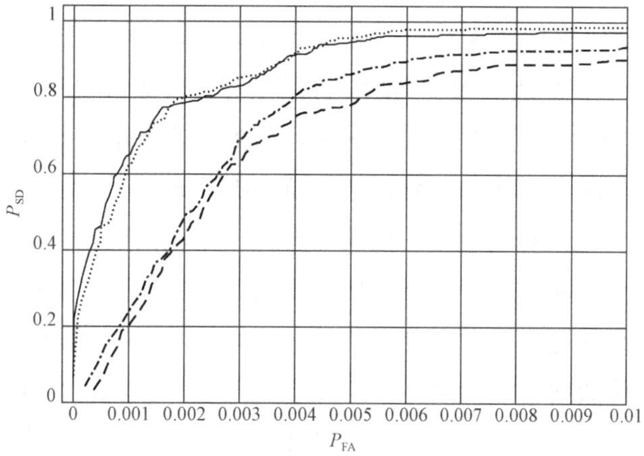

（b）P_{SD} 相对于 P_{FA} 的概率曲线

图 4-24　基于下楼数据的零速度检测概率曲线（续）

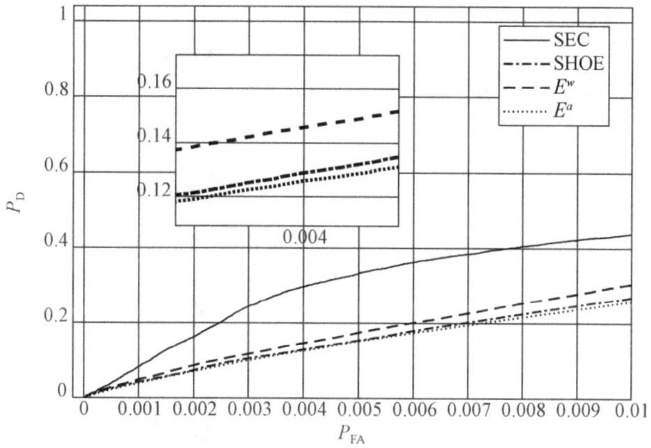

（a）P_D 相对于 P_{FA} 的概率曲线

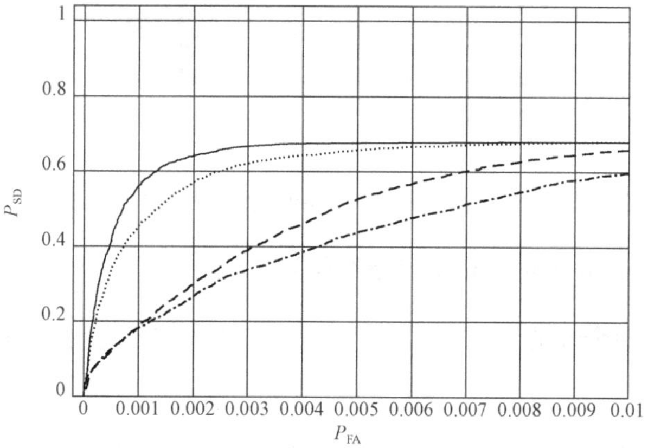

（b）P_{SD} 相对于 P_{FA} 的概率曲线

图 4-25　基于五种混合运动数据的零速度检测概率曲线

图 4-26 所示为五种混合运动模式中的阈值及 SEC 曲线自适应调节过程。前三个子

图显示用于确定 SEC 曲线的参数自适应调节过程，第四个子图显示了自适应调节的 SEC 曲线，第五个子图描述了用于判断零速度状态的阈值自适应调节过程。当实验人员从一种运动状态切换到另一种运动状态时，所提出的算法能够自动进行阈值调节以适应当前运动。由于跑步运动中 GMod 值高于其他运动模式，在跑步中的参数调节尤为明显。当实验人员处于相对稳定的运动状态时，零速度检测算法也保持相对稳定，相关参数也相对稳定，基本满足了自适应对不同速度的期望。从第四个子图中可以看出，由自适应阈值和加速度能量确定的 SEC 曲线在每个步态周期中具有不同的形状，但都具有类似于凹函数的特点。此外，从第五个子图中可以看出，用于将 SEC 曲线划分为静止阶段和运动阶段的阈值参数在不同运动模式中也是自适应调节的。这两个特性使本章提出的基于 SEC 曲线的零速度检测算法能够更加准确地检测脚部运动中的零速度阶段。

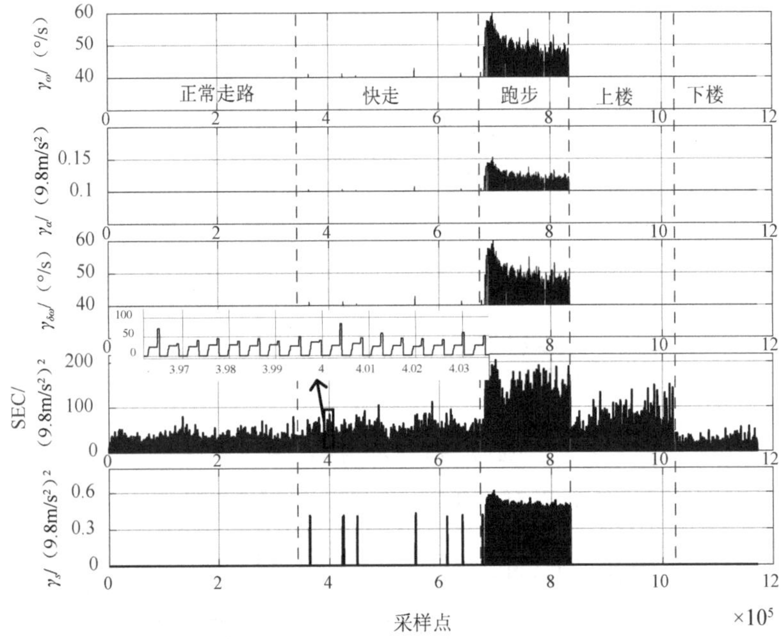

图 4-26　五种混合运动模式中的阈值及 SEC 曲线自适应调节过程

从图 4-22～图 4-26 中可以得出以下结论。

（1）综合考虑两个性能评价指标，基于 SEC 曲线的零速度检测算法的性能优于其他三种方法。

（2）根据三个实验的 ROC 曲线，四种算法在零速度检测上的差异并不明显。然而，四种算法在 P_{SD} 相对于 P_{FA} 概率曲线中则表现出了显著的性能差异。这表明零速度检测算法能够在大多数步态周期中至少检测出一次零速度状态，从而有利于避免较大的漂移误差。同时证实了引入 P_{SD} 相对于 P_{FA} 来评估零速度检测算法的必要性。这两个指标为零速度更新算法的阈值设置提供了参考，可以通过试错法调整阈值，使静止检测概率和虚警率接近于 P_{SD} 相对于 P_{FA} 的等错误率点。

（3）本章提出的基于 SEC 曲线的零速度检测算法在第二个实验中的表现优于第一个和第三个实验，可能有以下两个原因。一方面，第一个实验和第二个实验中包含的步态模式不同。第二个实验中只包含一种上楼步态模式，第一个实验中包含正常行走、快速行走和跑步三种步态模式，零速度检测算法的性能受到混合运动类型的影响。另一方面，与步行和跑步相比，上楼和下楼步态更加复杂，脚在空中停留相对较长的时间，也会产生更多的不确定性，这可能是所提出的算法在上、下楼实验中存在差异的原因。

4.4.2 人体动作捕捉实验

为了验证所提出的人体运动捕捉算法的性能，将 8 个无线 MARG 测量节点分别佩戴于人的左右大臂、左右前臂、左右手、胸腔、骨盆上，进行上半身动作捕捉。首先对各个无线 MARG 测量节点进行初始北向标定，然后利用开发的上位机软件进行测量节点-人体初始姿态标定。图 4-27 为实验过程中捕捉的部分人体动作效果图。由于所设计的无线 MARG 测量节点通过无线方式与主机通信，人可以不受约束地进行大幅度动作。从图 4-27 中可以看出，通过融合各测量节点采集的人体动作数据，本书所开发的上位机软件能够准确捕捉人体动作并通过三维人体模型实时进行动作重构与显示。

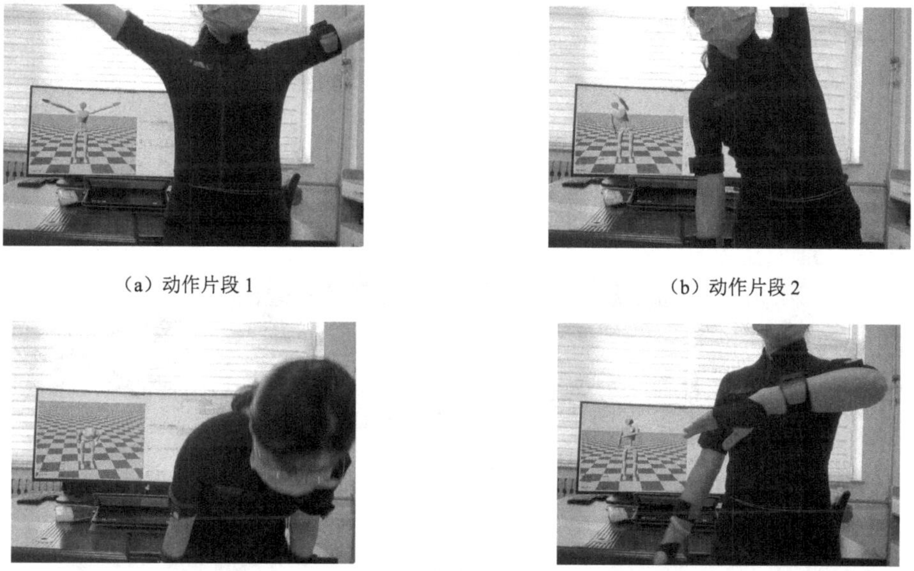

（a）动作片段 1　　（b）动作片段 2

（c）动作片段 3　　（d）动作片段 4

图 4-27　实验过程中捕捉的部分人体动作效果图

4.4.3 人体位置跟踪实验

为了验证所提出的人体运动捕捉算法在跟踪人体位置方面的性能，将 7 个无线 MARG 测量节点分别佩戴在人体骨盆、左右大腿、左右小腿、左右脚上。与动作捕捉实验相同，在实验开始之前利用所开发的上位机软件进行系统标定。通过测量人体运动中骨盆的位置来跟踪人体位置。实验人员分别完成了沿直线路径和矩形路径行走两种运动。

1. 矩形路径位置跟踪实验

在该实验中，实验人员沿着长为 4.8 米、宽为 4 米的矩形路径行走一周，在转弯时实验人员原地转向 90°并停顿一段时间。图 4-28 和图 4-29 分别展示了左脚、右脚及骨盆在实验过程中的运动轨迹与位置估计，彩色图像请扫描二维码查看。实验中估计的实验人员沿矩形路径运动总长度为 17.7 米，与实际运动距离相比，估计距离的误差百分比约为 0.6%。从图 4-28 中可以看出，不同身体部位的运动轨迹的姿态特征不同，但所有运动轨迹均呈现闭合的矩形，这表明无线 MARG 测量节点跟踪的人体位置起点与终点重合。

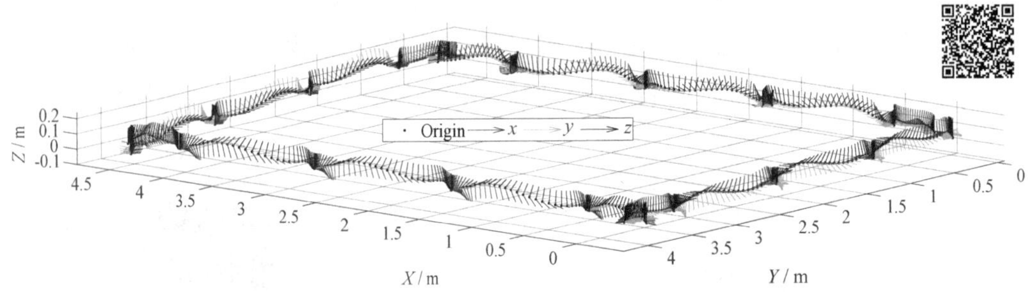

(a) 左脚轨迹

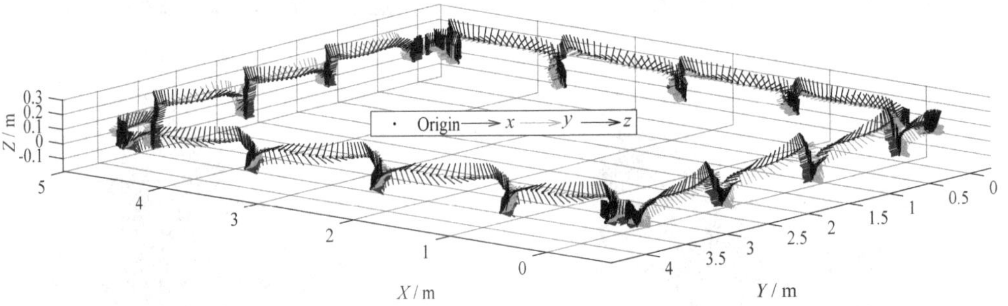

(b) 右脚轨迹

图 4-28 沿矩形路径运动过程中不同身体部位轨迹图

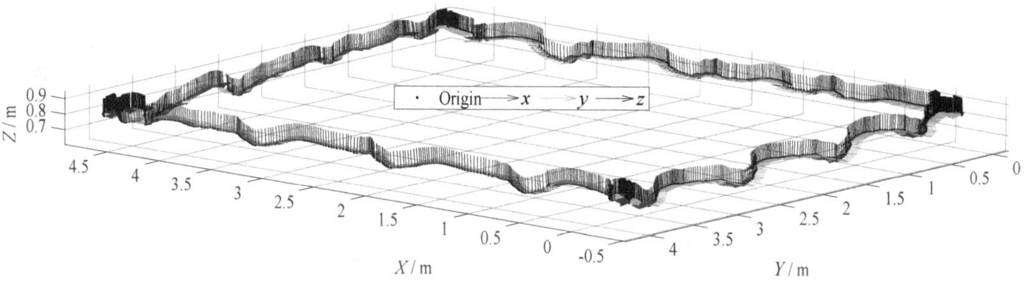

（c）骨盆轨迹

图 4-28 沿矩形路径运动过程中不同身体部位轨迹图（续）

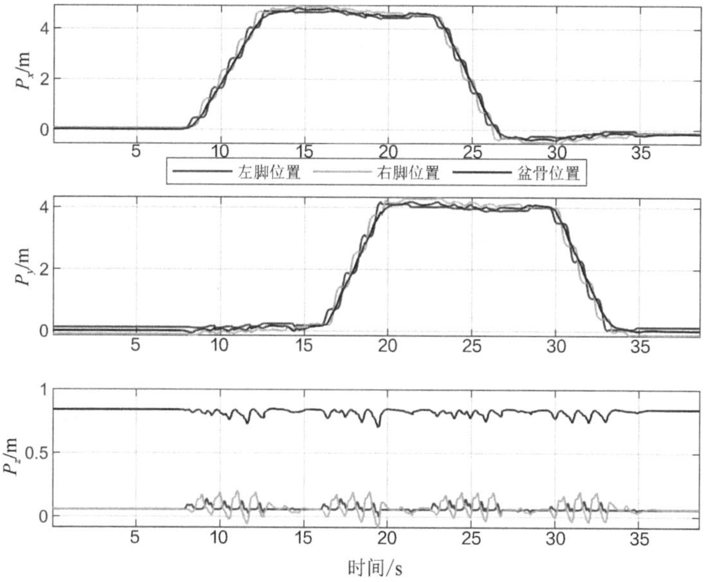

图 4-29 沿矩形路径运动中不同部位的位置估计

2. 直线路径位置跟踪实验

在该实验中，直线路径长度为 30.9 米，图 4-30 展示了左脚、右脚及骨盆在实验过程中的运动轨迹，彩色图像请扫描二维码查看。从图 4-30 中可以看出，佩戴于不同部位的无线 MARG 测量节点解算的位置轨迹整体上均为一条直线。图 4-31 所示为实验人员沿直线行走时人体三个部位的位置估计，彩色图像请扫描二维码查看。骨盆在 x 方向上移动的距离为 30.23 米。与实际距离相比，位置估计的误差百分比约为 2.2%。在 xy 二维平面上，无线 MARG 测量节点跟踪的骨盆中心位置一直处于左、右脚位置中间。此外，通过观察 x 方向的局部放大位置图可以看出，左、右脚的位置交替变化。在 z 方向上，左、右脚及骨盆的位置估计均随着人体运动产生一定的波动。上述三种结果均与实际情况相符，侧面反映了位置估计的准确性。

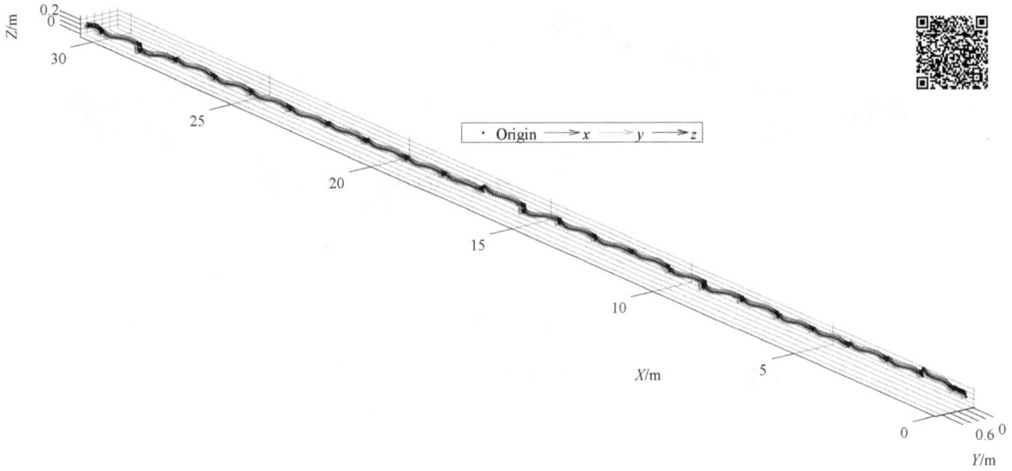

（a）左脚轨迹

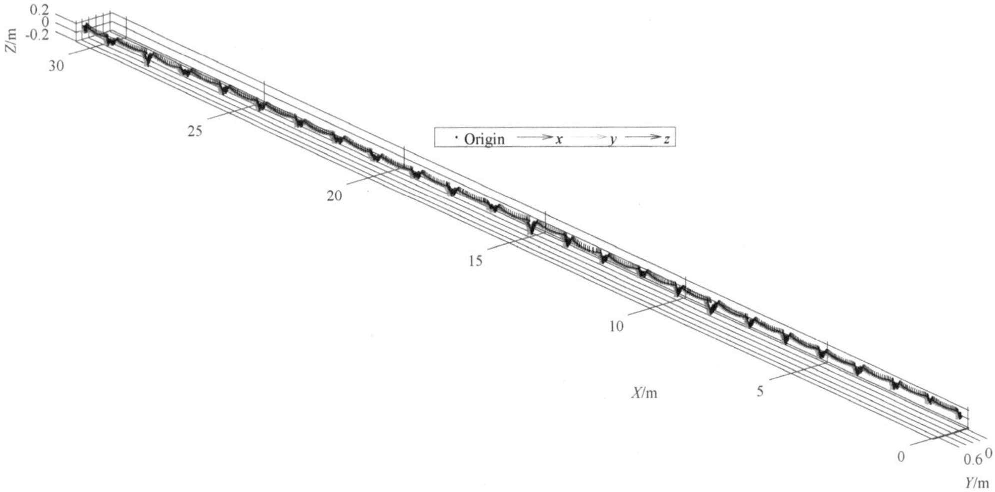

（b）右脚轨迹

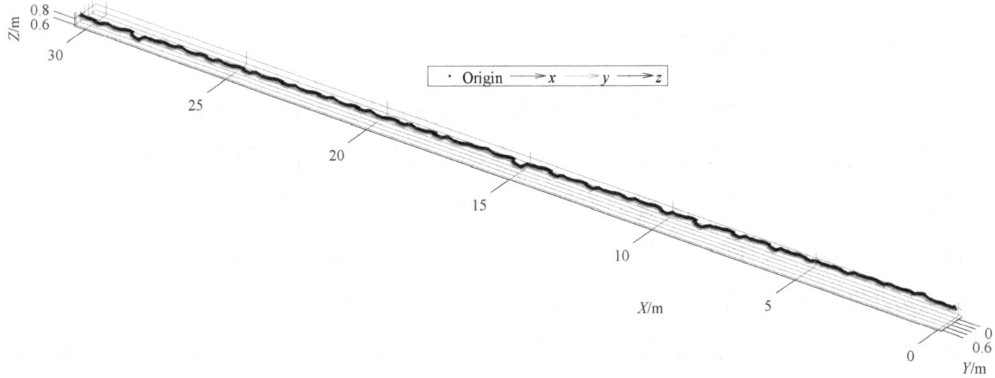

（c）骨盆轨迹

图 4-30　直线运动过程中不同身体部位轨迹图

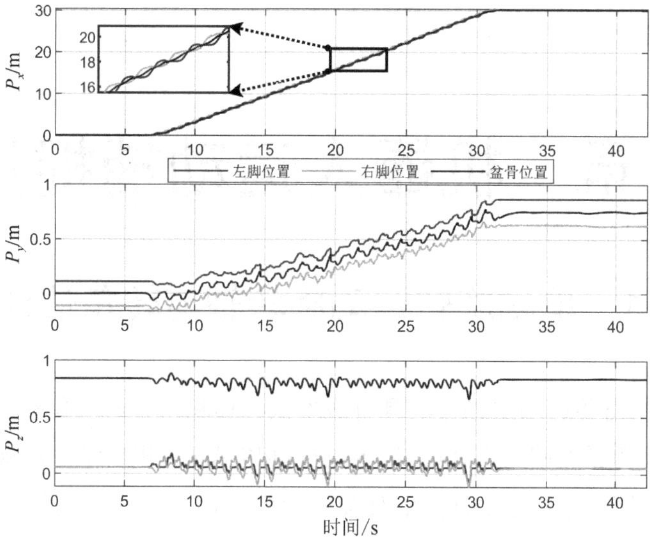

图 4-31 实验人员沿直线行走时人体三个部位的估计位置

第 5 章　机器人运动捕捉技术

5.1　单轴旋转运动旋转轴与转角估计

基于惯性传感器的运动跟踪方法具有成本低、体积小、易于集成、适应性强等优点，逐渐成为转角测量领域的研究热点。Stancin 和 Tomazic 提出了一种 SORA 算法[158]，利用陀螺仪解析单轴旋转运动的转角及旋转轴姿态，该算法实现简单，适用于低成本、低计算量的实时转角估计。然而由于陀螺仪存在零漂，这导致该算法在运行一段时间后解析获得的转角及旋转轴姿态会产生累积误差。Zheng 等人提出了基于 IMU 的单轴旋转运动转角与旋转轴估计算法[159]，首先利用 IMU 计算被测目标初始位置与结束位置的欧拉角，基于角速度信息计算旋转轴姿态，然后利用获得的欧拉角解析两个起始状态的旋转矩阵并建立轴角对与旋转矩阵的关系，最后利用基于二分查找的数值方法解析转角。由于欧拉角存在万向节死锁问题，解析的转角及旋转轴姿态可能发生畸变或大幅度波动，因此该方法并不适用于全姿态解析转角及旋转轴姿态的情况。以上两种算法在求解旋转轴姿态的过程中严重依赖陀螺仪的精度，限制了被测目标低速运动时转角与旋转轴姿态的测量精度。由于被测目标表面通常是光滑的曲面，或者由于加工制造误差导致基准偏离预定姿态，测量系统安装通常较为困难。目前测量单轴旋转运动的转角与旋转轴姿态的算法大多数都非常依赖旋转轴信息[160-161]，然而很多被测目标的旋转轴不可见或难以实际测量，导致这些算法获得的转角误差大幅增加。

针对以上问题，本节提出了一种基于增量姿态四元数的单轴旋转运动转角与旋转轴姿态估计算法，相关内容发表在 Xu 等人的研究论文中[162]。该算法无须关注被测目标表面是否平整，对于安装精度要求并不严格，无须预先测量旋转轴信息，可以将 MARG 传感器固定在被测目标表面的任何位置，简化了整个测量过程，降低了测量系统安装的复杂度。

5.1.1　旋转轴与转角解析

测量单轴旋转运动的旋转轴姿态和转角时，现有研究成果通常需要已知该旋转运动的旋转轴，或者将传感器固定在特殊位置上。本节将 MARG 传感器以任意安装方式固定在被测目标表面的任意位置上，如图 5-1 所示，即使该目标绕一个不可见或不可测量的旋转轴旋转时，所提出的算法依然可以通过解析 MARG 传感器输出的四元数计算被测目标的旋转轴姿态及转角。

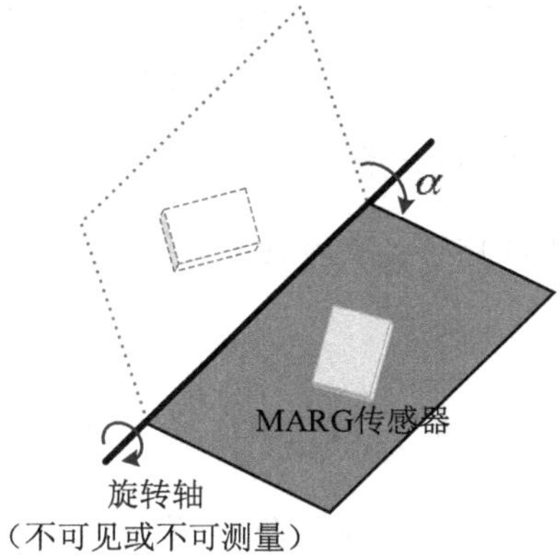

图 5-1 单轴旋转运动转角测量示意图

本节将旋转轴、转角估计问题转换为载体坐标系{s}和导航坐标系{n}之间的关系进行研究，图 5-2 所示为传感器坐标系{s}绕导航坐标系{n}中旋转轴旋转的示意图，I 和 II 表示载体坐标系{s}在旋转过程中所处的两个不同位置。假设一个未知的单位旋转轴 $\boldsymbol{r}$ 在导航坐标系{n}中的姿态为 $\boldsymbol{r}=\begin{bmatrix} r_x & r_y & r_z \end{bmatrix}^{\mathrm{T}}$。$\theta$ 为载体坐标系{s}从位置 I 到位置 II 的转角。$\boldsymbol{q}_i$ 为 MARG 传感器融合输出的单位姿态四元数，表示 MARG 传感器旋转到位置 i 时载体坐标系{s}相对于导航坐标系{n}的姿态。例如，$\boldsymbol{q}_{\mathrm{I}}$ 和 $\boldsymbol{q}_{\mathrm{II}}$ 分别为 MARG 传感器在位置 I 和位置 II 的输出。

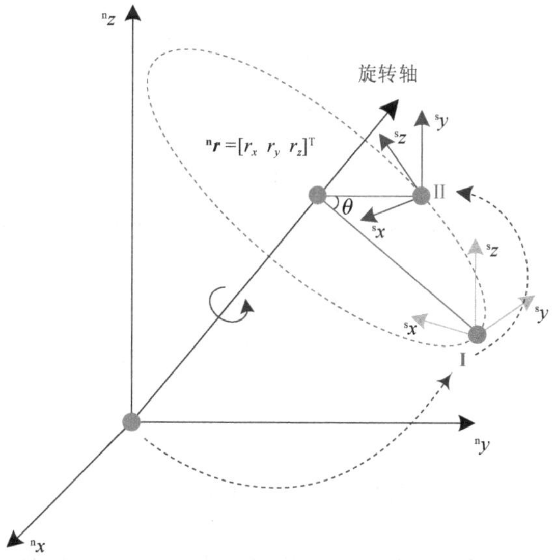

图 5-2 传感器坐标系{s}绕导航坐标系{n}中旋转轴旋转的示意图

虽然 $\boldsymbol{r}$ 固定在导航坐标系{n}中，但姿态未知，因此本节所要解决的问题是如何在旋转轴姿态未知的情况下，利用 MARG 传感器在不同位置输出的单位姿态四元数 $\boldsymbol{q}_i$ 估计未知参数 θ 和位置旋转轴 $\boldsymbol{r}$。本节假设单轴旋转运动的旋转轴在测量开始后保持不变，被测目标在旋转过程中不存在其他自由度。此外，MARG 传感器中的加速度计、陀螺仪和磁力计垂直安装，即这些传感器中的坐标轴互相垂直或互相平行，MARG 传感器使用前的标定有助于满足这一条件。

假设图 5-2 中的 MARG 传感器旋转到位置 I 和位置 II 时输出的单位姿态四元数 $\boldsymbol{q}_{\mathrm{I}}$ 和 $\boldsymbol{q}_{\mathrm{II}}$ 分别具有以下形式：

$$\boldsymbol{q}_{\mathrm{I}} = \begin{bmatrix} q_{\mathrm{I},1} & q_{\mathrm{I},2} & q_{\mathrm{I},3} & q_{\mathrm{I},4} \end{bmatrix}^{\mathrm{T}} \tag{5-1}$$

$$\boldsymbol{q}_{\mathrm{II}} = \begin{bmatrix} q_{\mathrm{II},1} & q_{\mathrm{II},2} & q_{\mathrm{II},3} & q_{\mathrm{II},4} \end{bmatrix}^{\mathrm{T}} \tag{5-2}$$

将 MARG 传感器绕旋转轴 $\boldsymbol{r}$ 从位置 I 旋转到位置 II 过程中的姿态变化表示为增量姿态四元数 $\boldsymbol{q}_{\Delta}$，具有公式（5-3）所示的形式，通过增量姿态四元数与轴角对的关系可以进一步分析得到旋转轴姿态和转角。

$$\begin{aligned} \boldsymbol{q}_{\Delta} &= [q_{\Delta,1} \quad q_{\Delta,2} \quad q_{\Delta,3} \quad q_{\Delta,4}]^{\mathrm{T}} \\ &= [\cos\frac{\theta}{2} \quad r_x \sin\frac{\theta}{2} \quad r_y \sin\frac{\theta}{2} \quad r_z \sin\frac{\theta}{2}]^{\mathrm{T}} \end{aligned} \tag{5-3}$$

从图 5-2 中可以看出，传感器坐标系{s}可以经过两次旋转到达位置 II。为了方便计算，将第一次旋转定义为传感器坐标系{s}从导航坐标系{n}旋转到位置 I，第二次旋转定义为传感器坐标系{s}从位置 I 旋转到位置 II。第一次旋转对应的姿态估计四元数可以由 MARG 传感器融合直接获得，即 $\boldsymbol{q}_{\mathrm{I}}$。第二次旋转对应的姿态估计四元数为所要求解的增量姿态四元数 $\boldsymbol{q}_{\Delta}$，二者之间存在以下关系：

$$\boldsymbol{q}_{\mathrm{II}} = \boldsymbol{q}_{\Delta} \otimes \boldsymbol{q}_{\mathrm{I}} \tag{5-4}$$

将公式（5-4）左右两边同时 $\otimes\ \boldsymbol{q}_{\mathrm{I}}^{-1}$，可以得到增量姿态估计四元数：

$$\boldsymbol{q}_{\Delta} = \boldsymbol{q}_{\mathrm{II}} \otimes \boldsymbol{q}_{\mathrm{I}}^{-1} \tag{5-5}$$

由于计算过程中存在舍入误差，因此需要对 $\boldsymbol{q}_{\Delta}$ 进行规范化处理，处理后的增量姿态估计四元数表示为

$$\bar{\boldsymbol{q}}_{\Delta} = \begin{bmatrix} \bar{q}_{\Delta,1} & \bar{q}_{\Delta,2} & \bar{q}_{\Delta,3} & \bar{q}_{\Delta,4} \end{bmatrix}^{\mathrm{T}} \tag{5-6}$$

至此可以建立单轴旋转运动的旋转轴和转角数学模型，如公式（5-7）所示：

$$
\begin{bmatrix} \cos\frac{\theta}{2} \\ r_x \sin\frac{\theta}{2} \\ r_y \sin\frac{\theta}{2} \\ r_z \sin\frac{\theta}{2} \end{bmatrix} = \begin{bmatrix} \overline{q}_{\Delta,1} \\ \overline{q}_{\Delta,2} \\ \overline{q}_{\Delta,3} \\ \overline{q}_{\Delta,4} \end{bmatrix} \tag{5-7}
$$

1. 旋转轴姿态估计

为准确估计单轴旋转运动的转角，准确估计旋转轴姿态是一个非常重要的因素。由于轴角对与四元数可以相互转换，通过公式（5-7）可以求解转角与旋转轴的姿态。然而，利用四元数中的单一元素求解转角并不能准确反映转角与四元数的关系，而且转角估计对旋转轴姿态非常敏感[159]。利用不准确的转角求解旋转轴姿态也会将转角误差传递到旋转轴姿态估计。因此，直接利用公式（5-7）求解的转角与旋转轴的精度难以满足实际要求。为了减少噪声并获得准确的旋转轴姿态估计，根据公式（5-7）中第一行元素之间的关系可得

$$
\alpha = 2\arccos(\overline{q}_{\Delta,1}) \tag{5-8}
$$

由于反余弦函数 arccos 的值域为$[0,\pi]$，求解出的转角 α 的值域为$[0,2\pi]$，然而$[-2\pi,0)$也是转角 α 的值域。因此利用这种方式求解的转角 α 并不能作为最终的转角估计值，本文将其作为旋转轴姿态估计的中间过程。

在实际测量中，将 MARG 传感器固定在被测目标的表面后，通过观察可以确定在导航坐标系{n}中被测目标的旋转轴姿态中某一分量的符号。例如在图 5-2 中，很容易确定旋转轴在导航坐标系{n}中沿 z 轴的分量大于零。本文假设在导航坐标系{n}中旋转轴 $\boldsymbol{r}$ 的分量 $r_z > 0$，根据公式（5-9）可以确定$\overline{q}_{\Delta,4}$与$\sin(\alpha/2)$的符号是一致的。

$$
r_z \sin\frac{\alpha}{2} = \overline{q}_{\Delta,4} \tag{5-9}
$$

可以利用公式（5-5）求解的$\overline{q}_{\Delta,4}$符号和公式（5-9）判断α的值域，如公式（5-10）所示。进而得到转角α的全范围表示，如公式（5-11）所示。

$$
\begin{cases} \alpha \in [0, 2\pi], & \overline{q}_{\Delta,4} \geqslant 0 \\ \alpha \in (-2\pi, 0), & \text{其他情况} \end{cases} \tag{5-10}
$$

$$
\alpha = \begin{cases} 2\arccos(\overline{q}_{\Delta,1}), & \overline{q}_{\Delta,4} \geqslant 0 \\ -2\arccos(\overline{q}_{\Delta,1}), & \text{其他情况} \end{cases} \tag{5-11}
$$

将公式（5-11）代入公式（5-7），可以求解出 t 时刻旋转轴 $\boldsymbol{r}$ 的表达式：

$$\begin{cases} r_{x,t} = \dfrac{\overline{q}_{\Delta,2}}{\sin\dfrac{\alpha}{2}} \\ r_{y,t} = \dfrac{\overline{q}_{\Delta,3}}{\sin\dfrac{\alpha}{2}} \\ r_{z,t} = \dfrac{\overline{q}_{\Delta,4}}{\sin\dfrac{\alpha}{2}} \end{cases} \tag{5-12}$$

当转角α较小时，估计的旋转轴姿态可能发生畸变，因此在利用转角估计旋转轴姿态时需要对转角大小进行一定的限制。只有当转角 α 大于阈值 ξ_α 时，才可以利用其估计旋转轴姿态。此外，利用均值滤波器可以获得更可靠的旋转轴姿态估计，如公式（5-13）所示。

$$\boldsymbol{r} = \frac{1}{m}\sum \boldsymbol{r}_t \tag{5-13}$$

式中，m 为转角 α 大于阈值 ξ_α 的样本个数。由于计算精度的影响，利用公式（5-13）计算得到的旋转轴姿态可能并不是一个单位向量，因此需要对其进行单位化处理，将单位化后的旋转轴姿态作为最终的旋转轴姿态估计。

2. 转角估计

将前文获得的旋转轴姿态估计 $\boldsymbol{r} = [r_x \quad r_y \quad r_z]^{\mathrm{T}}$ 代入公式（5-8）并整理化简，可以得到公式（5-14）所示的三个转角表达式：

$$\begin{cases} \tan\dfrac{\theta}{2} = \dfrac{\overline{q}_{\Delta,2}}{r_x \overline{q}_{\Delta,1}} \\ \tan\dfrac{\theta}{2} = \dfrac{\overline{q}_{\Delta,3}}{r_y \overline{q}_{\Delta,1}} \\ \tan\dfrac{\theta}{2} = \dfrac{\overline{q}_{\Delta,4}}{r_z \overline{q}_{\Delta,1}} \end{cases} \tag{5-14}$$

式中，三个转角的计算分别利用了旋转轴姿态估计$\boldsymbol{r}$中的三个分量，将公式（5-14）进行化简整理，得到转角估计公式：

$$\theta = 2\arctan 2\left(\frac{1}{3}\left(\frac{\overline{q}_{\Delta,2}}{r_x} + \frac{\overline{q}_{\Delta,3}}{r_y} + \frac{\overline{q}_{\Delta,4}}{r_z}\right), \overline{q}_{\Delta,1}\right) \tag{5-15}$$

在利用公式（5-15）求解转角估计时，由于计算了旋转轴姿态三个分量的倒数，可能导致转角估计发生畸变。为了解决这一问题，引入了三个增益量 β_x、β_y 和 β_z，分别具有公式（5-16）～公式（5-18）所示的形式。

$$\beta_x = \begin{cases} 0, & r_x < \xi_r \\ 1, & \text{其他情况} \end{cases} \tag{5-16}$$

$$\beta_y = \begin{cases} 0, & r_y < \xi_r \\ 1, & \text{其他情况} \end{cases} \tag{5-17}$$

$$\beta_z = \begin{cases} 0, & r_z < \xi_r \\ 1, & \text{其他情况} \end{cases} \tag{5-18}$$

式中，ξ_r 为旋转轴姿态的三个分量 r_x、r_y 和 r_z 的阈值，利用三个增益量 β_x、β_y 和 β_z 可将公式（5-15）转换为

$$\theta = 2\arctan 2\left(\frac{\beta_x \dfrac{\bar{q}_{\Delta,2}}{r_x} + \beta_y \dfrac{\bar{q}_{\Delta,3}}{r_y} + \beta_z \dfrac{\bar{q}_{\Delta,4}}{r_z}}{\beta_x + \beta_y + \beta_z}, \bar{q}_{\Delta,1} \right) \tag{5-19}$$

根据公式（5-19），在求解转角的过程中，如果旋转轴姿态中的某个分量不满足判定条件，该分量将不会融入转角求解方程，公式（5-19）将利用更加可靠的旋转轴姿态分量求解转角。

综上所述，本节提出的单轴旋转运动旋转轴姿态估计和转角估计算法流程可以总结如下：（1）根据公式（5-5），利用 MARG 传感器融合获得的单位姿态四元数计算单轴旋转运动的增量姿态四元数 $\boldsymbol{q}_\Delta$；（2）根据公式（5-11）计算中间转角 α；（3）利用步骤（1）中的增量姿态四元数 $\boldsymbol{q}_\Delta$ 和步骤（2）中的中间转角 α 估计旋转轴姿态 $\boldsymbol{r}$；（4）基于转角估计算法利用增量姿态四元数 $\boldsymbol{q}_\Delta$ 和旋转轴姿态估计 $\boldsymbol{r}$ 计算单轴旋转运动的转角 θ。将本节所提出的单轴旋转运动的旋转轴姿态估计和转角估计算法记为增量姿态估计算法，简写为 IOE（Incremental Orientation Estimation），后续进行实验验证。

5.1.2 实验与分析

为了验证本章所提出的 IOE 算法在估计单轴旋转运动旋转轴姿态和转角中的有效性，搭建了图 5-3 所示的单轴旋转运动控制平台，用以模拟单轴旋转运动。该平台由伺服电机驱动器、伺服电机、MARG 传感器及锂电池等组成。工控机给伺服电机驱动器下达驱动指令，伺服电机驱动器根据接收到的驱动指令控制伺服电机做特定的旋转运动。联轴器固定在伺服电机上，IMU 固定在联轴器上，伺服电机的旋转运动最终通过联轴器传递给 IMU。本节设计了动态性能测试实验和静态性能测试实验，在每个实验中，将编码器读取的角度作为实际转角，对比了本章所提出的 IOE 算法、SORA 算法[158]和 Zheng 算法[159]的性能。

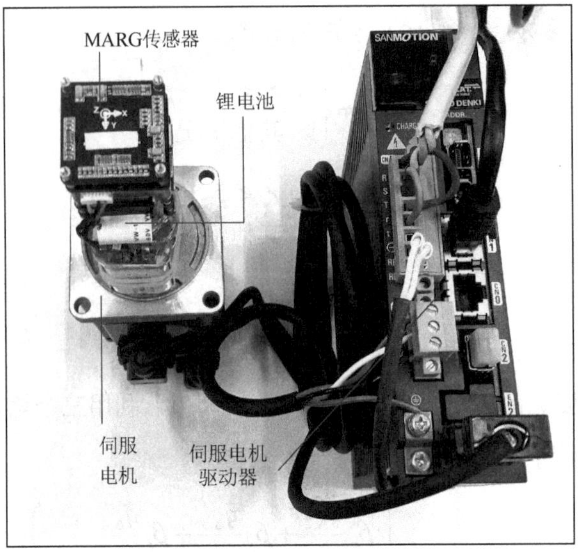

图 5-3 单轴旋转运动控制平台

1. 动态性能测试实验

假设被测目标做单轴旋转运动的角速度大于或等于 5°/s 时的运动状态为动态，反之运动状态为静态。由于陀螺仪的噪声远小于 5°/s，而且被测目标的运动角速度低于 5°/s，运动十分缓慢，因此选择 5°/s 作为动态运动与静态运动的分割点。除了考虑被测目标静态与动态两种运动状态，本文还考虑了静态与动态运动状态下的高速和低速运动过程。图 5-4 所示为动态运动时伺服电机的转角、角速度和角加速度的变化曲线。其中，图 5-4（a）中的转角从编码器中获得，对其求导可以获得角速度和角加速度，这会导致图 5-4（b）和图 5-4（c）存在一些毛刺，但对实验分析没有影响。在动态运动期间，伺服电机的最大正向角速度为 234°/s，最大正向角加速度为 650°/s^2，最大负向角速度为-115°/s，最大负向角加速度为-600°/s^2。

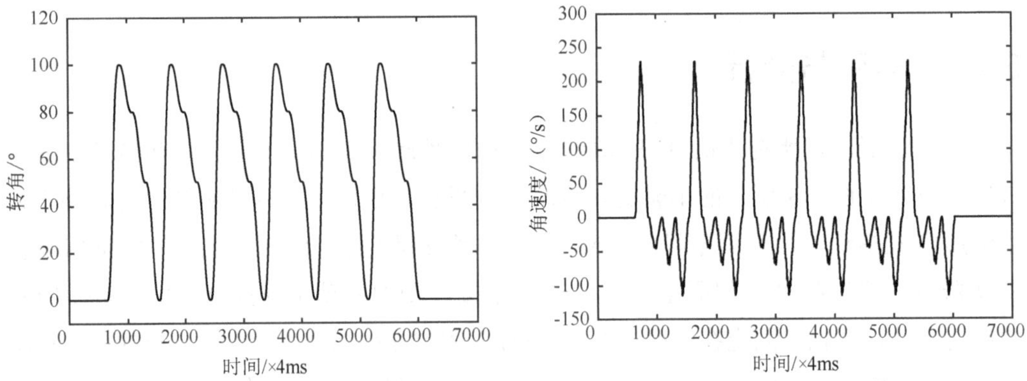

（a）转角的变化曲线　　（b）角速度的变化曲线

图 5-4 动态运动时伺服电机的转角、角速度和角加速度的变化曲线

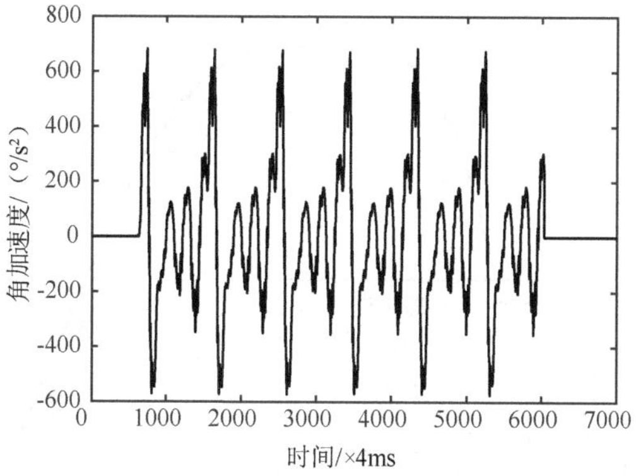

（c）角加速度的变化曲线

图 5-4　动态运动时伺服电机的转角、角速度和角加速度的变化曲线（续）

动态性能测试实验和静态性能测试实验分别做了 10 次，随机选择其中一次的结果进行分析。四种算法的转角估计结果如图 5-5 所示，彩色图像请扫描二维码查看。为了清晰起见，将图 5-5 中的 A 部分进行放大，如图 5-6 所示。从图 5-6 中可以看出，三种转角估计算法中，IOE 算法计算得到的转角更接近于伺服电机的实际转角。

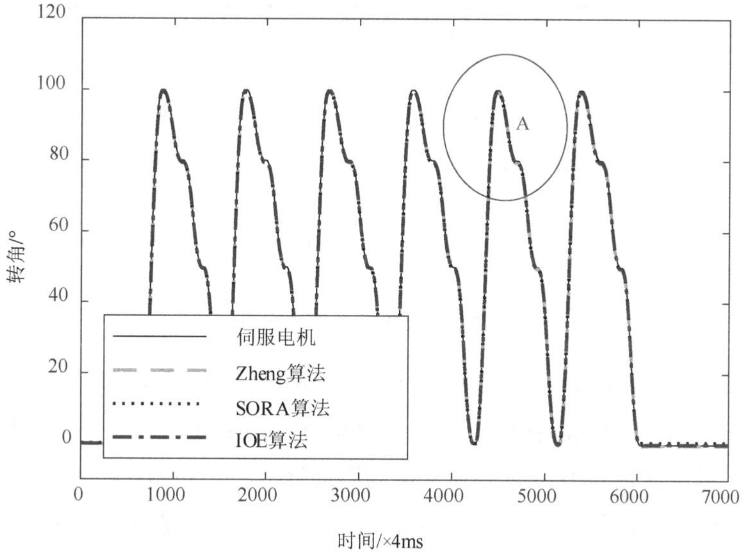

图 5-5　四种算法的转角估计结果

为更加清楚地比较各算法的误差，以编码器输出角度为参考值，将通过三种算法获得的转角动态估计误差绘制于图 5-7。三种算法的转角动态估计误差随转速的增大而增大。Zheng 和 SORA 两种算法在实验结束后均存在一定的累积误差，而 IOE 算法不存在累积误差，最大转角动态估计误差小于 2°。

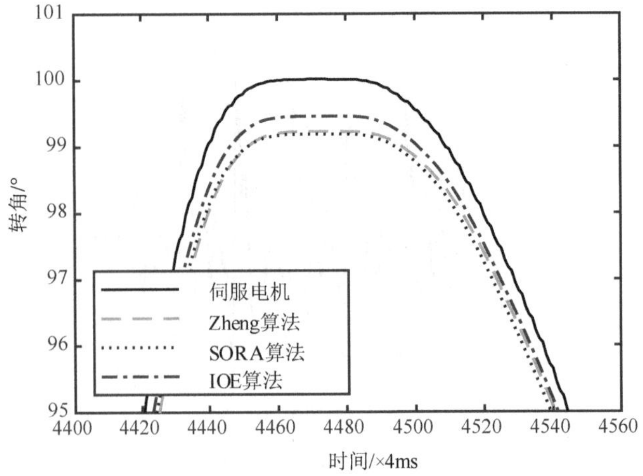

图 5-6　图 5-5 中 A 部分局部放大图

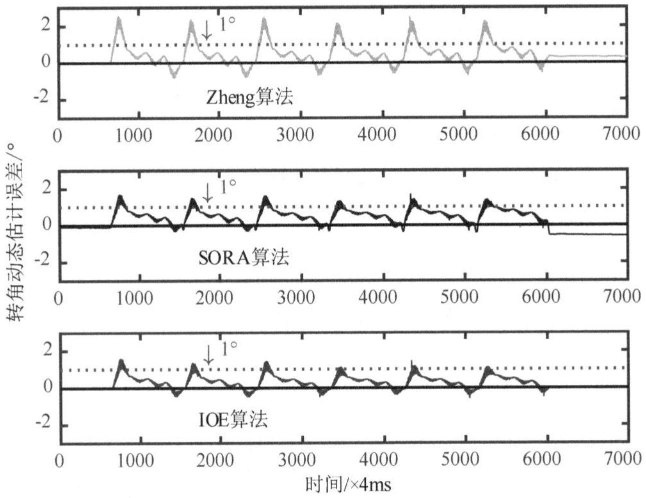

图 5-7　转角动态估计误差

为了直观观察旋转轴姿态估计结果，在图 5-8 中绘制了旋转轴姿态估计在 x 轴、y 轴和 z 轴上的分量，彩色图像请扫描二维码查看。由于旋转轴姿态估计的三个分量具有相似特性，以旋转轴姿态估计 z 轴分量为例进行分析。如图 5-8（c）中的 A、B、K 部分所示，当转角接近于 0°时，三种算法估计的旋转轴姿态发生畸变，这是由于 MARG 传感器难以测量微小的转角和角速度，这在实验过程中难以避免。在一个周期的旋转运动中，当转角大于某个值时，IOE 算法和 SORA 算法获得了与 F 部分相同的稳定的旋转轴姿态估计。由于 Zheng 算法依赖于测量旋转轴姿态期间的角速度，因此当角速度接近于 0°时就会发生畸变，如 C、D、E 部分所示。此外，与 IOE 算法和 SORA 算法不同的是，Zheng 算法无法处理被测目标反向旋转的情况。例如，如果角速度方向发生改变，则 Zhang 算法估计的旋转轴姿态在 G 和 H 部分翻转，但实际中旋转轴并没有改变。

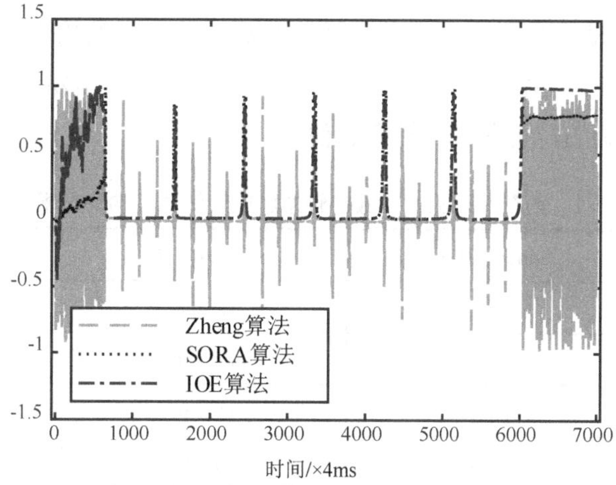

（a）旋转轴姿态估计 x 轴分量

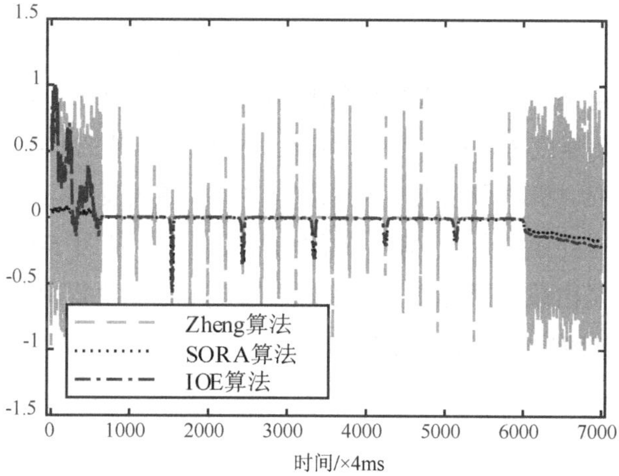

（b）旋转轴姿态估计 y 轴分量

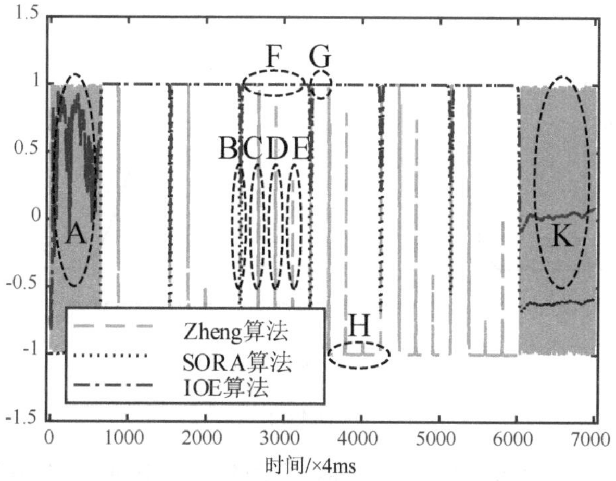

（c）旋转轴姿态估计 z 轴分量

图 5-8　动态性能测试实验中旋转轴姿态估计结果

表 5-1 所示为动态性能测试实验中转角和旋转轴姿态的均方根误差（Root Mean Square Error，RMSE）。由表 5-1 可以看出，在三种算法中，IOE 算法的均方根误差最小，能够实现更精确的转角和旋转轴姿态估计。

表 5-1　动态性能测试实验中转角和旋转轴姿态的均方根误差

均方根误差	Zheng 算法	SORA 算法	IOE 算法
θ/°	0.465	0.539	0.299
${}^{n}r_x$	3.258×10^{-3}	1.087×10^{-3}	2.223×10^{-4}
${}^{n}r_y$	4.104×10^{-3}	1.621×10^{-3}	1.694×10^{-4}
${}^{n}r_z$	6.078×10^{-5}	6.041×10^{-6}	2.378×10^{-6}

2. 静态性能测试实验

在静态性能测试实验中，将单轴旋转运动的角速度限制在−5～5°/s 范围内。静态运动过程中转角、角速度、角加速度的变化情况如图 5-9 所示。由于旋转速度较慢，在对转角求导时，角速度和角加速度中存在较大的噪声。从图 5-9（b）中可以看出，在静态运动中，伺服电机的最大正向角速度为 5°/s，最大反向角速度为−2°/s。虽然在一个旋转周期内角速度存在多次波动，但波动幅度很小。从图 5-9（c）中可以看出，如果去掉一些可能是由微小振动造成的随机数据，角加速度范围为−5～5°/s²，由于角速度较小，整体角加速度存在较大的噪声。

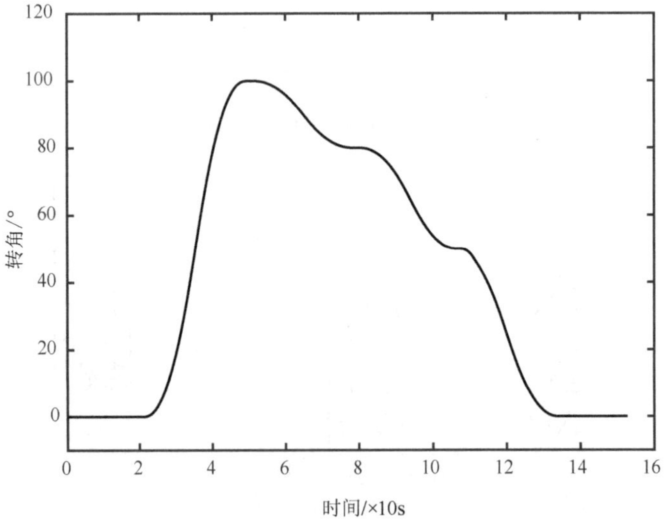

（a）转角

图 5-9　静态运动过程中转角、角速度和角加速度的变化情况

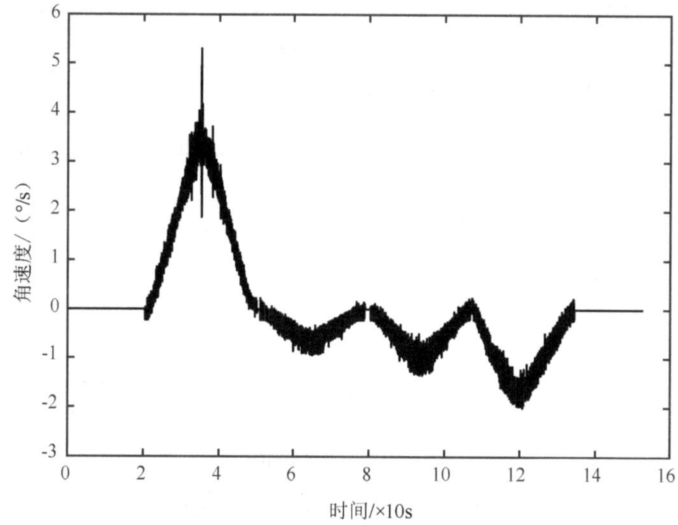

（b）角速度

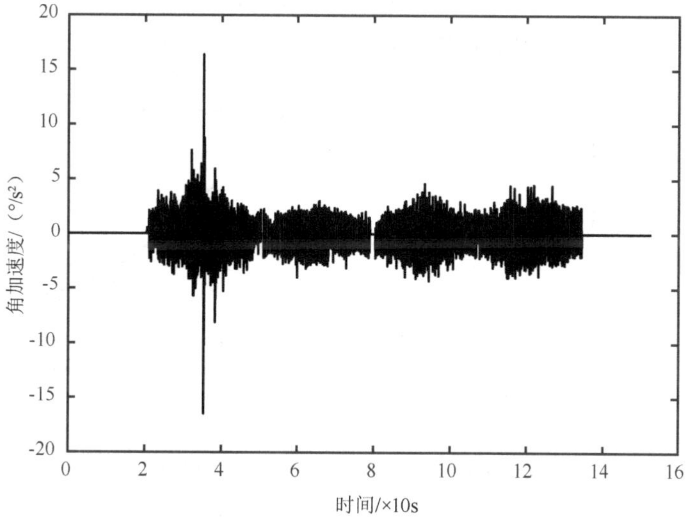

（c）角加速度

图 5-9　静态运动过程中转角、角速度和角加速度的变化情况（续）

图 5-10 所示为静态性能测试实验中不同算法的转角估计结果，彩色图像请扫描二维码查看。由于转角变化范围较大，为了更加清楚地观察不同算法的估计结果，将图 5-10 中的 A 部分进行放大，如图 5-11 所示。

图 5-12 所示为静态性能测试实验中转角的估计误差，与 SORA 算法和 Zheng 算法相比，IOE 算法具有更好的静态性能，最大静态误差小于 1°。在 SORA 算法中，由于只有陀螺仪数据用于估计转角，陀螺仪的漂移会导致较大的累积误差。与低速旋转相比，Zheng 算法在转速较高时具有更好的性能。在转速较低时，为了实现 Zheng 算法的最佳性能，在静态性能测试实验中选择了相对最优的旋转轴姿态估计用于估计转角。

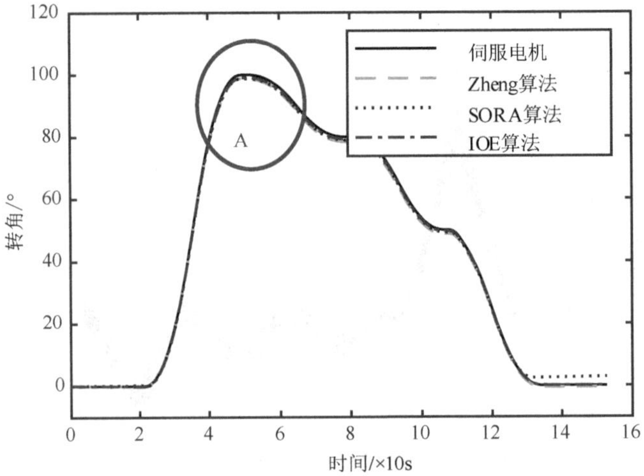

图 5-10　静态性能测试实验中不同算法的转角估计结果

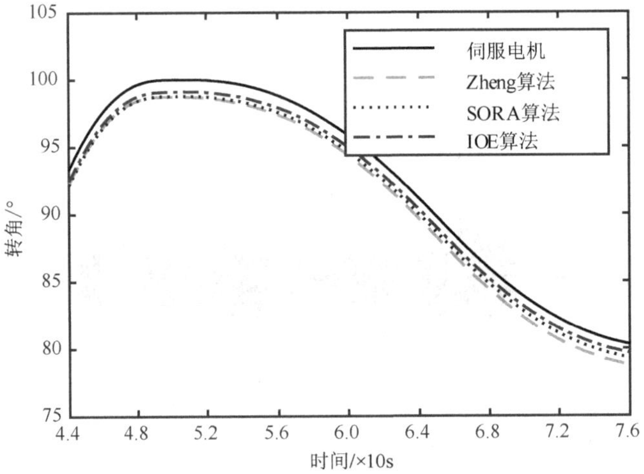

图 5-11　图 5-10 中 A 部分局部放大图

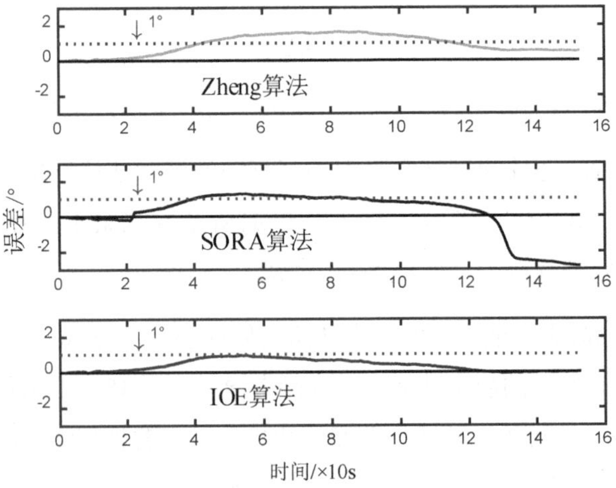

图 5-12　静态性能测试实验中转角的估计误差

图 5-13 所示为静态性能测试实验中旋转轴姿态估计的 x 轴、y 轴、z 轴分量，彩色图像请扫描二维码查看，以图 5-13（b）中旋转轴姿态估计 y 轴分量为例进行分析。在测量开始和结束阶段，转角接近于零，导致 IOE 算法和 SORA 算法的旋转轴姿态估计不准确，如图 5-13（b）中 A 部分和 G 部分所示。当转角大于阈值时，IOE 算法和 SORA 算法可以准确估计旋转轴姿态。虽然 SORA 算法估计的旋转轴姿态在转角大于阈值时保持稳定，但由于没有消除陀螺仪的漂移误差，旋转轴姿态估计会逐渐偏离实际值。如图 5-13（b）中的 A、C、E、G 部分所示，当角速度接近零时，Zheng 算法估计的旋转轴姿态会产生较大的畸变，这与动态性能测试实验所得的结果相似。这是由于伺服电机的转速低，造成陀螺仪测量的角速度中含有较大的噪声，在静态性能测试实验中 Zheng 算法无法有效测量旋转轴姿态，B、D 和 F 部分的旋转轴姿态虽然趋于稳定，但并不是精确的旋转轴姿态。

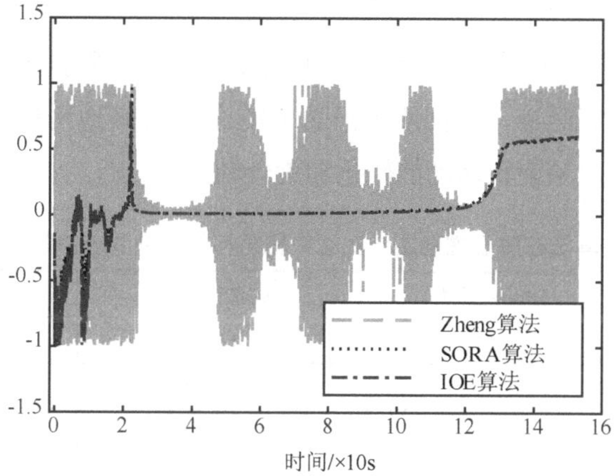

（a）旋转轴姿态估计的 x 轴分量

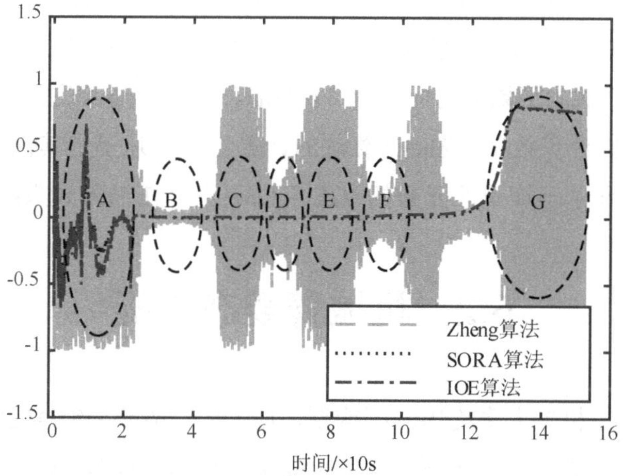

（b）旋转轴姿态估计的 y 轴分量

图 5-13　静态性能测试实验中旋转轴姿态估计的 x 轴、y 轴、z 轴分量

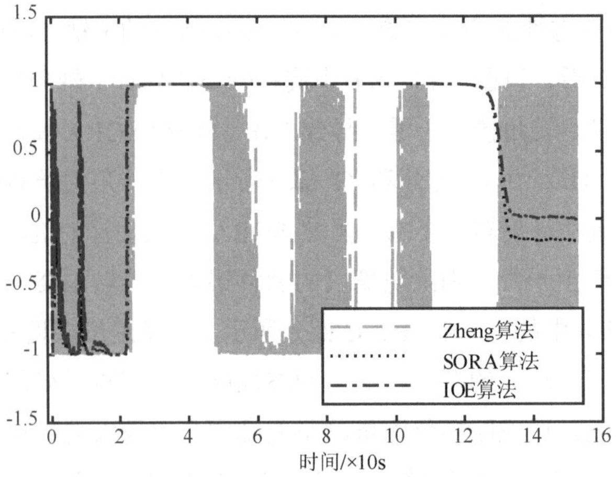

（c）旋转轴姿态估计的 z 轴分量

图 5-13 静态性能测试实验中旋转轴姿态估计的 x 轴、y 轴、z 轴分量（续）

表 5-2 中总结了三种算法在静态性能测试实验中转角和旋转轴姿态估计的均方根误差。从表 5-2 中可以看出，本文所提出的 IOE 算法比其他两种算法的均方根误差更小，能够更好地跟踪单轴旋转运动的转角和旋转轴姿态。

表 5-2 三种算法在静态性能测试实验中转角和旋转轴姿态估计的均方根误差

均方根误差	Zheng 算法	SORA 算法	IOE 算法
θ/°	0.544	0.539	0.299
${}^{\mathrm{n}}r_x$	0.0632	1.087×10^{-3}	2.223×10^{-4}
${}^{\mathrm{n}}r_y$	0.0632	1.621×10^{-3}	1.694×10^{-4}
${}^{\mathrm{n}}r_z$	0.0477	6.041×10^{-6}	2.378×10^{-6}

本节将三种算法在 Intel core I5 2.3 GHz 处理器上运行，计算了这三种算法的平均运行时间。其中，Zheng 算法的平均运行时间为 127.24μs，SORA 算法的平均运行时间为 64.68μs，IOE 算法的平均运行时间为 75.97μs。与 Zheng 算法相比，SORA 算法和 IOE 算法具有更高的计算效率，Zheng 算法的计算复杂度几乎是其他两种算法的两倍。因此，SORA 算法和基于增量四元数的 IOE 算法更适合在嵌入式系统中实现。

5.2 机械臂姿态捕捉

目前常见的协作机器人多为串联型构型，如 UR5、Aubo i5 等机械臂，串联型多轴机械臂各个关节只存在单一的旋转轴。与单轴旋转运动不同，串联型多轴机械臂在运动过程中各个关节的旋转轴姿态是时变的。为精确估计各个关节的转角，需要实时估计旋转轴姿态，这导致相应的测量更加困难。

目前利用 IMU 进行机械臂关节角和位置估计的研究中，有的研究对惯性-磁传感器的安装位置和安装姿态有着严格要求[32-35]，如要求 IMU 必须沿着关节轴线安装等，增大了安装的复杂度，限制了在一些对精度要求较高的场合中的应用。有的研究除了惯性-磁传感器，还引入了其他传感器，如位置传感器、视觉标记等，增加了系统的复杂度。有的方法利用了机械臂本体的信息，如关节角、关节角速度、机械臂运动学约束等，无法实现完全独立于机械臂本体的关节角测量[40-47]。

本节旨在提出一种完全独立于机器人编码器系统的机械臂关节角和位置跟踪算法，适用于串联型旋转关节构型的多自由度机械臂，相关内容发表在 Xu 等人[163]的研究论文中。该算法在机械臂的每个连杆上安装一个 IMU，对 IMU 的安装姿态和安装位置没有特殊要求，不需要利用机械臂本体的角速度等信息。本节将详细介绍所提出算法的实施步骤，首先统一 IMU 与机械臂的坐标系，然后分解机械臂中各个关节的复合运动，最后利用从 IMU 中获得的关节相对独立运动的姿态四元数解析关节角信息，并结合机械臂的机械参数进行位置估计。

5.2.1　问题构建

本节利用 IMU 输出的姿态信息估计串联型旋转关节 n 自由度机械臂的关节角和位置信息，在机械臂的每个连杆上安装一个 IMU，IMU 可以以任意姿态被安装在连杆的任意位置处，如连杆或关节处。本节以六自由度串联型机械臂 Aubo i5 为例进行问题分析与构建，图 5-14 所示为利用六个 IMU 估计六自由度机械臂关节角和位置的示意图及相应的坐标系关系。在该系统中，{w}为世界坐标系，{b}为机械臂基座坐标系，{n}为导航坐标系，$\{s_n\}$为传感器坐标系（n=1,2,⋯,6），$\{j_n\}$为机械臂关节坐标系（n=1,2,⋯,6）。

IMU 通过融合内部传感器的数据可以输出单位姿态四元数，本节将固定在六自由度机械臂上的六个 IMU 输出的单位姿态四元数排列成一个向量 $\boldsymbol{Q}=[\boldsymbol{q}_1\quad \boldsymbol{q}_2\quad \boldsymbol{q}_3\quad \boldsymbol{q}_4\quad \boldsymbol{q}_5\quad \boldsymbol{q}_6]^{\mathrm{T}}$。在机器人系统中，机器人在机械臂关节坐标系中的姿态用关节角描述，对于六自由度机械臂，其姿态可以写作 $\boldsymbol{\Theta}=[\theta_1\quad \theta_2\quad \theta_3\quad \theta_4\quad \theta_5\quad \theta_6]^{\mathrm{T}}$。本节旨在利用六个 IMU 输出的单位姿态四元数 $\boldsymbol{q}_i$（i=1, 2, ⋯, 6）估计六自由度机械臂的六个关节角 θ_i（i=1, 2, ⋯, 6）及位置。为了实现这一目标，首先考虑以下问题。

（1）IMU 的坐标系与机械臂基坐标系的统一问题。

IMU 与机械臂基坐标系并不统一，主要有以下两方面原因。一方面，IMU 可以以任意姿态安装在机械臂关节或连杆上，因此传感器坐标系{s}与机械臂关节坐标系{j}并不重合。另一方面，在机械臂运动学模型中，通常将固连在机械臂基座上的坐标系作为机械臂的基坐标系{b}，并利用固连在关节上的坐标系{j}与机械臂的基坐标系{b}之间的相对姿态关系描述关节姿态。然而 IMU 以导航坐标系{n}作为基坐标系，其输出的姿态四元数描述了传感器坐标系{s}在导航坐标系{n}中的姿态，所以，IMU 测量的姿态四元数不能直接反映各个关节相对于基坐标系{b}的实际姿态，因此首先需要统一 IMU 与机械臂的坐标系。

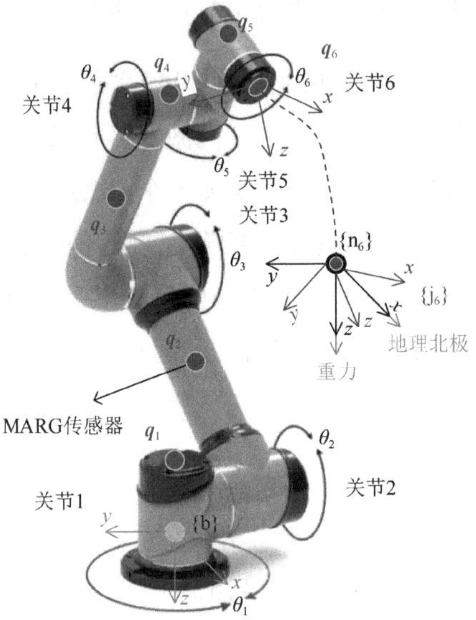

图 5-14　利用六个 IMU 估计六自由度机械臂关节角和位置的示意图及相应的坐标系关系

（2）机械臂中关节的复合运动问题。

在机械臂中，除与基座相连的关节 1 外，其他关节的运动都是由相邻关节的旋转运动及自身的旋转运动复合形成的。例如，关节 2 的运动由关节 1 的转动及关节 2 的转动共同形成，导致关节 1 的转动同样会影响关节 2 在基坐标系{b}中的姿态。因此，IMU 测量的姿态四元数实际上描述了多个关节的复合运动姿态。然而，在实际应用中用的是各个关节相对独立的姿态信息。例如，在描述机械臂的关节坐标系位置时，通常用关节 1 绕旋转轴 1 旋转了多少度，关节 2 绕旋转轴 2 旋转了多少度描述，而不是用关节 2 由于复合运动绕基坐标系{b}中的某一个复合旋转轴旋转了多少度描述。在分析各个关节的相对独立的运动时，不能直接使用 IMU 测量的单位姿态四元数，而需要将 IMU 测量的各个关节的复合单位姿态四元数分解为各个关节相对独立运动的单位姿态四元数。

图 5-15 所示为六自由度机械臂关节复合运动示意图，假设关节 n（n=1,2,⋯,6）处固定了一个 IMU，I 位置为 IMU 的初始位置，此时 IMU 测量的复合单位姿态四元数为 $\boldsymbol{q}_{n|\mathrm{I}}$。机械臂各关节旋转使 IMU 从 I 位置运动到 III 位置，此时 IMU 输出的复合单位姿

态四元数为$\boldsymbol{q}_{n|\mathrm{III}}$，将此运动过程中复合单位姿态四元数的改变量记为$\boldsymbol{q}_{n|\mathrm{I}\to\mathrm{III}}$。根据前文分析可知，$\boldsymbol{q}_{n|\mathrm{III}}$是由前 n-1 个关节和第 n 个关节共同形成的复合运动产生的。以上运动可以分解为两部分，第一部分为前 n-1 个关节共同形成的复合运动，该复合运动使IMU 从 I 位置运动到 II 位置，此运动过程中单位姿态四元数的改变量为$\boldsymbol{q}_{n|\mathrm{I}\to\mathrm{II}}$。第二部分为关节 n 的单独旋转运动，假设关节 n 绕旋转轴 $\boldsymbol{r}$ 旋转了 θ_n，旋转轴 $\boldsymbol{r}$ 以 I 位置的初始坐标系作为参考坐标系。该旋转运动使 IMU 从 II 位置运动到了 III 位置，记关节 n 旋转运动所导致单位姿态四元数的改变量为$\boldsymbol{q}_{n|\mathrm{II}\to\mathrm{III}}$。本节所要解决的问题是从复合单位姿态四元数$\boldsymbol{q}_{n|\mathrm{III}}$与$\boldsymbol{q}_{n|\mathrm{I}}$中解析关节独立旋转运动所产生的单位姿态四元数$\boldsymbol{q}_{n|\mathrm{II}\to\mathrm{III}}$。

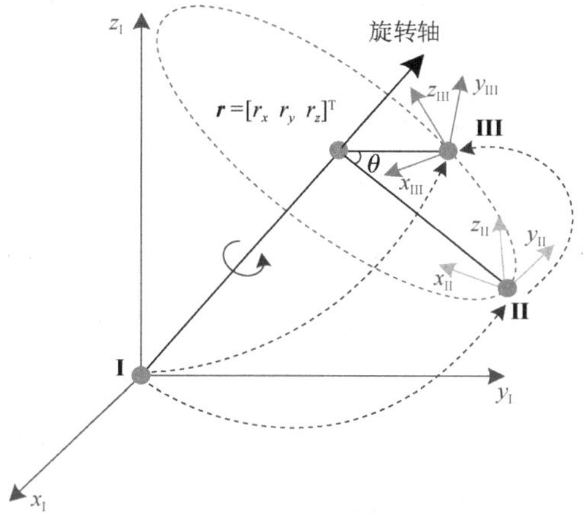

图 5-15　六自由度机械臂关节复合运动示意图

（3）利用独立旋转运动的单位姿态四元数解析关节角。

对于机械臂的复合旋转运动，可以将其拆分成各个关节相对独立的单轴旋转运动，并利用转角来描述机械臂关节在基座坐标系{b}中的位置，因此最终需要得到的是机械臂关节坐标系下的向量$\boldsymbol{\Theta}=\begin{bmatrix}\theta_1 & \theta_2 & \theta_3 & \theta_4 & \theta_5 & \theta_6\end{bmatrix}^{\mathrm{T}}$。通过对前文问题的分析，目前可以解析获得的是各个关节相对独立运动的单位姿态四元数$\boldsymbol{q}_{n|\mathrm{II}\to\mathrm{III}}$。因此需将获得的各个关节相对独立的单位姿态四元数$\boldsymbol{q}_{n|\mathrm{II}\to\mathrm{III}}$转化为机械臂关节坐标系下的向量$\boldsymbol{\Theta}$。

（4）利用求解的各个关节角估计关节位置。

求得机械臂各个关节角之后，利用机械臂的连杆参数，进行机器人正运动学求解，即可获得各个关节的位置估计。

5.2.2　关节角与位置解算

1．坐标系统一

根据前文分析，IMU 的传感器坐标系{s$_n$}与机械臂关节坐标系{j$_n$}不一致，机械臂基坐标系{b}和 IMU 基坐标系{n}不一致，导致了 IMU 测量的单位姿态四元数不能直接反映各个关节的实际姿态。因此，本节将这个问题转化为在机械臂初始姿态已知的情况下，考虑IMU中传感器坐标系$\{s_n\}$的姿态变化与机械臂关节坐标系$\{j_n\}$的姿态变化之间的关系。

在图5-14中，本文认为机械臂的基座固定不动，在将IMU固定在机械臂的各个关节上之后，可以得出以下三个结论。

结论 1：由于 IMU 固定在关节 n 上，因此 IMU 与关节 n 之间不会因为机械臂各个关节的旋转运动而发生相对姿态变化，所以两者之间的载体坐标系，即传感器坐标系$\{s_n\}$与机械臂关节坐标系$\{j_n\}$的姿态偏差保持恒定。

结论 2：由于机械臂基座固定不动，因此机械臂基座相对于世界坐标系{w}的姿态是确定的，机械臂基坐标系{b}与其所处的世界坐标系{w}之间的姿态偏差保持恒定。

结论 3：当机械臂各个关节进行旋转运动时，关节 n 上固定的 IMU 的传感器坐标系$\{s_n\}$的姿态变化量等于机械臂关节 n 的关节坐标系$\{j_n\}$的姿态变化量。

证明：假设图 5-15 中，关节 n 经各个关节的复合运动从位置 I 移动到位置 II。受复合运动的影响，机械臂关节坐标系$\{j_n\}$和传感器坐标系$\{s_n\}$在世界坐标系{w}中的姿态也发生变化。为更加清楚地表示坐标系变化关系，在图 5-16 中展示了关节 n 经复合运动时各坐标系的相对姿态关系。

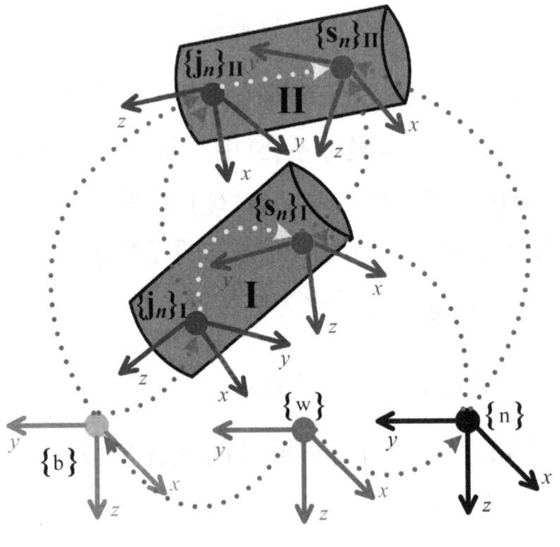

图 5-16　坐标系姿态变化

从图 5-16 中可以看出，当 IMU 移动到位置 II 时，传感器坐标系$\{s_n\}$相对于世界坐标系{w}的姿态可以用以下两种方法计算：

$$\boldsymbol{q}_{\{w\}\to\{s_n\}_{II}} = \boldsymbol{q}_{\{w\}\to\{b\}} \cdot \boldsymbol{q}_{\{b\}\to\{j_n\}_{I}} \cdot \boldsymbol{q}_{\{j_n\}_{I}\to\{j_n\}_{II}} \cdot \boldsymbol{q}_{\{j_n\}_{II}\to\{s_n\}_{II}} \tag{5-20}$$

$$\boldsymbol{q}_{\{w\}\to\{s_n\}_{\text{II}}}=\boldsymbol{q}_{\{w\}\to\{n\}}\cdot\boldsymbol{q}_{\{n\}\to\{s_n\}_{\text{I}}}\cdot\boldsymbol{q}_{\{s_n\}_{\text{I}}\to\{s_n\}_{\text{II}}} \tag{5-21}$$

式中，$q_{\{A\}\to\{B\}}$ 表示坐标系{B}相对于坐标系{A}的单位姿态四元数，下标$\{j_n\}_k$和$\{s_n\}_k$（k=I, II）分别表示关节 n 在位置 k 的机械臂关节坐标系$\{j_n\}$和传感器坐标系$\{s_n\}$，$\boldsymbol{q}_{\{j_n\}_k}$和$\boldsymbol{q}_{\{s_n\}_k}$分别表示当关节 n 在 k 位置时机械臂关节坐标系$\{j_n\}$和传感器坐标系$\{s_n\}$的单位姿态四元数。根据结论 1，可以得到：

$$\boldsymbol{q}_{\{j_n\}_{\text{I}}\to\{s_n\}_{\text{I}}}=\boldsymbol{q}_{\{j_n\}_{\text{II}}\to\{s_n\}_{\text{II}}} \tag{5-22}$$

公式（5-22）表明机械臂关节坐标系$\{j_n\}$与传感器坐标系$\{s_n\}$之间的姿态偏差不随关节 n 的移动而改变。将公式（5-22）代入公式（5-20）得

$$\boldsymbol{q}_{\{w\}\to\{s_n\}_{\text{II}}}=\boldsymbol{q}_{\{w\}\to\{b\}}\cdot\boldsymbol{q}_{\{b\}\to\{j_n\}_{\text{I}}}\cdot\boldsymbol{q}_{\{j_n\}_{\text{I}}\to\{j_n\}_{\text{II}}}\cdot\boldsymbol{q}_{\{j_n\}_{\text{I}}\to\{s_n\}_{\text{I}}} \tag{5-23}$$

可以看出$\boldsymbol{q}_{\{w\}\to\{n\}}\cdot\boldsymbol{q}_{\{n\}\to\{s_n\}_{\text{I}}}$和$\boldsymbol{q}_{\{w\}\to\{b\}}\cdot\boldsymbol{q}_{\{b\}\to\{j_n\}_{\text{I}}}\cdot\boldsymbol{q}_{\{j_n\}_I\to\{s_n\}_{\text{I}}}$描述的是同一坐标系中的姿态，即传感器坐标系$\{s_n\}$相对于世界坐标系{w}的姿态。将$\boldsymbol{q}_{\{w\}\to\{n\}}\cdot\boldsymbol{q}_{\{n\}\to\{s_n\}_{\text{I}}}$和$\boldsymbol{q}_{\{w\}\to\{b\}}\cdot\boldsymbol{q}_{\{b\}\to\{j_n\}_{\text{I}}}\cdot\boldsymbol{q}_{\{j_n\}_{\text{I}}\to\{s_n\}_{\text{I}}}$代入公式（5-21），可得

$$\boldsymbol{q}_{\{w\}\to\{s_n\}_{\text{II}}}=\boldsymbol{q}_{\{w\}\to\{b\}}\cdot\boldsymbol{q}_{\{b\}\to\{j_n\}_{\text{I}}}\cdot\boldsymbol{q}_{\{j_n\}_{\text{I}}\to\{s_n\}_{\text{I}}}\cdot\boldsymbol{q}_{\{s_n\}_{\text{I}}\to\{s_n\}_{\text{II}}} \tag{5-24}$$

对比公式（5-23）和公式（5-24）可得

$$\boldsymbol{q}_{\{j_n\}_{\text{I}}\to\{j_n\}_{\text{II}}}\cdot\boldsymbol{q}_{\{j_n\}_{\text{I}}\to\{s_n\}_{\text{I}}}=\boldsymbol{q}_{\{j_n\}_{\text{I}}\to\{s_n\}_{\text{I}}}\cdot\boldsymbol{q}_{\{s_n\}_{\text{I}}\to\{s_n\}_{\text{II}}} \tag{5-25}$$

公式（5-25）中$\boldsymbol{q}_{\{j_n\}_{\text{I}}\to\{s_n\}_{\text{I}}}$和$\boldsymbol{q}_{\{s_n\}_{\text{I}}\to\{s_n\}_{\text{II}}}$的转轴是以映像方式描述的，如果以非映像方式描述，那么公式（5-25）可以变形为

$$\boldsymbol{q}_{\{j_n\}_{\text{I}}\to\{j_n\}_{\text{II}}}\cdot\boldsymbol{q}_{\{j_n\}_{\text{I}}\to\{s_n\}_{\text{I}}}=\boldsymbol{q}_{\{s_n\}_{\text{I}}\to\{s_n\}_{\text{II}}}\cdot\boldsymbol{q}_{\{j_n\}_{\text{I}}\to\{s_n\}_{\text{I}}} \tag{5-26}$$

简化公式（5-26）可得

$$\boldsymbol{q}_{\{j_n\}_{\text{I}}\to\{j_n\}_{\text{II}}}=\boldsymbol{q}_{\{s_n\}_{\text{I}}\to\{s_n\}_{\text{II}}} \tag{5-27}$$

公式（5-27）表明，在关节 n 进行复合旋转运动时，关节 n 与固定在关节 n 上的 IMU 姿态变化相同。因此，可以利用 IMU 的传感器坐标系$\{s_n\}$的姿态变化描述机械臂的关节 n 在机械臂关节坐标系$\{j_n\}$中的姿态变化。

2. 关节复合运动分析

如前文所述，在串联型旋转关节机械臂中，除与基座相连的第一个关节外，其他关节的运动均由该关节与其之前的关节所形成的复合旋转运动构成，相对应的姿态称为复合姿态，用复合姿态四元数描述。为了求各个关节角，有必要获得其独立旋转运动的姿态，因此需要将复合姿态四元数分解为关节独立旋转运动的四元数。

以两自由度串联机械臂为例，介绍将某一关节的复合转动分解为各关节独立旋转运动的方法。如图 5-17 所示，机械臂的两个关节分别绕坐标系 1 的 z_1 轴和坐标系 2 的 z_2 轴在−180°～+180°范围内转动。I 为机械臂的初始姿态，此时两个关节角 θ_1 与 θ_2 均为 0°。假设一个复合运动具有以下过程：两轴机械臂从初始姿态开始，关节 1 和关节 2 同时分别旋转−90°和 90°，最终实现图 5-17 中运动过程 A 和 B 中的 III 姿态。

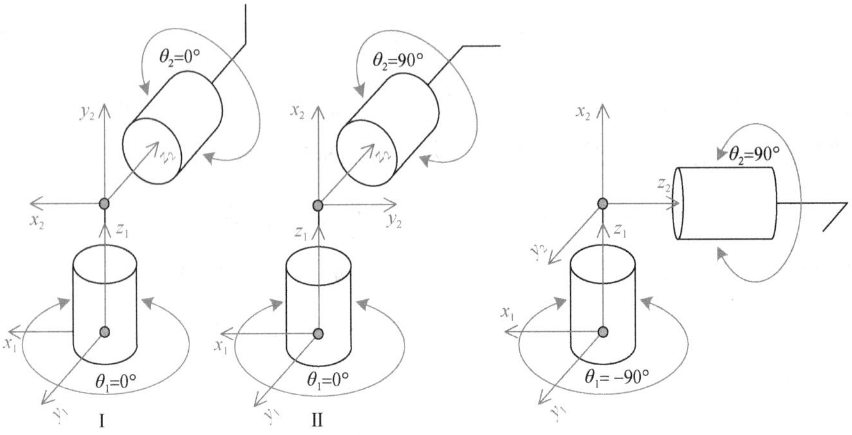

（a）过程 A

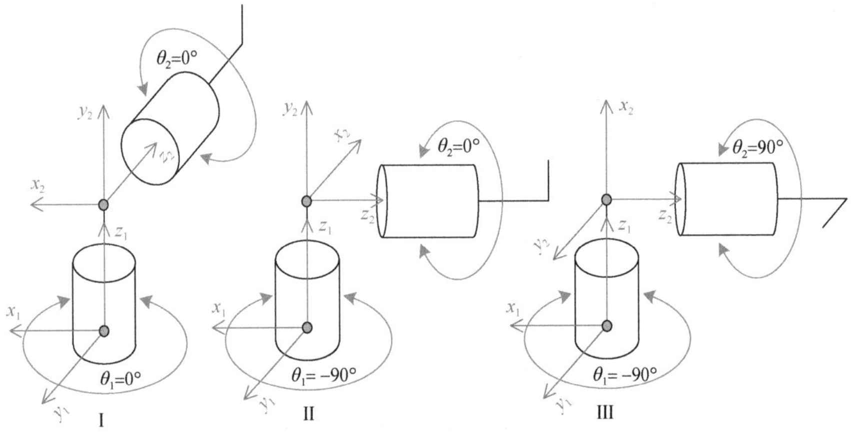

（b）过程 B

图 5-17　两自由度机械臂的复合运动分解过程

从图 5-17 可以看出，该复合运动有 A、B 两种分解过程。过程 A 中，机械臂从初始状态开始运动，关节 2 首先旋转 90°变为 II 姿态，然后关节 1 旋转−90°，机械臂最终处于 III 姿态。过程 B 中，从初始状态开始，关节 1 首先旋转−90°变为 II 姿态，然后关节 2 旋转 90°最终处于 III 姿态。虽然这两种分解过程中机械臂的最终姿态相同，但运动过程中各个关节的先后旋转运动顺序却不相同，因此可以得到以下结论。

结论 4：对于串联型旋转关节 n 自由度机械臂，机械臂的复合运动过程可以被分解成各个关节相对独立的旋转运动，并且各个关节的旋转运动顺序不会改变机械臂的最终姿态，但是不同的运动顺序会导致各个关节的旋转轴在机械臂基坐标系{b}中的描述不同。

在图 5-17 中，机械臂处于初始姿态 I 时，关节 1 和关节 2 的旋转轴在机械臂基坐标系{b}中分别具有公式（5-28）和公式（5-29）所示的形式：

$$\boldsymbol{r}_1 = [0 \quad 0 \quad 1]^{\mathrm{T}} \tag{5-28}$$

$$\boldsymbol{r}_2 = [0 \quad -1 \quad 0]^{\mathrm{T}} \tag{5-29}$$

在过程 A 中，关节 2 首先旋转 90°从 I 姿态变为 II 姿态，这一过程中旋转轴在机械臂基坐标系中描述为

$$\boldsymbol{r}_{2|\mathrm{I}\to\mathrm{II}} = [0 \quad -1 \quad 0]^{\mathrm{T}} \tag{5-30}$$

然后关节 1 旋转-90°从 II 姿态变为 III 姿态，这一过程中旋转轴在机械臂基坐标系中描述为

$$\boldsymbol{r}_{1|\mathrm{II}\to\mathrm{III}} = [0 \quad 0 \quad 1]^{\mathrm{T}} \tag{5-31}$$

在过程 B 中，关节 1 首先旋转-90°从 I 姿态变为 II 姿态，这一过程中旋转轴在机械臂基坐标系中描述为

$$\boldsymbol{r}_{1|\mathrm{I}\to\mathrm{II}} = [0 \quad 0 \quad 1]^{\mathrm{T}} \tag{5-32}$$

然后关节 2 旋转 90°从 II 姿态变为 III 姿态，在这一过程中旋转轴在机械臂基坐标系中描述为

$$\boldsymbol{r}_{2|\mathrm{II}\to\mathrm{III}} = [-1 \quad 0 \quad 0]^{\mathrm{T}} \tag{5-33}$$

比较公式（5-28）～公式（5-33），可以看出在过程 A 中各个关节的旋转轴的描述与机械臂处于初始姿态时各个关节的旋转轴的描述相同。将这一结论推广到 n 自由度机械臂，可以得到一个重要的结论。

结论 5：在进行复合运动分解的过程中，如果各个关节的旋转运动顺序按照关节序号从高到低的方式进行，即从关节 n、关节 n-1、关节 n-2 直至关节 1 的顺序，那么分解后的各个关节的旋转轴在机械臂基坐标系{b}中的描述与机械臂处于初始姿态时各个关节的旋转轴在机械臂基坐标系{b}中的描述相同。

根据结论 4 和结论 5 可以得出图 5-15 中的关节复合运动中的姿态变化公式，即

$$\boldsymbol{q}_{n|\mathrm{I}\to\mathrm{II}} \cdot \boldsymbol{q}_{n|\mathrm{II}\to\mathrm{III}} \cdot \boldsymbol{q}_{n|\mathrm{I}} = \boldsymbol{q}_{n|\mathrm{III}} \tag{5-34}$$

用符号$\boldsymbol{q}_n(\boldsymbol{r}_n,\theta_n)$表示关节 n 绕旋转轴 $\boldsymbol{r}_n$ 旋转 θ_n 角度后形成的姿态四元数，公式（5-34）可以变换成以下形式：

$$\boldsymbol{q}_{n|\mathrm{I}\to\mathrm{II}}\cdot\boldsymbol{q}_n(\boldsymbol{r}_n,\theta_n)\cdot\boldsymbol{q}_{n|\mathrm{I}}=\boldsymbol{q}_{n|\mathrm{III}} \tag{5-35}$$

式中，$\boldsymbol{q}_{n|\mathrm{I}\to\mathrm{II}}$是由前 n-1 个关节的复合运动导致的第 n 个关节的姿态变化，因此可以按照公式（5-35）继续进行分解。重复此过程，直到所有关节的复合运动产生的姿态变化都被分解为各个关节的独立旋转运动所产生的姿态变化，对于六自由度串联型旋转关节机械臂而言，该过程可以用公式（5-36）～公式（5-41）表示。

$$\boldsymbol{q}_1(\boldsymbol{r}_1,\theta_1)\cdot\boldsymbol{q}_{1|\mathrm{init}}=\boldsymbol{q}_1 \tag{5-36}$$

$$\boldsymbol{q}_2(\boldsymbol{r}_1,\theta_1)\cdot\boldsymbol{q}_2(\boldsymbol{r}_2,\theta_2)\cdot\boldsymbol{q}_{2|\mathrm{init}}=\boldsymbol{q}_2 \tag{5-37}$$

$$\boldsymbol{q}_3(\boldsymbol{r}_1,\theta_1)\cdot\boldsymbol{q}_3(\boldsymbol{r}_2,\theta_2)\cdot\boldsymbol{q}_3(\boldsymbol{r}_3,\theta_3)\cdot\boldsymbol{q}_{3|\mathrm{init}}=\boldsymbol{q}_3 \tag{5-38}$$

$$\boldsymbol{q}_4(\boldsymbol{r}_1,\theta_1)\cdot\boldsymbol{q}_4(\boldsymbol{r}_2,\theta_2)\cdot\boldsymbol{q}_4(\boldsymbol{r}_3,\theta_3)\cdot\boldsymbol{q}_4(\boldsymbol{r}_4,\theta_4)\cdot\boldsymbol{q}_{4|\mathrm{init}}=\boldsymbol{q}_4 \tag{5-39}$$

$$\boldsymbol{q}_5(\boldsymbol{r}_1,\theta_1)\cdot\boldsymbol{q}_5(\boldsymbol{r}_2,\theta_2)\cdot\boldsymbol{q}_5(\boldsymbol{r}_3,\theta_3)\cdot\boldsymbol{q}_5(\boldsymbol{r}_4,\theta_4)\cdot\boldsymbol{q}_5(\boldsymbol{r}_5,\theta_5)\cdot\boldsymbol{q}_{5|\mathrm{init}}=\boldsymbol{q}_5 \tag{5-40}$$

$$\boldsymbol{q}_6(\boldsymbol{r}_1,\theta_1)\cdot\boldsymbol{q}_6(\boldsymbol{r}_2,\theta_2)\cdot\boldsymbol{q}_6(\boldsymbol{r}_3,\theta_3)\cdot\boldsymbol{q}_6(\boldsymbol{r}_4,\theta_4)\cdot\boldsymbol{q}_6(\boldsymbol{r}_5,\theta_5)\cdot\boldsymbol{q}_6(\boldsymbol{r}_6,\theta_6)\cdot\boldsymbol{q}_{6|\mathrm{init}}=\boldsymbol{q}_6 \tag{5-41}$$

式中，$\boldsymbol{q}_{n|\mathrm{init}}$ 表示当机械臂复位时关节 n 的初始姿态四元数。$\boldsymbol{q}_{n|\mathrm{init}}$ 与$\boldsymbol{q}_n$ 可以通过 IMU 直接测量获得，$\boldsymbol{r}_n$ 可以按照 5.1 一节中介绍的方法通过解析$\boldsymbol{q}_n$ 获得。继续利用公式（5-35）进行分解，可以得到适用于 n 自由度串联型旋转关节机械臂中各个关节的复合运动分解公式，即

$$\boldsymbol{q}_n=\left(\prod_{i=1}^{n}\boldsymbol{q}_n(\boldsymbol{r}_i,\theta_i)\right)\cdot\boldsymbol{q}_{n|\mathrm{init}},\quad n\in N_+ \tag{5-42}$$

根据公式（5-36），$\boldsymbol{q}_1(\boldsymbol{r}_1,\theta_1)$ 的计算方法为

$$\boldsymbol{q}_1(\boldsymbol{r}_1,\theta_1)=\boldsymbol{q}_1\cdot\boldsymbol{q}^*_{1|\mathrm{init}} \tag{5-43}$$

式中，$\boldsymbol{q}^*$是四元数 $\boldsymbol{q}$ 的共轭四元数。获得$\boldsymbol{q}_1(\boldsymbol{r}_1,\theta_1)$后便可以通过下一节介绍的方法计算关节 1 的转角$\theta_1$。随后，利用公式（5-3）所示的四元数与轴角对的关系可以求解出$\boldsymbol{q}_2(\boldsymbol{r}_1,\theta_1)$。将$\boldsymbol{q}_2(\boldsymbol{r}_1,\theta_1)$代入公式（5-37），便可以得到姿态四元数$\boldsymbol{q}_2(\boldsymbol{r}_2,\theta_2)$的计算公式：

$$\boldsymbol{q}_2(\boldsymbol{r}_2,\theta_2)=\boldsymbol{q}^*_2(\boldsymbol{r}_1,\theta_1)\cdot\boldsymbol{q}_2\cdot\boldsymbol{q}^*_{2|\mathrm{init}} \tag{5-44}$$

同理可以求出 $\boldsymbol{q}_3(\boldsymbol{r}_3,\theta_3)$、$\boldsymbol{q}_4(\boldsymbol{r}_4,\theta_4)$、$\boldsymbol{q}_5(\boldsymbol{r}_5,\theta_5)$和 $\boldsymbol{q}_6(\boldsymbol{r}_6,\theta_6)$的计算公式：

$$\boldsymbol{q}_3(\boldsymbol{r}_3,\theta_3)=\boldsymbol{q}^*_3(\boldsymbol{r}_2,\theta_2)\cdot\boldsymbol{q}^*_3(\boldsymbol{r}_1,\theta_1)\cdot\boldsymbol{q}_3\cdot\boldsymbol{q}^*_{3|\mathrm{init}} \tag{5-45}$$

$$\boldsymbol{q}_4(\boldsymbol{r}_4,\theta_4)=\boldsymbol{q}^*_4(\boldsymbol{r}_3,\theta_3)\cdot\boldsymbol{q}^*_4(\boldsymbol{r}_2,\theta_2)\cdot\boldsymbol{q}^*_4(\boldsymbol{r}_1,\theta_1)\cdot\boldsymbol{q}_4\cdot\boldsymbol{q}^*_{4|\mathrm{init}} \tag{5-46}$$

$$\boldsymbol{q}_5(\boldsymbol{r}_5,\theta_5)=\boldsymbol{q}_5^*(\boldsymbol{r}_4,\theta_4)\cdot\boldsymbol{q}_5^*(\boldsymbol{r}_3,\theta_3)\cdot\boldsymbol{q}_5^*(\boldsymbol{r}_2,\theta_2)\cdot\boldsymbol{q}_5^*(\boldsymbol{r}_1,\theta_1)\cdot\boldsymbol{q}_5\cdot\boldsymbol{q}_{5|\text{init}}^* \tag{5-47}$$

$$\boldsymbol{q}_6(\boldsymbol{r}_6,\theta_6)=\boldsymbol{q}_6^*(\boldsymbol{r}_5,\theta_5)\cdot\boldsymbol{q}_6^*(\boldsymbol{r}_4,\theta_4)\cdot\boldsymbol{q}_6^*(\boldsymbol{r}_3,\theta_3)\cdot\boldsymbol{q}_6^*(\boldsymbol{r}_2,\theta_2)\cdot\boldsymbol{q}_6^*(\boldsymbol{r}_1,\theta_1)\cdot\boldsymbol{q}_6\cdot\boldsymbol{q}_{6|\text{init}}^* \tag{5-48}$$

同理，对于 n 自由度的串联型旋转关节机械臂，关节 n 的独立旋转运动时的姿态变化可以表示为

$$\boldsymbol{q}_n(\boldsymbol{r}_n,\theta_n)=\begin{cases}\boldsymbol{q}_n\cdot\boldsymbol{q}_{n|\text{init}}^*, & n=1\\ \left(\prod_{i=1}^{n-1}\boldsymbol{q}_n^*(\boldsymbol{r}_{n-i},\theta_{n-i})\right)\cdot\boldsymbol{q}_n\cdot\boldsymbol{q}_{n|\text{init}}^*, & n\geqslant 2\cap n\in N_+\end{cases} \tag{5-49}$$

3．关节角解析

前文已经将串联型旋转关节机械臂的各个关节复合运动进行了分解，将各个关节独立旋转运动时所产生的姿态变化 $\boldsymbol{q}_n(\boldsymbol{r}_n,\theta_n)$ 从复合姿态中分解出来。对于串联型旋转关节而言，每个关节的独立旋转运动等同于单轴旋转运动。因此，利用 $\boldsymbol{q}_n(\boldsymbol{r}_n,\theta_n)$ 求解各个关节角的过程与 5.1 节中所介绍的单轴旋转运动的转角和旋转轴估计方法相同。本节在求解关节角的过程中首先解析各个关节由于复合运动所产生的姿态四元数变化量，将该变化量分解为各个关节相对独立的运动所产生的姿态四元数变化量，因此将该方法记作增量分解法（Incremental Decomposition Method，IDM）。

4．位置解析

在获得机械臂的各个关节角后，以关节变量作为自变量，结合机械臂的 DH 参数，可以计算各个关节相对于机械臂基座坐标系的位姿信息，这一过程为机械臂的正运动学求解过程。

图 5-18 所示为 Aubo i5 机械臂的 DH 模型图及相应的坐标系定义，相应连杆的 DH 参数如表 5-3 所示，其中 $a_{i\text{-}1}$ 表示从 z 轴后一轴到前一轴沿 $x_{i\text{-}1}$ 方向的距离，$\alpha_{i\text{-}1}$ 表示从 z 轴后一轴到前一轴绕后一轴 $x_{i\text{-}1}$ 旋转的角度，d_i 表示从 x 轴后一轴到前一轴沿 z_i 方向的距离，θ_i 表示从 x 轴后一轴到前一轴绕后一轴 z_i 旋转的角度。

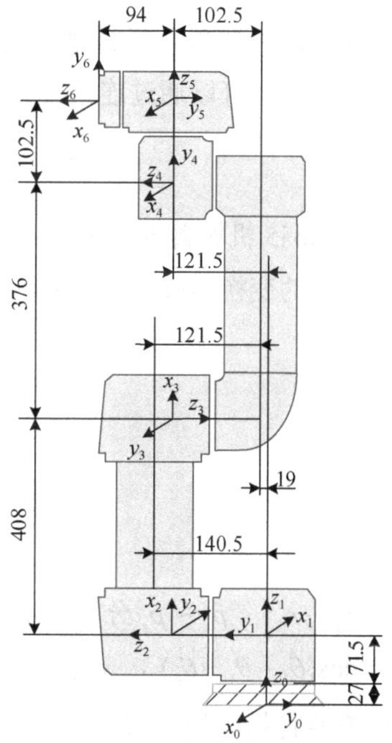

图 5-18　Aubo i5 机械臂的 DH 模型图及相应坐标系定义（单位：mm）

连杆 i 相对于连杆 i-1 的位姿可以用公式（5-50）表示，其中 cos 为余弦三角函数

consine 的简写，sin 为正弦三角函数 sine 的简写，$\boldsymbol{R}_{3\times3}$ 代表由旋转矩阵所描述的姿态，$\boldsymbol{P}_{3\times1}$ 表示三维空间中的位置坐标。

表 5-3　Aubo i5 机械臂连杆的 DH 参数

连杆 i	a_{i-1}/mm	α_{i-1}/°	d_i/mm	θ_i 关节变量初值/°
1	0	0	98.5	180
2	0	-90	121.5	-90
3	408	180	0	0
4	376	180	0	-90
5	0	-90	102.5	0
6	0	90	94	0

$$
{}_{i}^{i-1}\boldsymbol{T}=\begin{bmatrix}\boldsymbol{R}_{3\times3} & \boldsymbol{P}_{3\times1}\\ 0_{1\times3} & \boldsymbol{I}_{1\times1}\end{bmatrix}
=\begin{bmatrix}\cos\theta_i & -\sin\theta_i & 0 & \alpha_{i-1}\\ \sin\theta_i\cos\alpha_{i-1} & \cos\theta_i\cos\alpha_{i-1} & -\sin\alpha_{i-1} & -\sin\alpha_{i-1}d_i\\ \sin\theta_i\sin\alpha_{i-1} & \cos\theta_i\sin\alpha_{i-1} & \cos\alpha_{i-1} & \cos\alpha_{i-1}d_i\\ 0 & 0 & 0 & 1\end{bmatrix} \tag{5-50}
$$

将表 5-3 中的 DH 参数代入公式（5-50），很容易计算得到各个关节相对于前一关节的变换矩阵。如果选择机械臂基坐标系{b}作为参考坐标系，机械臂关节坐标系{j$_i$}相对于它的位姿可以通过连乘公式（5-51）获得。

$$
{}_{i}^{\mathrm{b}}\boldsymbol{T}={}_{1}^{\mathrm{b}}\boldsymbol{T}\,{}_{2}^{1}\boldsymbol{T}\,{}_{3}^{2}\boldsymbol{T}\cdots{}_{i}^{i-1}\boldsymbol{T} \tag{5-51}
$$

以 Aubo i5 机械臂末端工具中心点（Tool Center Point，TCP）为例，它相对于机械臂基坐标系的变换矩阵可以表示为

$$
{}_{6}^{\mathrm{b}}\boldsymbol{T}={}_{1}^{\mathrm{b}}\boldsymbol{T}\,{}_{2}^{1}\boldsymbol{T}\,{}_{3}^{2}\boldsymbol{T}\,{}_{4}^{3}\boldsymbol{T}\,{}_{5}^{4}\boldsymbol{T}\,{}_{6}^{5}\boldsymbol{T}
=\begin{bmatrix}r_{11} & r_{12} & r_{13} & p_x\\ r_{21} & r_{22} & r_{23} & p_y\\ r_{31} & r_{32} & r_{33} & p_z\\ 0 & 0 & 0 & 1\end{bmatrix} \tag{5-52}
$$

式中，$r_{11}\sim r_{33}$、$p_x\sim p_z$ 分别具有公式（5-53）和公式（5-54）所示的形式，式中，$c_{2-3+4}=\cos(\theta_2-\theta_3+\theta_4)$，$s_{2-3+4}=\sin(\theta_2-\theta_3+\theta_4)$。其他关节的位置计算过程与此类似，只需要将相应的关节角代入公式（5-50），按照公式（5-51）的连乘规律，即可从相应的变换矩阵中提取关节的位置信息。

$$\begin{cases} r_{11} = (c_1c_{2-3+4}c_5 + s_1s_5)c_6 - c_1s_{2-3+4}s_6 \\ r_{12} = -(c_1c_{2-3+4}c_5 + s_1s_5)s_6 - c_1s_{2-3+4}c_6 \\ r_{13} = c_1c_{2-3+4}s_5 - s_1s_5 \\ r_{21} = (s_1c_{2-3+4}c_5 - c_1s_5)c_6 - s_1s_{2-3+4}s_6 \\ r_{22} = -(s_1c_{2-3+4}c_5 - c_1s_5)s_6 - s_1s_{2-3+4}c_6 \\ r_{23} = s_1c_{2-3+4}s_5 + c_1c_5 \\ r_{31} = -s_{2-3+4}c_5c_6 - c_{2-3+4}s_6 \\ r_{32} = s_{2-3+4}c_5s_6 - c_{2-3+4}c_6 \\ r_{33} = -s_{2-3+4}s_5 \end{cases} \tag{5-53}$$

$$\begin{cases} p_x = (c_1c_{2-3+4}s_5 - s_1c_5)d_6 - c_1s_{2-3+4}d_5 + c_1c_{2-3}a_3 + c_1c_2a_2 - s_1d_2 \\ p_y = -(s_1c_{2-3+4}s_5 - c_1c_5)d_6 - s_1s_{2-3+4}d_5 + s_1c_{2-3}a_3 + s_1c_2a_2 + c_1d_2 \\ p_z = -s_{2-3+4}s_5d_6 - c_{2-3+4}d_5 - s_{2-3}a_3 - s_2a_2 + d_1 \end{cases} \tag{5-54}$$

5.2.3 实验与分析

搭建的实验平台如图 5-19 所示，以 Aubo i5 机械臂作为实验对象，在关节 1、关节 3、关节 5 处固定 IMU 采集关节运动信息，IMU 将数据传输到计算机上的机械臂运动捕捉软件中，进行关节角和位置估计。Aubo i5 机械臂的实时关节角由内置高分辨率编码器（最大更新频率为 33Hz）测量，将其作为参考关节角，用于对比本节提出的关节角和位置估计方法的性能。

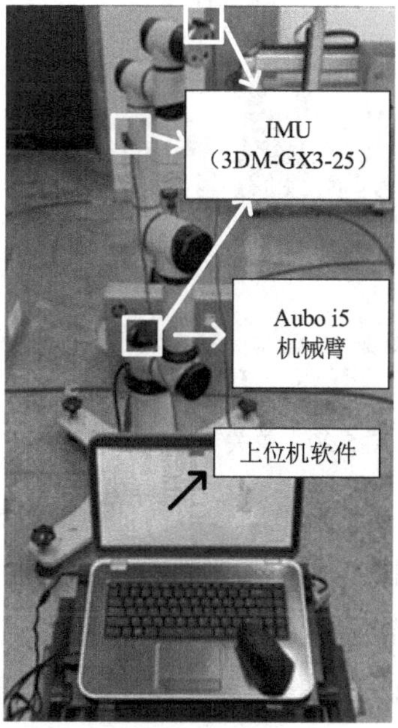

图 5-19 搭建的实验平台

为了综合评价本节所提出方法的性能，设计了四个实验：单关节旋转运动关节角估计实验，多关节协同运动关节角估计实验，不同的 IMU 安装位置和安装姿态实验，以及 Aubo i5 机械臂末端 TCP 位置估计实验。

用 Ref i 表示从机械臂编码器中读取的关节 i 的参考关节角，Est i 表示本节所提出的方法估计得到关节角。Err i 表示关节 i 的关节角估计误差，是 Est i 和 Ref i 的差值。TCP 的速度从机械臂中读取，机械臂可以显示不同实验中 TCP 的速度。

1. 单关节旋转运动关节角估计实验

在该实验中，将三个 IMU 分别安装在关节 1、关节 3 和关节 5 的连杆上，用于估计这三个关节在运动过程中的关节角。关节 1、关节 3、关节 5 按照图 5-20 所示的顺序依次在-60°～60°范围内进行单关节旋转，一个关节旋转时，其他关节不绕自身的旋转轴进行旋转运动，以验证本节所提出的方法对单关节旋转运动的关节角跟踪能力。

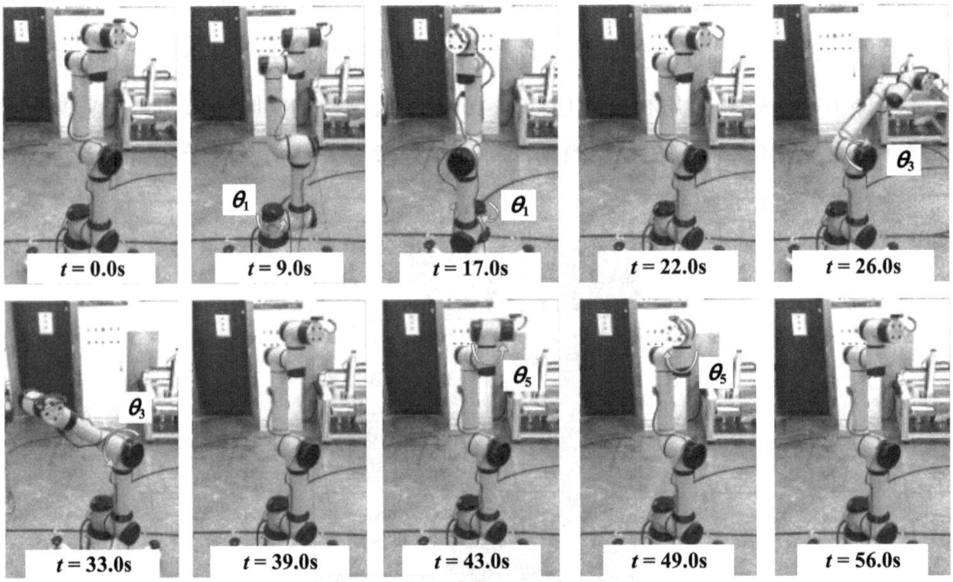

图 5-20 单关节旋转运动示意图

图 5-21 所示为实验一中三个关节的关节角估计值、相对于参考关节角的关节角估计误差及 TCP 速度，彩色图像请扫描二维码查看。从 5.2.2 节中可以看出，由于所提出的方法在估计关节 5 的关节角时，利用了关节 1 和关节 3 的关节角估计值，导致关节 1 和关节 3 的关节角估计误差将传递到关节 5 的关节角估计中，因此关节 5 的关节角估计误差要略高于关节 1 和关节 3 的关节角估计误差。此外，关节运动伴随着一定程度的晃动，IMU 采集的数据存在波动，进而导致关节角估计误差随着关节的转动而

增大，并且出现一定程度的波动。从图 5-21 第一个子图的局部放大图可以看出，参考关节角的波形呈阶梯状。这是因为参考关节角的最大更新频率约为 33Hz，远小于所开发的上位机软件的更新频率 500Hz。因此，将关节角估计值 Est *i* 减去参考关节角 Ref *i* 得到的关节角估计误差 Err *i* 出现锯齿状波形，如 5-21 的第二个子图中的局部放大图所示。这种现象在实验二中会更加明显。总体来说，本节所提出的方法对三个关节单独旋转时的关节角估计结果比较好，误差范围在 2.948°以内，能较为准确地跟踪单关节旋转的关节角。

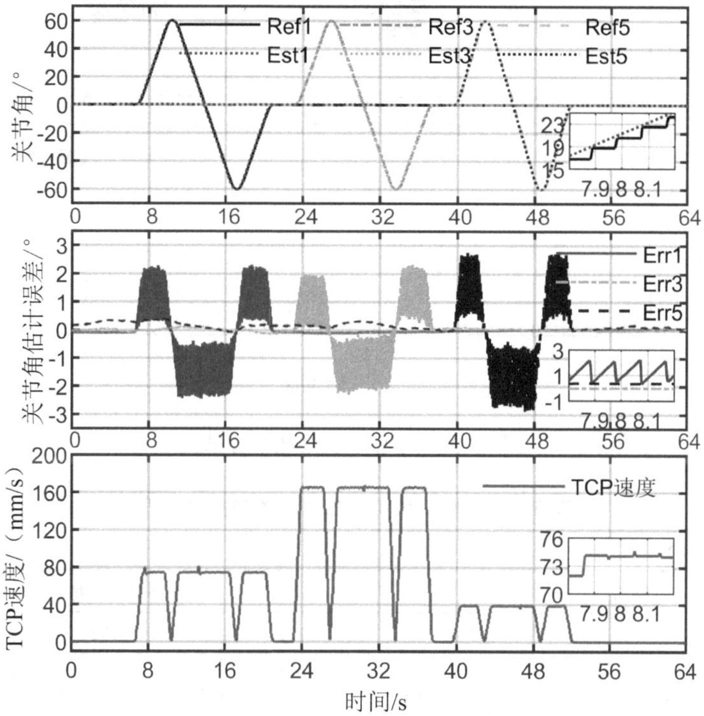

图 5-21　实验一中三个关节的关节角估计值、相对于参考关节角的关节角估计误差及 TCP 速度

2．多关节协同运动关节角估计实验

在实验二中，IMU 的安装方法与实验一相同，依然固定在关节 1、关节 3 和关节 5 的连杆上。该实验中关节 1、关节 3 和关节 5 在−60°～60°范围内同时进行旋转运动。除这三个关节外，其他关节仍然不绕自身的旋转轴旋转。本实验的目的是验证本节所提出的方法在机械臂多关节协同旋转时的关节角跟踪能力。实验结果如图 5-22 所示，彩色图像请扫描二维码查看，该结果与单关节旋转运动关节角估计结果相似，估计误差小于 3.134°。

表 5-4 所示为实验一和实验二中的关节角估计误差，可以看出，该方法对不同 TCP 速度下的单关节转动和多关节协同转动的关节角有较好的估计效果。

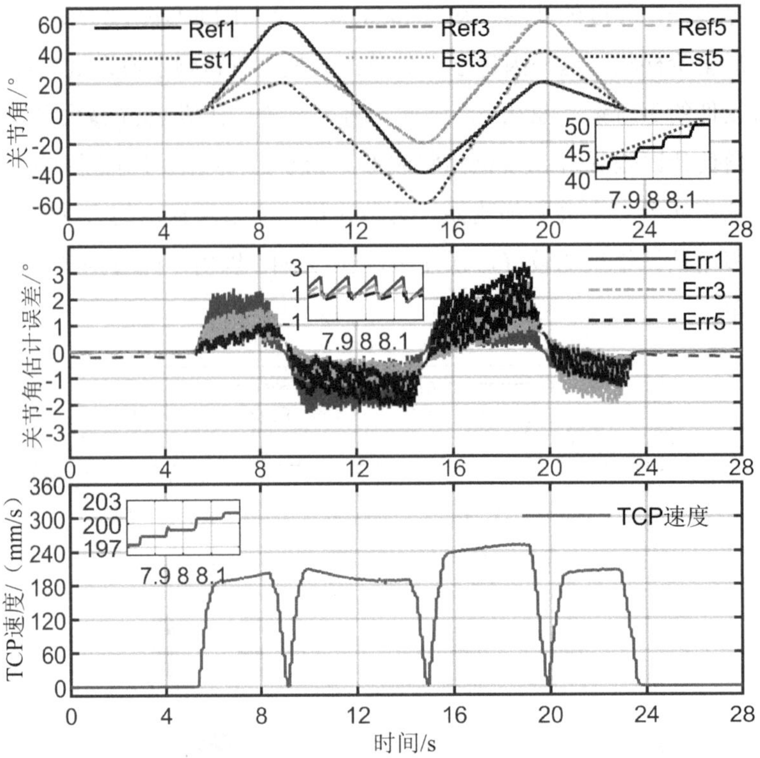

图 5-22　实验二关节角估计结果

表 5-4　实验一和实验二中的关节角估计误差

单位：°

关节号	实验	均值	方差	均方根误差	最大值
1	一	-0.0344	0.3761	0.6132	2.446
	二	0.0050	0.4055	0.6368	2.396
3	一	0.0055	0.3058	0.5530	2.385
	二	-0.0138	0.3441	0.5866	2.519
5	一	0.1211	0.4604	0.6785	2.948
	二	-0.0962	0.4937	0.7026	3.134

3．不同的 IMU 安装位置和安装姿态实验

为了验证本节所提出的方法对 IMU 的安装位置和安装姿态没有要求，实验中控制机械臂按照实验二所述的方式运动，在每次实验开始前，改变 IMU 的安装位置和安装姿态，本实验一共调整了三次 IMU 的安装位置和安装姿态，如图 5-23 所示。

图 5-24 展示了不同安装方式下，关节 1、关节 3 和关节 5 的关节角估计误差，彩色图像请扫描二维码查看。可以看出，在不同的安装位置和安装姿态情况下，关节角估计误差曲线有相似的变化趋势和范围，这表明安装位置和安装姿态对所提出的方法

没有影响。换而言之，在保证被估计关节输出端固定有一个 IMU 的情况下，IMU 可以以任意姿态安装在机械臂关节的任何位置或关节驱动的连杆上，其安装位置和方向不会影响该关节角的最终估计结果。

图 5-23　三种不同的 IMU 安装位置和安装姿态方式

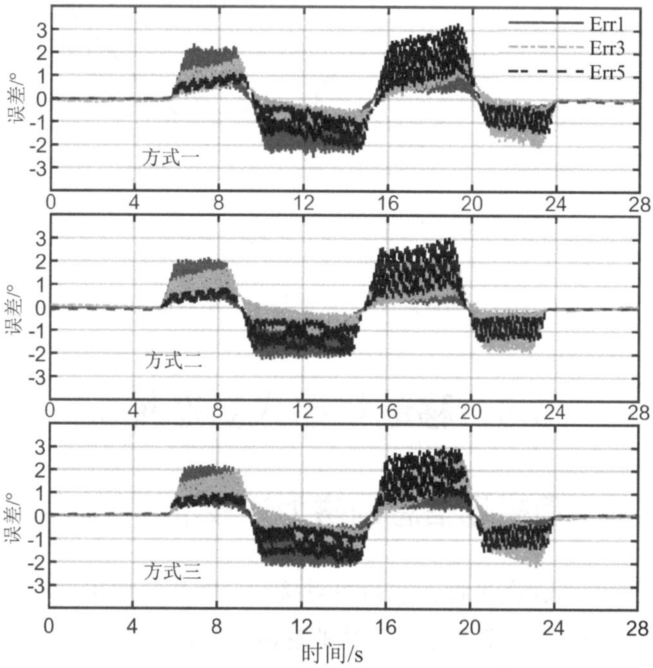

图 5-24　不同安装方式中的关节角估计误差

4．机器人末端 TCP 位置估计实验

对机械臂各个关节的关节角进行估计后，结合机械臂的运动学模型，可以进一步估计机器人末端 TCP 位置。在本次实验中，同样控制机械臂执行实验二中的运动，连续执行 10 次。在关节角估计值的基础上，结合 DH 参数所估计的 TCP 位置与编码器测量的 TCP 位置的对比结果如图 5-25 所示，彩色图像请扫描二维码查看。为了更清楚地看到差异，将图 5-25 中曲线进行局部放大。结果表明，由于关节角估计误差的存在，导致基于 IMU 的 TCP 位置估计与机械臂本体编码器提供的位置稍有偏差，但该方法估计的 TCP 位置仍然接近参考轨迹，表明基于 IMU 的关节角和 TCP 位置估计方法可以作为机器人关节角和位置测量的有效辅助手段。

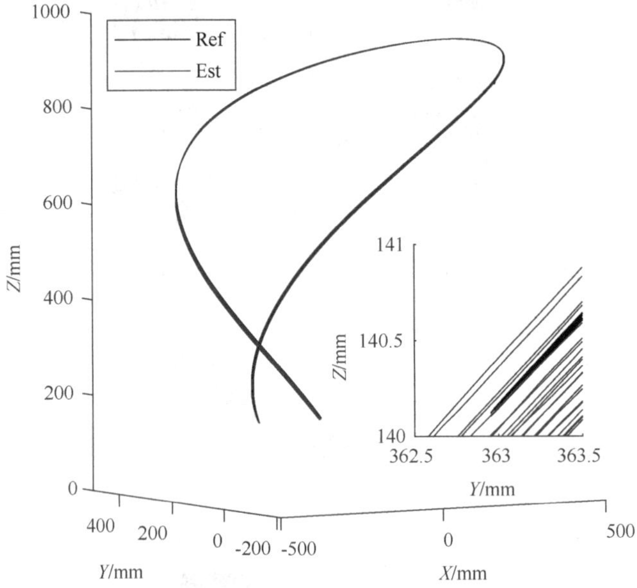

图 5-25　结合 DH 参数所估计的 TCP 位置与编码器测量的 TCP 位置的对比结果

5.3　移动机器人姿态捕捉

5.3.1　基于主平面磁场信息的磁力计校准

移动机器人姿态估计在里程计、自主对接和自重构等应用中有重要作用。红外和信标技术的作用范围有限，而基于编码器的解决方案存在车轮打滑问题。MEMS 技术的进步促进了 IMU 在里程计中的应用。然而，角速度积分会放大噪声影响，导致设备在长期运行中定位精度较差。加速度计和磁力计可以修正陀螺仪解算的姿态。在实际应用中，使用椭球拟合方法进行磁力计校准时，在其工作环境中进行全方位旋转可以

获得最佳的校准结果。然而，当 IMU 放置于机器人之后，在机器人运动期间磁力计只能采集机器人运动方向的数据，无法获得磁力计沿不同方向的输出，利用有限的磁力计数据难以实现较好的校准效果。本节利用机器人在有限方向运动中采集的磁场数据，提出一种无须额外参考磁场且与磁场幅值无关的磁力计校准方法，提高移动机器人的航向估计精度[164]。

在不失一般性的前提下，假设机器人路径中存在一个主要的运动平面，在该平面上机器人可以在航向方向进行 0°～360°的旋转。在此过程中采集的磁力计数据分布在一个 3D 椭圆上，不足以进行椭球拟合。为了提高校准效果，对主平面上采集的原始磁力计数据进行增强。

首先根据采集的主平面磁力计数据进行最小二乘拟合，得到如公式（5-55）所示的 3D 平面方程：

$$\alpha_1 x+\alpha_2 y+\alpha_3 z+\alpha_4=0 \tag{5-55}$$

式中，α_1、α_2、α_3 为方程系数。该平面上过坐标原点的法向量记作 $\boldsymbol{v}_n=\begin{bmatrix}\alpha_1 & \alpha_2 & \alpha_3\end{bmatrix}^{\mathrm{T}}$，该向量与上述平面相交于点 D。因此，该 3D 平面可以通过公式（5-56）所示的平移矢量沿法线方向移动至原点。

$$\boldsymbol{v}_D=\begin{bmatrix}-\alpha_1\alpha_4/(\alpha_1^2+\alpha_2^2+\alpha_3^2)\\-\alpha_2\alpha_4/(\alpha_1^2+\alpha_2^2+\alpha_3^2)\\-\alpha_3\alpha_4/(\alpha_1^2+\alpha_2^2+\alpha_3^2)\end{bmatrix} \tag{5-56}$$

计算该平面与 xOy、yOz 和 xOz 平面的二面角，将其投影至二面角最小的平面上。假设 xOy 平面是投影平面，投影后的三维椭圆散点在 xOy 平面上呈现二维椭圆的形式，可拟合为

$$\xi_1 x^2+\xi_2 xy+\xi_3 y^2+\xi_4 x+\xi_5 x+\xi_6=0 \tag{5-57}$$

式中，ξ_i（$i=1,\cdots,6$）为方程系数。根据椭圆方程（5-57）可以计算得到长轴、短轴与椭圆的四个交点，将这四个交点的坐标代入公式（5-55），可以得到 3D 椭圆的长轴和短轴与其自身的四个交点，分别记作 $P=\begin{pmatrix}x_p & y_p & z_p\end{pmatrix}$、$Q=\begin{pmatrix}x_q & y_q & z_q\end{pmatrix}$、$U=\begin{pmatrix}x_u & y_u & z_u\end{pmatrix}$、$V=\begin{pmatrix}x_v & y_v & z_v\end{pmatrix}$。选择长轴 $\boldsymbol{u}_{PQ}=\begin{bmatrix}x_p-x_q & y_p-y_q & z_p-z_q\end{bmatrix}^{\mathrm{T}}$ 作为旋转轴，将原始磁力计数据绕其进行某些特定角度的旋转，以实现数据增强。本文选择 $-\frac{\pi}{4}$、$\frac{\pi}{4}$、$\frac{\pi}{2}$ 作为转角，增强后的磁力计数据集表示为

$$\varGamma=\left\{\boldsymbol{m}_r^i,\boldsymbol{C}^{\mathrm{T}}(\boldsymbol{q}_\theta)\boldsymbol{m}_r^i \mid i=1,2,\cdots,n;\ \ \theta=-\frac{\pi}{4},\frac{\pi}{4},\frac{\pi}{2}\right\} \tag{5-58}$$

式中，Γ 包含 3×4n 个样本。$\boldsymbol{m}_r^i$ 代表采集的 n 个原始磁力计数据中的第 i 个。$\boldsymbol{q}_\theta$ 具有以下形式：

$$\boldsymbol{q}_\theta = \begin{bmatrix} \cos\dfrac{\theta}{2} & \tilde{\boldsymbol{u}}_{PQ}^{\mathrm{T}} \sin\dfrac{\theta}{2} \end{bmatrix}^{\mathrm{T}} \tag{5-59}$$

式中，$\tilde{\boldsymbol{u}}_{PQ} = \dfrac{\boldsymbol{u}_{PQ}}{\left\|\boldsymbol{u}_{PQ}\right\|}$。利用磁力计增强数据集 Γ 对主平面采集的磁力计数据进行校准。由于所提出的校准方法无须幅值信息，假设局部磁场幅值为 1，此时校准后的主平面磁力计数据将分布于单位球上。为了实现这一点，期望球体半径最初设置为

$$r_s = \frac{l_{PQ} + l_{UV}}{4} \tag{5-60}$$

式中，l_{PQ}、l_{UV} 分别为长轴和短轴长度。为了满足校准后数据分布于单位球上的条件，引入调节参数 k，使以下关系成立：

$$(kr_s)^2 + (k\left\|\boldsymbol{v}_D\right\|)^2 = 1 \tag{5-61}$$

由于 r_s 和 $\boldsymbol{v}_D$ 已知，可以计算得到 k。令 $r_s' = kr_s$，将其代入磁力计误差模型替代真实的磁场信息，利用增强的磁力计数据集 Γ 基于 2.2.1 节中的磁力计校准方法，即可解算校准矩阵，实现磁力计校准。该方法在移动机器人运动主平面上对磁力计进行标定，保证了主平面上磁力计测量值的准确性，为机器人位置估计奠定了基础。令 $\boldsymbol{D}' = k\boldsymbol{v}_D$，主平面上采集的磁力计数据最终被校准为

$${}^{\mathrm{s}}\boldsymbol{m}' = \boldsymbol{D}^{-1}({}^{\mathrm{s}}\boldsymbol{m} - \boldsymbol{O}) + \boldsymbol{D}' \tag{5-62}$$

如果机器人运动轨迹中包含 n 个主平面，根据上述校准方法，可以为每个主平面采集的磁力计数据建立一个校准模型，其参数记为 $\{\boldsymbol{D}^{-1}, \boldsymbol{O}, \boldsymbol{D}'\}_i\,(i = 1, 2, \cdots, n)$。对于机器人运动过程中采集的磁力计数据，其校准过程分为以下两步。首先利用 n 个主平面的校准参数对实时采集的磁力计数据进行校准，相应的校准结果记为 $\boldsymbol{m}_{ri}'(i = 1, 2, \cdots, n)$。根据所提出的磁力计校准流程，从第 i 个主平面上采集的磁力计数据经校准后应分布在单位球表面，即校准后的磁力计数据的幅值应该为 1。因此，可以利用公式（5-63）判断实时采集的磁力计数据所属的主平面。

$$\boldsymbol{m}_r' = \arg\min\{\left\|\left\|\boldsymbol{m}_{r1}'\right\| - 1\right\|, \left\|\left\|\boldsymbol{m}_{r2}'\right\| - 1\right\|, \left\|\left\|\boldsymbol{m}_{r3}'\right\| - 1\right\|, \cdots, \left\|\left\|\boldsymbol{m}_{rn}'\right\| - 1\right\|\} \tag{5-63}$$

其次，机器人移动过程中会经过一些非主平面的路径，需要判断磁力计数据是否是采集于主平面的。目前常用阈值法进行磁力计数据可靠性判断，当校准后的磁力计数据幅值满足 $\varepsilon_1 \leqslant \left\|\boldsymbol{m}_{ri}'\right\| \leqslant \varepsilon_2$ 时，认为当前采样值采集于主平面。本节将 ε_1 和 ε_2 分别

设置为 0.9 和 1.1。当校准后的磁力计数据幅值超出这一范围，则认为当前数据采集于非主平面上，避免其融合到姿态估计器中。满足条件的磁力计数据将进一步与加速度和角速度数据进行融合，用于解算移动机器人的姿态。在这一过程中，磁力计校准误差造成的影响将进一步减弱。

至此，在无须考虑真实磁场大小和其他参考磁场的情况下，完成了磁力计在其工作环境中的校准。由于仅利用局部磁力计数据，即主平面上的采集数据进行椭球拟合，因此将本节提出的磁力计标定方法简称为局部椭球拟合（Local Ellipsoid Fitting，LEF）方法。标定结果提高了主平面上磁力计数据的精度，也有利于提高移动机器人的姿态估计精度。

5.3.2　移动机器人姿态估计算法

利用 3.4 节中提出的基于正交观测矢量的姿态估计算法可以实现移动机器人姿态估计。与 3.4 节中不同的是，为了进一步提高构造参考矢量的精度，利用本节所提出的 LEF 方法对其进行修正，如公式（5-64）所示。

$$^{\mathrm{s}}\boldsymbol{r}' = \boldsymbol{D}_2^{-1}(^{\mathrm{s}}\boldsymbol{r} - \boldsymbol{O}_2) + \boldsymbol{D}_2' \tag{5-64}$$

式中，$\boldsymbol{D}_2^{-1}$、$\boldsymbol{O}_2$、$\boldsymbol{D}_2'$ 通过 LEF 方法计算获得。这一修正操作可能会导致参考矢量在导航坐标系的描述中包含除水平分量外的垂直分量。为了消除垂直分量的影响，首先利用公式（5-65）将 $^{\mathrm{s}}\boldsymbol{r}'$ 旋转至导航坐标系，然后将 r_z 置为零，消除参考矢量中包含的垂直分量。最后旋转 $^{\mathrm{n}}\boldsymbol{r}'$ 获得其在载体坐标系中的描述。此时，获得的参考矢量将仅包含垂直于重力场矢量的水平分量。以该矢量与重力场矢量作为观测基准，基于 3.4 节提出的姿态估计算法即可实现移动机器人姿态估计。

$$\begin{aligned} ^{\mathrm{n}}\boldsymbol{r}' &= \boldsymbol{C}^{\mathrm{T}}(\boldsymbol{q}^{-})\,^{\mathrm{s}}\boldsymbol{r}' \\ &= \begin{bmatrix} r_x & r_y & r_z \end{bmatrix}^{\mathrm{T}} \end{aligned} \tag{5-65}$$

5.3.3　实验与分析

1. 受限运动下的磁力计校准实验

本实验利用六自由度 UR5e 机械臂搭建约束运动平台。在将 IMU 安装于 UR5e 机械臂末端之前，手持 IMU 沿“8”字形轨迹旋转，充分收集磁力计数据，基于 2.2.1 节中的校准方法完成磁力计校准。搭建的受限运动下的磁力计校准实验平台如图 5-26 所示，在 UR5e 机械臂末端的亚克力板上固定了一个倾角仪和一个 IMU。实验过程中，亚克力板与工作台平面保持 40°的夹角，控制 UR5e 机械臂末端关节带动 IMU 在此平面内旋转。该40°平面即所提出方法中的主平面。测试前，通过控制末端关节在该平面上旋转来采集一组磁力计测量值，用于确定LEF方法的校准参数。

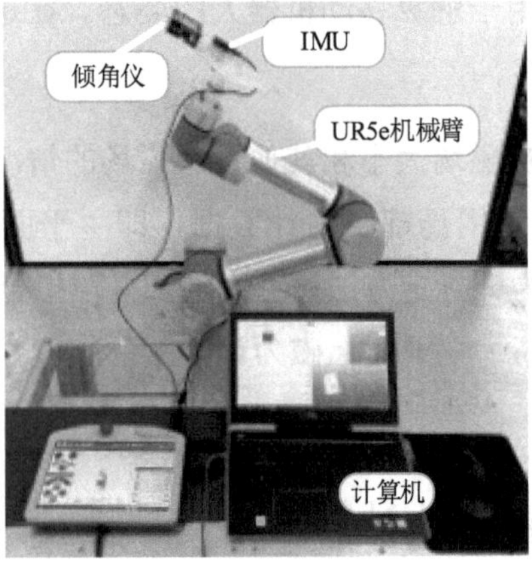

图5-26　搭建的受限运动下的磁力计校准实验平台

磁力计校准结果如图5-27所示。基于传统方法，即沿“8”字形轨迹采集的磁力计数据实现的校准结果如图5-27（a）所示，球体以原点为中心，半径为0.536Gauss。在图5-27（b）中，大球体为单位球。基于LEF方法利用实验开始前从主平面采集的磁力计数据实现的校准结果如小球体所示，其中心 $D'=[-0.0022\quad -0.0235\quad 0.9560]^{\mathrm{T}}$，半径为0.2923Gauss。

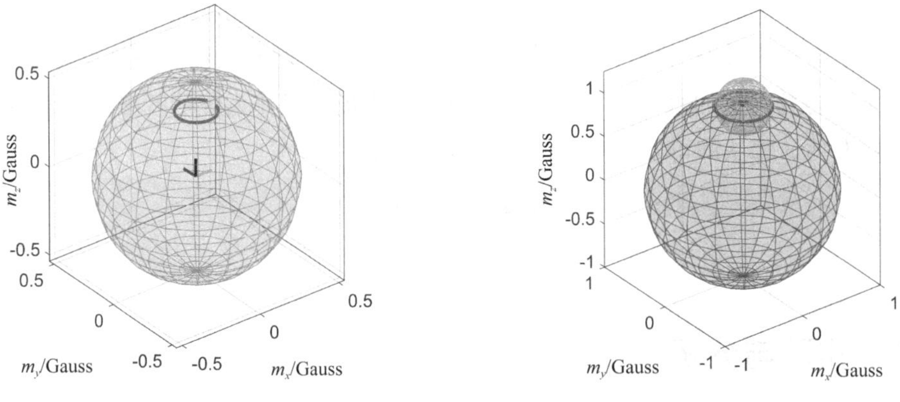

（a）传统方法校准结果　　（b）本节提出的LEF方法校准结果

图5-27　磁力计校准结果

在实验过程中，UR5e机械臂带动IMU以60°/s的速度运动时，在此期间采集的磁力计数据分别用传统校准方法和LEF方法进行校准，校准后的数据与相应的磁场球体模型绘制于同一图中，如图5-27（a）和图5-27（b）中的深色环所示。通过判断校准后的磁力计测量值是否分布于球体表面，可以验证不同校准方法的有效性。从图5-27（a）

中可以看出，测试过程中经传统方法校准的磁力计数据没有分布在球体表面。这是由于与校准环境相比，将 IMU 放置在 UR5e 机械臂上之后，其周围的磁场环境发生变化，进而导致传统方法获得的校准参数不够准确，无法在有限运动中进行磁力计校准。图 5-27（b）显示，从主平面采集的磁力计数据经 LEF 方法校准之后，均匀分布在 LEF 方法形成的球体表面，也均匀分布在单位球体表面。因此，在目标运动受限的情况下，相比于传统方法，本节所提出的 LEF 方法可以实现更加有效的磁力计校准。

经传统方法和 LEF 方法校准后的磁力计数据作为 UR5e 机械臂姿态估计算法的输入，以比较其校准效果，分别记作 TEF-IDOE 和 LEF-IDOE。基于校准的磁力计数据，TEF-IDOE 和 LEF-IDOE 方法重构的参考矢量参数为

$$\text{TEF-IDOE}\begin{cases}\boldsymbol{D}_2^{-1}=\begin{bmatrix}6.7440 & 0.0377 & 0.0039\\ 0.0377 & 6.8088 & -0.0005\\ 0.0039 & -0.0005 & 6.8205\end{bmatrix}\\ \boldsymbol{O}_2=\begin{bmatrix}-0.0058 & 0.0086 & 0.0073\end{bmatrix}^{\mathrm{T}}\\ \boldsymbol{D}_2'=\begin{bmatrix}0.0022 & 0.0025 & 0.0504\end{bmatrix}^{\mathrm{T}}\end{cases}$$

$$\text{LEF-IDOE}\begin{cases}\boldsymbol{D}_2^{-1}=\begin{bmatrix}2.5511 & 0.0040 & 0\\ 0.0040 & 2.5642 & 0\\ 0 & 0 & 2.5653\end{bmatrix}\\ \boldsymbol{O}_2=\begin{bmatrix}0.0198 & -0.0023 & 0.0198\end{bmatrix}^{\mathrm{T}}\\ \boldsymbol{D}_2'=\begin{bmatrix}-0.0009 & -0.0010 & 0.0498\end{bmatrix}^{\mathrm{T}}\end{cases}$$

IMU 受限运动下的横滚角和俯仰角估计值及其误差如图 5-28 所示，彩色图像请扫描二维码查看。从图 5-28 中可以看出，融合加速度、角速度和不同校准方法校准后的磁力计数据估计的横滚角和俯仰角结果几乎相同，表明前文提出的 IDOE 方法可以分离磁场对横滚姿态和俯仰姿态的影响。图 5-29 所示为 IMU 受限运动下的航向角估计值及其误差，彩色图像请扫描二维码查看，其中航向角参考值从机械臂控制器中读取。由于磁干扰和不同的校准方法，基于传统方法和 LEF 方法的姿态估计算法的参考磁北方向不同，因此，嵌入 TEF-IDOE 算法和 LEF-IDOE 算法的 IMU 具有不同的初始姿态。为了公平、清楚地比较航向角估计误差，图 5-29 中所示的航向角估计误差减去了各自的原始航向偏差，结果表明 LEF-IDOE 算法在航向姿态估计中优于 TEF-IDOE 算法，在 IMU 安装于 UR5e 机械臂之前对其进行的预校准无法为姿态估计模型提供有效的校准数据。而本节所提出的 LEF 方法对磁力计校准更有效，并且在移动性受限的情况下为姿态估计提供更准确的校准数据。此外，由于校准的磁力计数据未经可靠性测试验证，LEF-IDOE 算法仍然存在一定航向误差，但整体小于 TEF-IDOE 方法。

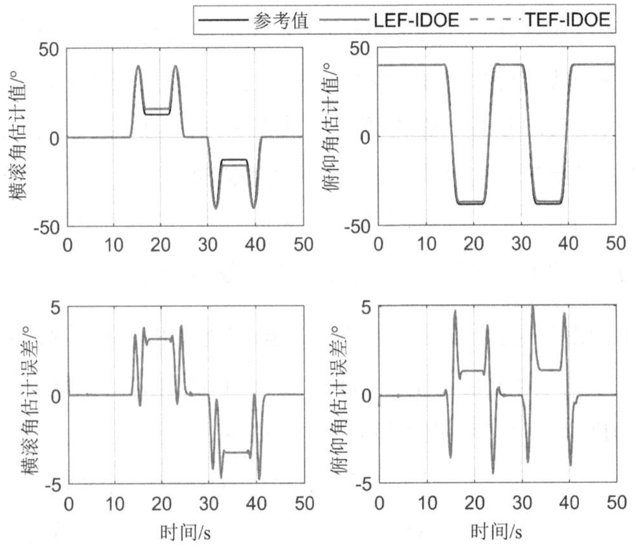

图 5-28 IMU 受限运动下的横滚角和俯仰角估计值及其误差

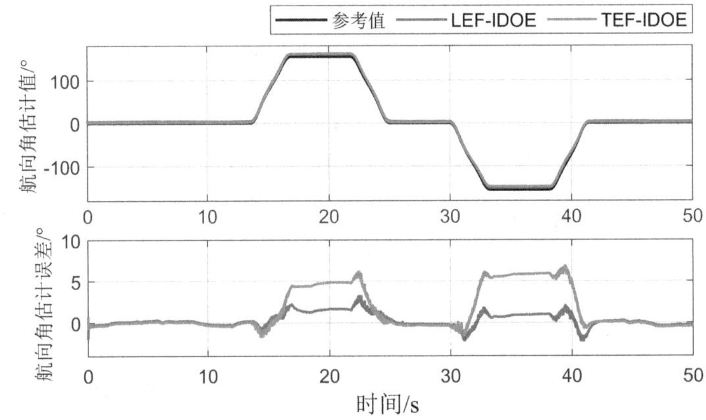

图 5-29 IMU 受限运动下的航向角估计值及其误差

2. 移动机器人姿态估计实验

该实验利用所提出的 LEF 方法和 IDOE 算法实时估计移动机器人的姿态。移动机器人重 50kg，最大倾斜角度为 15°，移动机器人上固定了 3DM-GX-45 模块（IMU）和标记球。利用 Northern Digital Inc 公司生产的 Polaris Spectra 光学测量仪作为参考系统，通过跟踪移动机器人上放置的标记球提供移动机器人参考姿态。由于 Polaris Spectra 光学测量仪的视场范围有限，在该实验中控制移动机器人分别在平地和大约 11°的斜坡两种地形上运动，如图 5-30 所示。

将加速度计和用传统方法校准的磁力计数据输入扩展互补滤波（Extended Complementary Filter，ECF）、扩展梯度下降（Extended Gradient Descent，EGD）和 LEF-IDOE 算法中，无须进行可靠性验证。图 5-31 和图 5-32 显示了移动机器人在两个地形中的姿态估计结果，彩色图像请扫描二维码查看。图 5-33 所示为 11°斜坡上的移动机器人姿态估计误差。从图 5-31～图 5-33 中可以看出，相比于 TEF-ECF 和 TEF-EGD 算法，TEF-IDOE 算法的收敛速度更快。在横滚姿态和俯仰姿态估计方面，三种算法的估计误差小于±2°。由于移动机器人姿态估计过程中，ECF 和 EGD 算法更多地依赖于陀螺仪测量值，某些短暂时刻，TEF-ECF 和 TEF-EGD 算法比 LEF-IDOE 算法表现稍好。

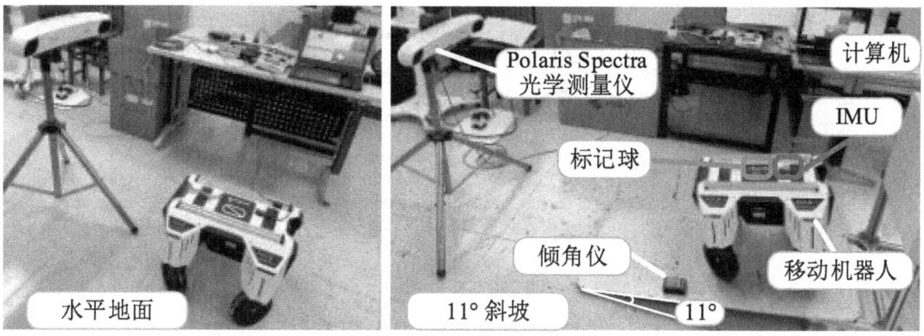

图 5-30　移动机器人姿态估计实验平台

在某些机器人任务中，如里程计和自主对接任务，移动机器人的航向姿态比横滚和俯仰姿态更为重要。由于磁干扰会引起初始磁场畸变，校准后三种算法的参考磁北方向有所不同。为了清楚地观察航向角估计误差，从原始值中减去给定的航向角估计值。从航向角估计结果中可以看出，所提出的 LEF-IDOE 算法明显优于 TEF-ECF 和 TEF-EGD 算法。由于 IMU 安装在移动机器人上后环境磁场发生了变化，在这种情况下，ECF 和 EGD 算法的航向角估计由于依赖于先前的校准方法而失真，而 IDOE 算法采用 LEF 方法建立传感器模块的局部磁场模型，因此 LEF-IDOE 算法的实时航向角估计更接近于参考姿态。此外，斜坡上的航向角估计结果比平面上的航向角估计结果更准确，可能的原因是，在移动机器人和斜坡的共同作用下，斜坡磁场比平地磁场的扭曲程度小。

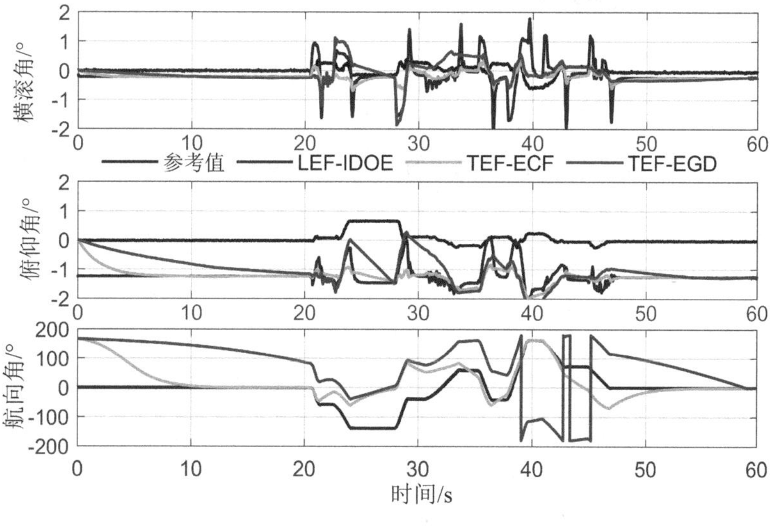

图 5-31　平面上的移动机器人姿态估计结果

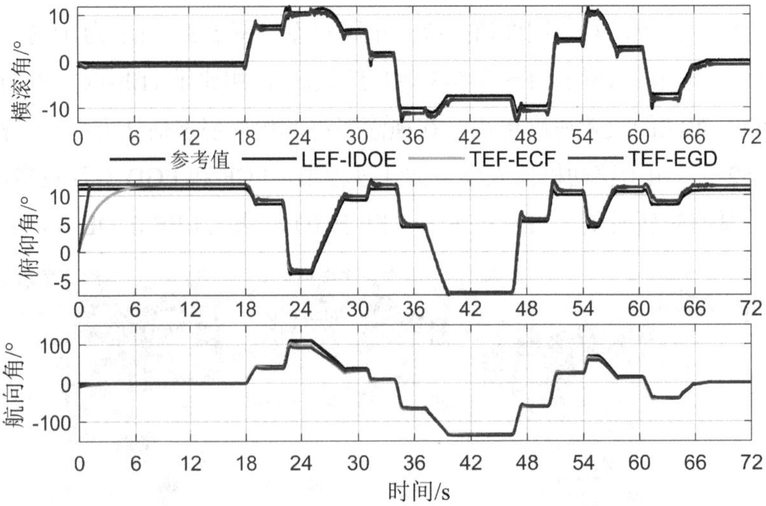

图 5-32　斜坡上的移动机器人姿态估计结果

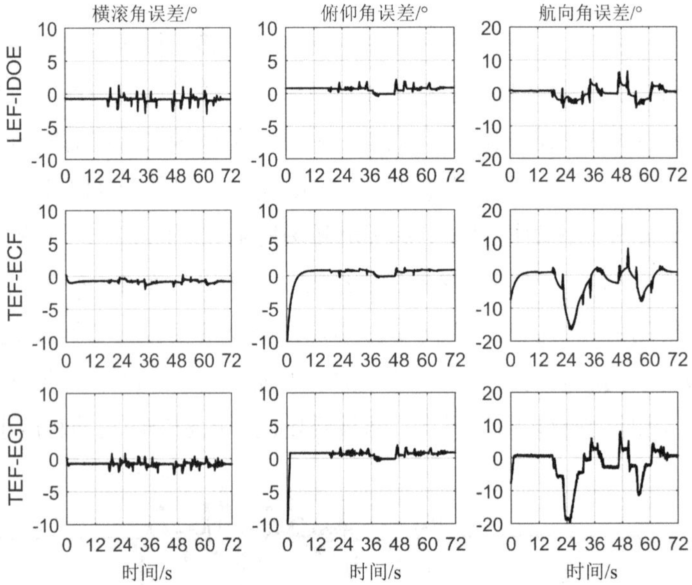

图 5-33　11° 斜坡上的移动机器人姿态估计误差

第 6 章　人体行为识别技术

6.1　基于深度卷积 Transformer 的对比自监督动作识别模型

基于多源可穿戴传感器的人体动作识别问题可以看作多变量时间序列分类问题。假设需要识别的动作种类集合为 Y，动作识别系统采集的传感器信号包含 C 个独立通道，将 t 时刻通道 i 的输出记为 s_t^i，则 t 时刻多源可穿戴传感器的输出 $\boldsymbol{s}_t = \left[s_t^1 \quad s_t^2 \quad \cdots \quad s_t^c\right] \in \mathbb{R}^{1\times c}$。基于深度学习的动作识别方法通常包括两个步骤：首先将传感器数据流沿时间维度划分为 N 个长度为 w 的窗口，每个窗口包含的数据记作 $\boldsymbol{S}_i = \left[\boldsymbol{s}_1^{\mathrm{T}} \quad \boldsymbol{s}_2^{\mathrm{T}} \quad \cdots \quad \boldsymbol{s}_w^{\mathrm{T}}\right]^{\mathrm{T}} \in \mathbb{R}^{w\times c}$（$i=1, 2, \cdots, N$）。随后，以划分的传感器窗口数据 $\left\{\boldsymbol{S}_i\right\}_{i=1}^{N}$ 为输入，训练神经网络自动进行特征提取，并通过分类器判别该窗口数据包含的动作类别为 y，其中 $y \in Y$。

为了降低数据标记成本，充分利用无标记数据，本节提出了基于深度卷积 Transformer 的对比自监督（Deep Convolutional Transformer-based Contrastive Self-Supervised，DCTCSS）动作识别模型[165]，其结构如图 6-1 所示，自下而上依次为对比自监督预训练模块、动作识别微调模块及动作识别测试模块。对比自监督预训练模块采用对比学习框架，通过对无标记数据进行随机数据增强，训练一个深度特征编码器和映射器，实现传感器窗口信号在潜在空间中的特征表示。通过将个体判别作为前置任务，计算不同特征之间的对比损失，训练编码器在潜在空间中使同类别样本距离更近，从而将不同类别的样本彼此分开，进而使编码器具备对原始输入的特征表示能力，可以用于下游分类任务。在动作识别微调模块中，将预训练得到的编码器参数冻结，并在其后添加线性分类器。利用少量有标记数据训练分类器，计算真实标记和预测标记之间的分类损失，从而对编码器输出到潜在空间中的不同特征进行准确分类。动作识别测试模块利用冻结参数的编码器和微调阶段训练好的分类器，对其他无标记的传感器窗口信号进行判别，以确定其中包含的动作类别。

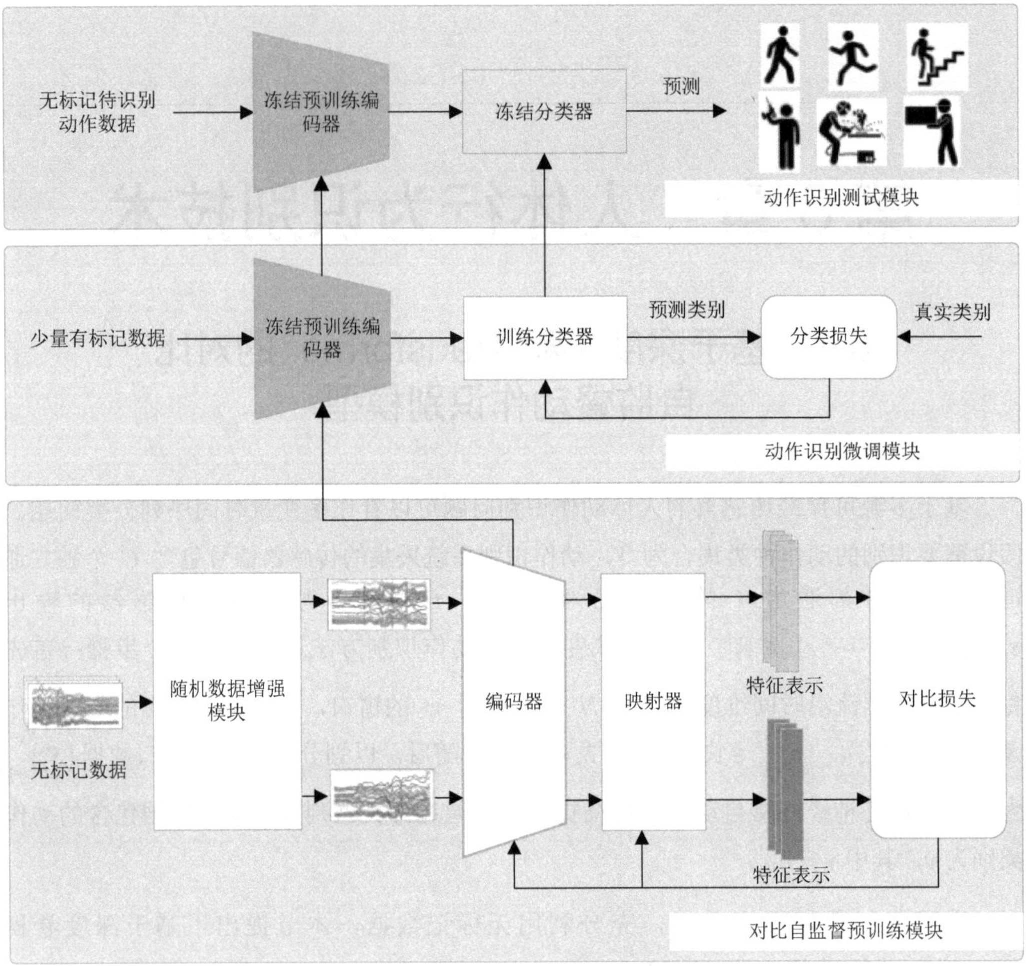

图 6-1　DCTCSS 动作识别模型的结构

6.1.1　对比自监督预训练模块

1. 随机数据增强模块

合理选择数据增强方式对 DCTCSS 模型从无标记数据中学习高质量的特征表示具有重要作用。本节参考 SimCLR 网络中的图像数据增强方法[146]，对原始传感器窗口数据随机应用多种时间序列数据增强方式。现有研究总结了多种应用于时间序列的时域和频域数据增强方法[143, 145]，本节从中选取了如表 6-1 所示的 8 种时域数据增强方法，记作 DA={添加噪声，缩放，打乱顺序，取反，置换，重采样，旋转，翻转}。

表 6-1　应用于时间序列的数据增强方法

数据增强方法	实施细节
添加噪声	为传感器数据添加均值为 0、方差为 0.64 的高斯噪声
缩放	随机放大每个通道的数据，放大倍数服从均值为 2、方差为 1.21 的正态分布

续表

数据增强方法	实施细节
打乱顺序	将传感器数据沿通道维度重新随机排列
取反	将传感器数据取反
置换	将传感器数据沿时间维度随机分割为 5 段，并重新排列组合
重采样	将传感器数据沿时间维度进行线性插值上采样，将采样率提高 3 倍，然后进行随机下采样至原采样率
旋转	将每个传感器的三轴数据绕三维空间中的随机轴随机旋转一定角度，旋转角度服从[−π,π]的均匀分布
翻转	将传感器数据沿时间维度翻转

由于每个数据集在原始特征和分布等方面存在差异，本节通过在不同数据集上分别进行数据增强实验（详见 5.4.1 节），为每个数据集 i 选择最佳数据增强方法 $\mathrm{DA}_i \subseteq \mathrm{DA}$。此外，根据单一数据增强方法对特征表示的影响，将每种数据增强方法 $s \in \mathrm{DA}_i$ 以一定的概率 P 随机应用于传感器窗口数据，以丰富数据的多样性，提高模型的特征表示能力，整个数据增强过程表示为函数 T。

2. 深度卷积 Transformer 模型设计

为了从多传感器数据中学习表示动作的高级特征，提出了深度卷积 Transformer（Deep Convolutional Transformer，DCT）模型，如图 6-2 所示。DCT 模型自下而上分为 5 层，依次为输入层、预处理层、Transformer 编码器层、聚合层和预测层。当 DCT 模型用作对比自监督学习模块中的编码器时，其只包含除预测层外的前四层。

1）输入层

输入层接收数据增强模块输出的传感器窗口数据 $\boldsymbol{x} = T(\boldsymbol{S}) \in \mathbb{R}^{w \times c}$。

2）预处理层

预处理层的深度卷积模块从增强后的传感器窗口数据 $\boldsymbol{x} \in \mathbb{R}^{w \times c}$ 中初步提取判别特征。该模块包含 4 个连续的 1D 卷积块，卷积块具有三层堆叠结构，如公式（6-1）所示。

$$\boldsymbol{X}^{i+1} = \mathrm{ReLU}(\mathrm{BN}(\mathrm{Conv}(\boldsymbol{W}^i; \boldsymbol{X}^i))) \tag{6-1}$$

首先对前一层输出 $\boldsymbol{X}^i$ 沿时间维度进行卷积操作 $\mathrm{Conv}(\boldsymbol{W}^i; \boldsymbol{X}^i)$，滤除噪声并捕获特征。$\boldsymbol{W}^i \in \mathbb{R}^{d_o \times k \times c}$ 为卷积过程中的可学习权重参数，d_o 为滤波器数量，每个滤波器尺寸为 $k \times c$。然后，对卷积层的输出进行批标准化（Batch Normalization，BN），使其服从均值为 0、方差为 1 的正态分布，加快模型收敛及训练速度。最后，在 BN 层的输出后添加修正线性单元（Rectified Linear Units，ReLU），避免卷积运算输出负值，克服梯度消失问题，并提高网络非线性能力。将深度卷积模块从传感器窗口数据学习到的特征记为 $\boldsymbol{X} \in \mathbb{R}^{l \times d}$ 。

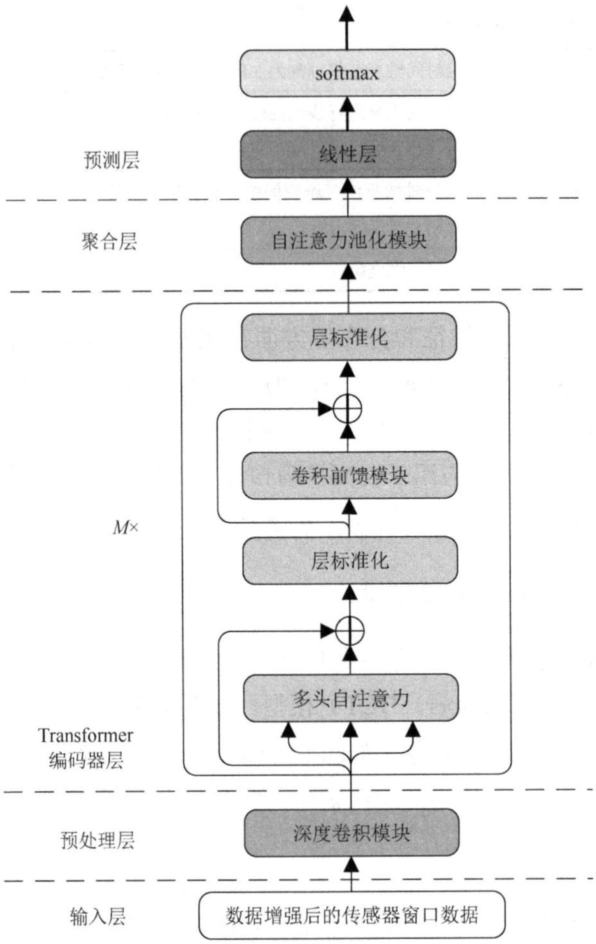

图 6-2　DCT 模型结构

3）Transformer 编码器层

在预处理层后，DCT 模型引入了 M 个堆叠的 Transformer 编码器模块[166]进一步提取预处理层输出序列中的隐含信息。每个编码器模块包括具有残差结构的多头自注意力机制和卷积前馈模块。

首先，对预处理层输入的时间序列特征 $\boldsymbol{X} \in \mathbb{R}^{l \times d}$ 进行线性变换，分别得到查询矩阵 $\boldsymbol{Q}$、键矩阵 $\boldsymbol{K}$ 和值矩阵 $\boldsymbol{V}$：

$$\boldsymbol{Q} = \boldsymbol{X}\boldsymbol{W}^{Q}, \quad \boldsymbol{K} = \boldsymbol{X}\boldsymbol{W}^{K}, \quad \boldsymbol{V} = \boldsymbol{X}\boldsymbol{W}^{V} \tag{6-2}$$

式中，$\boldsymbol{W}^{Q} \in \mathbb{R}^{d \times d_k}$、$\boldsymbol{W}^{K} \in \mathbb{R}^{d \times d_k}$ 和 $\boldsymbol{W}^{V} \in \mathbb{R}^{d \times d_v}$ 为线性变换中可学习的权重矩阵。

然后通过点积计算序列中当前位置与其他位置之间的关联程度，称之为注意力分数。为了使梯度更加稳定，默认将注意力分数除以键矩阵维度的平方根$\sqrt{d_k}$。为了确保注意力权重满足概率分布要求，利用 softmax 函数将注意力分数归一化为注意力权重，使其总和为 1。最后，将输入序列中的值向量按照注意力权重进行加权求和，即自注意力机制输出的特征表示，如公式（6-3）所示。该表示向量包含了传感器时间通道输入序列中各个位置的信息。

$$\text{Attention}(\boldsymbol{Q},\boldsymbol{K},\boldsymbol{V})=\text{softmax}(\frac{\boldsymbol{QK}^{\mathrm{T}}}{\sqrt{d_k}})\boldsymbol{V} \tag{6-3}$$

为了增强模型对不同位置的关注能力，可以利用多个注意力机制并行计算（假设自注意力机制数量为 h，则称为 h 头）。通过使用多组不同的权重矩阵进行线性变换，获得多组查询矩阵 $\boldsymbol{Q}$、键矩阵 $\boldsymbol{K}$ 和值矩阵 $\boldsymbol{V}$，将每个注意力机制的输出记作 $\boldsymbol{Z}_i=\text{Attention}(\boldsymbol{Q}_i,\boldsymbol{K}_i,\boldsymbol{V}_i)$。多头自注意力机制将每个注意力头的输出沿特征维度拼接并再次进行线性变换以产生最终输出：

$$\boldsymbol{O}_h=\text{Multi-head Attention}(\boldsymbol{Q},\boldsymbol{K},\boldsymbol{V})=\text{Contact}(\boldsymbol{Z}_1,\boldsymbol{Z}_2,\cdots,\boldsymbol{Z}_h)\boldsymbol{W}^O \tag{6-4}$$

式中，$\boldsymbol{W}^O\in\mathbb{R}^{hd_v\times d_{\text{out}}}$。为了缓解模块堆叠导致的梯度消失问题并保持输入序列信息的完整性，多头自注意力模块采用残差连接，因此$d=d_{\text{out}}$。

多头自注意力的输出与输入序列相加并进行层标准化（Layer Normalization，LN）后输入具有残差连接的前馈层，将该输入记作$\boldsymbol{O}_a$：

$$\boldsymbol{O}_a=\text{LN}(\boldsymbol{X}+\boldsymbol{O}_h) \tag{6-5}$$

传统 Transformer 的前馈层由两个全连接层组成。为了进一步提取序列中的局部信息，本节设计了卷积前馈网络（Convolutional Feedforward Network，CFN）模块。CFN 由两个 1D 卷积层组成，每个卷积层后跟随一个 BN 层和 ReLU 层。为了防止过拟合，在第二个卷积层后添加一个 Dropout 层。整个 CFN 计算过程如公式（6-6）所示：

$$\begin{aligned}\boldsymbol{O}&=\text{ReLU}(\text{BN}(\text{Conv}(\boldsymbol{W}_1;\boldsymbol{O}_a)))\\\boldsymbol{O}_f&=\text{Dropout}(\text{ReLU}(\text{BN}(\text{Conv}(\boldsymbol{W}_2;\boldsymbol{O})))\end{aligned} \tag{6-6}$$

公式（6-6）的输出记作$\boldsymbol{O}_f$。$\boldsymbol{W}_1\in\mathbb{R}^{d_h\times k_1\times d}$、$\boldsymbol{W}_2\in\mathbb{R}^{d\times k_2\times d_h}$为两次为卷积的可学习权重参数，滤波器尺寸分别为$k_1\times d$和$k_2\times d_h$。CFN 模块的输出与输入序列相加并进行层标准化后得到 Transformer 编码器层最终提取的特征，记作$\boldsymbol{X}_e$：

$$\boldsymbol{X}_e=\text{LN}(\boldsymbol{O}_a+\boldsymbol{O}_f) \tag{6-7}$$

由于 Transformer 编码器层采用残差连接，提取的特征维度保持不变，因此有$\boldsymbol{X}_e\in\mathbb{R}^{l\times d}$。

4）聚合层

在聚合层中，本节将时间注意力机制应用于 Transformer 编码器层输出的隐含特征。一方面根据 Transformer 编码器层输出的长序列特征对最终分类的贡献程度，对其进行加权。如公式（6-8）所示，首先对 $\boldsymbol{X}_e$ 进行线性投影得到不同位置的权重并利用 softmax 函数使权重和为 1，然后利用 $\odot$ 运算为特征矩阵 $\boldsymbol{X}_e$ 中不同位置的元素分配不同的权重，最后得到加权后的特征矩阵 $\boldsymbol{C}$，即

$$\boldsymbol{C} = \text{softmax}(\boldsymbol{X}_e \boldsymbol{W}_3^{\mathrm{T}} + \boldsymbol{b}_3) \odot \boldsymbol{X}_e \tag{6-8}$$

另一方面为了便于预测层进行最终分类，将加权后的长序列特征沿序列长度聚合为固定尺寸的短序列特征向量，聚合后第 i 个特征如公式（6-9）所示。

$$f_i = \sum_{i=0}^{l-1} \boldsymbol{C}_{ij} \tag{6-9}$$

因此，最终聚合层的输出特征矩阵可以表示为

$$\boldsymbol{X}_{\text{out}} = [f_0 \quad f_2 \quad \cdots \quad f_j], j \in [0, d) \tag{6-10}$$

该特征将用于对比自监督模型训练。

3. BYOL 对比学习框架

在对比自监督预训练阶段，本节采用 BYOL 网络作为对比学习框架，其结构如图 6-3 所示[167]，包括随机数据增强、在线网络和目标网络三部分。首先对原始输入的无标记传感器窗口数据 $\boldsymbol{S}$ 进行随机数据增强，产生两个增强样本 $\boldsymbol{x}_1 = T(\boldsymbol{S})$ 和 $\boldsymbol{x}_2 = T(\boldsymbol{S})$。由于输入来自同一样本，$\boldsymbol{x}_1$ 和 $\boldsymbol{x}_2$ 互为正样本。

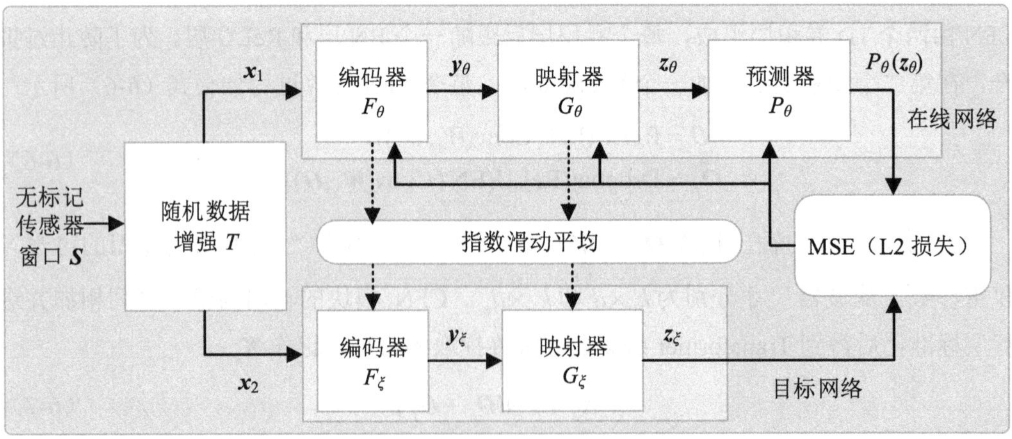

图 6-3 BYOL 对比学习框架的结构

随后，将 $\boldsymbol{x}_1$、$\boldsymbol{x}_2$ 分别输入在线网络和目标网络进行对比学习。在线网络由编码器

F_θ、映射器 G_θ 和预测器 P_θ 组成，目标网络只包括编码器 F_ξ 和映射器 G_ξ。其中，编码器 F_θ 和 F_ξ、映射器 G_θ 和 G_ξ 具有相同的结构和不同的参数。将所提出的 DCT 模型作为在线网络和目标网络的编码器，增强样本 $\boldsymbol{x}_1$、$\boldsymbol{x}_2$ 经编码器后分别得到两个特征表示 $\boldsymbol{y}_\theta = F_\theta(\boldsymbol{x}_1)$、$\boldsymbol{y}_\xi = F_\xi(\boldsymbol{x}_2)$。映射器 G_θ 和 G_ξ 均为多层感知器，分别将 $\boldsymbol{y}_\theta$ 和 $\boldsymbol{y}_\xi$ 投影到另一个特征空间，得到两个特征表示 $\boldsymbol{z}_\theta = G_\theta(\boldsymbol{y}_\theta)$、$\boldsymbol{z}_\xi = G_\xi(\boldsymbol{y}_\xi)$。随后，将 $\boldsymbol{z}_\theta$ 输入在线网络的预测器 P_θ，得到在线网络的输出 $P_\theta(\boldsymbol{z}_\theta)$。由于网络的输入只有正样本，在线网络和目标网络学习到的特征之间的距离应尽可能小，因此将在线网络预测器的输出 $P_\theta(\boldsymbol{z}_\theta)$ 和目标网络映射器的输出 $\boldsymbol{z}_\xi$ 之间的均方误差（Mean Squared Error，MSE）作为网络输入为 $\boldsymbol{x}_1$、$\boldsymbol{x}_2$ 时的对比损失，其计算方法如下：

$$L_{\theta,\xi} \stackrel{\text{def}}{=} \left\| \overline{P}_\theta(\boldsymbol{z}_\theta) - \overline{\boldsymbol{z}}_\xi \right\|_2^2 = 2 - 2 \cdot \frac{\left\langle P_\theta(\boldsymbol{z}_\theta), \boldsymbol{z}_\xi \right\rangle}{\left\| P_\theta(\boldsymbol{z}_\theta) \right\|_2 \cdot \left\| \boldsymbol{z}_\xi \right\|_2} \tag{6-11}$$

式中，$\overline{\boldsymbol{a}} \stackrel{\text{def}}{=} \boldsymbol{a} / \|\boldsymbol{a}\|_2$，$a \in \{P_\theta(\boldsymbol{z}_\theta), \boldsymbol{z}_\xi\}$，表示对矢量 $\boldsymbol{a}$ 进行 L2 归一化处理；$\|\boldsymbol{a}-\boldsymbol{b}\|_2$ 表示矢量 $\boldsymbol{a}$ 和 $\boldsymbol{b}$ 的欧氏距离。

在实际训练过程中，BYOL 网络还将调换 $\boldsymbol{x}_1$ 和 $\boldsymbol{x}_2$ 的顺序，将其再分别输入目标网络和在线网络进行对比学习，因此可以利用公式（6-11）同步计算对称损失 $\tilde{L}_{\theta,\xi}$，最终 BYOL 网络的总体损失为

$$L_{\theta,\xi}^{\text{BYOL}} = L_{\theta,\xi} + \tilde{L}_{\theta,\xi} \tag{6-12}$$

将网络总体损失反向传播，更新在线网络参数 θ，并利用指数滑动平均的方式更新目标网络参数，如公式（6-13）所示。

$$\xi \leftarrow \tau\xi + (1-\tau)\theta \tag{6-13}$$

6.1.2　动作识别微调模块

在动作识别微调模块中，将对比学习训练的 DCT 模型的参数冻结，在其后添加分类器，利用少量有标记数据对分类器进行训练。由于基于多传感器信息融合的人体动作识别属于多分类任务，因此设计的分类器结构包含线性层和 softmax 函数，用于预测最终类别。为了证明所提出的 DCT 模型具有良好的特征提取能力，本节仅利用简单的线性分类器。

冻结参数的 DCT 模型从有标记的输入数据中提取特征后，线性分类器 lincls(θ_c)首先将特征向量 $\boldsymbol{X}_{\text{out}}$ 从 d 维度映射为 Y 维度，然后利用 softmax 函数将其映射为概率分布，得到每个类别的预测概率分布，最后选择预测概率最高的类别作为最终预测结

果。在训练分类器的过程中，利用如公式（6-14）所示的交叉熵损失函数计算预测结果与真实标记 y_i 之间的差异，并进行反向传播以进一步训练分类器。

$$L^{\mathrm{cls}} = -\sum_{i=1}^{Y} y_i \log(\mathrm{lincls}(\theta_c; \boldsymbol{X}_{\mathrm{out}})) \tag{6-14}$$

6.1.3 动作识别测试模块

在测试阶段，将对比学习预训练阶段得到的 DCT 模型参数冻结，用于从大量的无标记传感器数据中进行特征提取，然后将特征输入微调阶段训练好的线性分类器，预测最终的动作类别。

6.2 实验平台

6.2.1 数据集

为了评估所提出的 DCTCSS 模型在动作识别中的性能，本节从三种不同应用场景中分别选取了一个公开的人体动作识别数据集，分别是 UCI-HAR 数据集[98]、Skoda 数据集[107]、Mhealth 数据集[168]。其中，UCI-HAR 数据集、Mhealth 数据集中的人体动作类别分布相对均衡，Skoda 数据集的人体动作类别分布不均衡。

UCI-HAR 数据集包含人在日常生活中的动作。该数据集收集了 30 名志愿者腰间佩戴的智能手机内置的加速度计和陀螺仪中的数据，数据采样频率为 50Hz，记录了 30 名志愿者的 6 种动作，分别为走路、上楼、下楼、坐、站立、躺下。本节使用加速度计测量的三轴加速度、陀螺仪测量的三轴角速度及作者解算的三轴运动加速度，共 9 种数据。

Mhealth 数据集收集了 10 名志愿者的右手腕、胸部、左脚踝上佩戴的可穿戴传感器中的数据，以 50Hz 的采样频率采集了加速度、角速度、磁场、心电等 23 个通道的传感器数据，描述了 12 类动作，分别为站立、坐着放松、躺下、走路、爬楼梯、腰部前屈、手臂正面抬高、屈膝下蹲、骑行、慢跑、跑步、前后跳跃。

Skoda 数据集收集了汽车装配线工人左右臂佩戴的 20 个传感器，描述了工人装配中的 10 个动作：在记事本上写、打开引擎盖、关闭引擎盖、检查前门缝隙、打开左前门、关闭左前门、关闭两扇左车门、检查后备箱缝隙、开合后备箱、检查方向盘，此外还有一个 Null 类动作。数据采样频率约为 98Hz，本节使用从右臂收集的 30 个校准加速度数据通道。

为了公平比较，将 Skoda 数据集下采样至 49Hz 以保持三个数据集的时间分辨率近似一致。此外，将所有数据集中每个传感器通道归一化为零均值和单位方差。参考 UCI-HAR 数据集中滑动窗口的划分方法，将其他两个数据集以步长 64 划分为长度为 128 的窗口数据片段，以增加样本数量。本节使用的各数据集的具体信息如表 6-2 所示。

表 6-2　本节使用的各数据集的具体信息

应用场景	数据集	采样频率	动作类别数量	使用的传感器通道	样本总数	输入神经网络的样本尺寸
日常生活	UCI-HAR	50Hz	6	9	10299	128×9
健康监测	Mhealth	50Hz	12	23	5361	128×23
智能制造	Skoda	49Hz	11	30	5513	128×30

在对比学习预训练阶段，将无标记将数据集按照 8:1:1 的比例划分为训练集、验证集和测试集。在微调阶段，为了验证所提出的 DCTCSS 模型在不同比例有标记数据下的识别性能，分别利用 1%～10%有标记数据作为训练集训练分类器，对应的验证集比例依次设置为 1%~10%，其余为测试集。

6.2.2　模型参数设置

本文在 PyTorch 平台上构造 DCTCSS 模型，所有实验均在一台配置有 NVIDIA GeForce RTX 3080 Ti Laptop GPU 的计算机中完成。

在模型预训练阶段，使用 DCT 模型作为编码器，深度卷积模块的滤波器数量分别为 64、218、256 和 512，卷积核尺寸为 3×3。卷积前馈层的滤波器数量为 512，卷积核尺寸分别为 3×3 和 1×1。采用 BYOL 网络作为对比学习框架，映射器、预测器中多层感知器层维度均为 512，滑动指数平均参数 τ 设置为 0.991。使用 Adam 优化器，初始学习率设置为 3e-4，并使用模拟余弦退火曲线动态调整学习率。预训练阶段仅使用无标记数据，每个训练批次中包含的样本数量为 512，模型最多训练 50 次。

在微调阶段，仅使用预训练的 DCT 模型进行特征提取，并在其后添加一个线性层用于分类。采用线性评估验证预训练效果，即冻结预训练的 DCT 模型参数，仅利用少量有标记数据训练线性分类器。初始学习率设置为 3e-3，采用模拟余弦退火曲线调整学习率。由于微调阶段仅使用 1%～10%有标记数据，因此使用 1%有标记 Skoda 和 Mhealth 数据集中的数据时，批大小设置为 25，其他情况均设置为 64，模型训练 100 次。

6.2.3　对比模型

为了综合评估所提出的 DCTCSS 模型的性能，将其与主流的有监督、无监督和自监督动作识别模型进行对比。所对比的有监督基准模型包括 CNN、Resnet 和

DeepConvLSTM（简记为 DCL）模型[125]。CNN 模型与 DCT 模型的深度卷积模块具有相同的结构。Resnet 模型包含 4 层，滤波器数量分别为 64、128、256 和 512。每层包含 2 个残差单元，两个残差单元主支路的卷积核尺寸均为 3×3 和 1×1，第一个残差单元的步距分别为 2 和 1，第二个残差单元的步距均为 1。DCL 模型由 4 个卷积层（每层有 64 个滤波器、卷积核尺寸为 5×1）、2 个 LSTM 层（隐含层维度为 128）及一个 softmax 分类层组成，被广泛用作对比模型[148-149]。

所对比的无监督动作识别方法包括卷积自编码器（Convolutional Auto Encoder，CAE）和对比预测编码（Contrastive Predictive Coding，CPC）[169]。CAE 利用包含 3 个卷积（每层滤波器数量分别为 32、64、128，卷积核尺寸为 7×7）-池化层（卷积核尺寸为 2×2）的编码器将数据压缩至隐空间，然后利用包含 3 个反卷积-反池化层的解码器将特征重构至原输入。CPC 利用包含 3 个卷积层（每层滤波器数量分别为 32、64、128，UCI-HAR 数据集卷积核尺寸为 7×7，其余数据集卷积核尺寸为 3×3）的非线性编码器将高维输入序列编码至低维隐空间，然后利用包含 2 个 GRU 层（隐含层维度为 256）的自回归模型生成当前时刻的上下文表示，最后利用全连接层预测未来多个时刻的信息。

将所提出的 DCT 模型与 SimCLR 对比学习框架结合（记作 DCT_S 模型）作为自监督模型，以比较不同对比学习框架对该算法的影响。此外，将所提出的 DCTCSS 模型与 7 个消融模型进行比较，以验证不同模块的贡献。

6.2.4 模型评价方法

针对数据集中存在样本分布不均衡及 Null 类数据占比较大问题，利用准确率作为评价方法易受数据分布的影响，为了确保公平比较，本节采用最近研究中广泛使用的平均 F1 分数作为评价指标，以评估动作识别模型对每个类别的识别能力。平均 F1 分数的计算方法为

$$F_m = \frac{2}{Y}\sum_{i=1}^{Y}\frac{\text{Precision}_i\text{Recall}_i}{\text{Precision}_i + \text{Recall}_i} \tag{6-15}$$

式中，Y 为数据集中包含的动作类别数量。类别 i 的查准率和查全率计算方法为

$$\text{Precision}_i = \frac{\text{TP}}{\text{TP+FP}} \tag{6-16}$$

$$\text{Recall}_i = \frac{\text{TP}}{\text{TP+FN}} \tag{6-17}$$

式中，TP、FP、FN 分别为正确识别的正样本、误报的负样本、漏报的正样本数量。

6.3　实验与分析

6.3.1　数据增强实验

为了研究不同数据增强方法对 DCTCSS 模型在动作识别中的影响，并为不同数据集找出合适的数据增强方法，参考 SimCLR 对比学习框架中的实验流程，将表 6-1 中的数据增强方法两两组合或逐一应用于每个数据集。实验中将预训练的 DCT 模型冻结，在微调阶段利用 5%有标记数据训练一个线性分类器，实验结果如图 6-4 所示。在图 6-4 中，对角线的数值表示仅对输入 BYOL 网络的单一分支数据进行数据增强，另一个分支数据为原始输入时 DCTCSS 模型取得的平均 F1 分数。非对角线的数值表示对单一分支连续进行两次数据增强，另一个分支为原始输入时 DCTCSS 模型预测得到的平均 F1 分数。从图 6-4 中可以看出，每种单一或组合的数据增强方法在不同数据集中的表现不同。对所有数据集进行相同的数据增强可能会导致原始数据包含的语义信息失真，影响 DCTCSS 模型的特征学习能力，并最终导致 DCTCSS 模型分类性能下降。

根据该实验结果，本节为不同的数据集选择不同的随机数据增强方法组合，如表 6-3 所示，其中 P 表示原始数据进行该数据增强方法的概率。以 UCI-HAR 数据集为例，首先对原始输入数据进行重采样，然后以 0.8 的概率进行置换，接着以 0.5 的概率进行翻转，最后以 0.5 的概率进行旋转，得到 BYOL 网络的一个分支输入。再次对原始输入数据进行上述数据增强，得到 BYOL 网络的另一个分支输入。

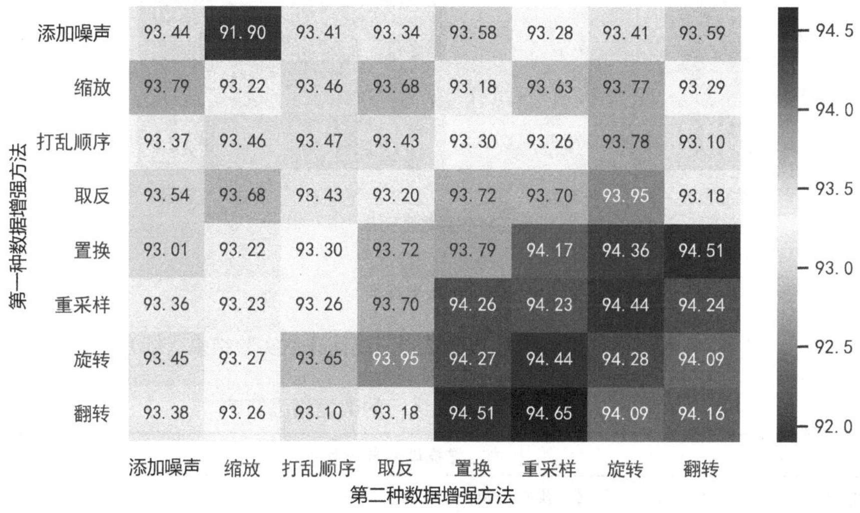

（a）UCI-HAR 数据集

图 6-4　对不同数据集进行数据增强的线性评估实验结果

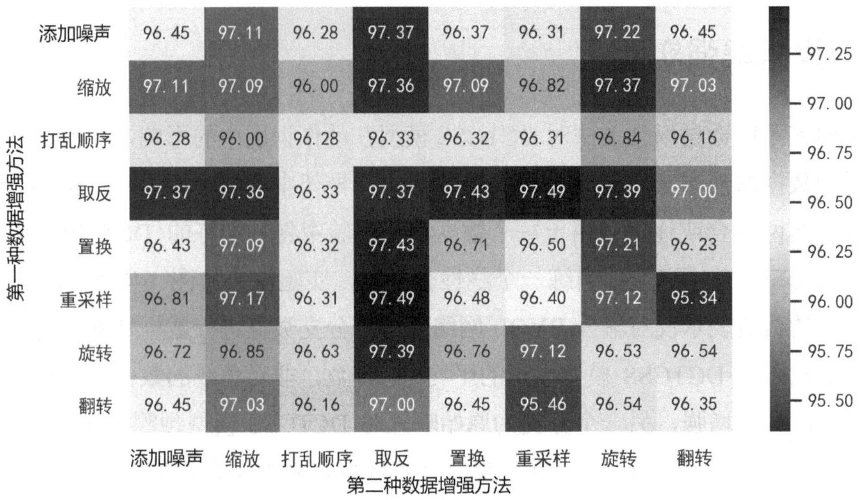

（b）Mhealth 数据集

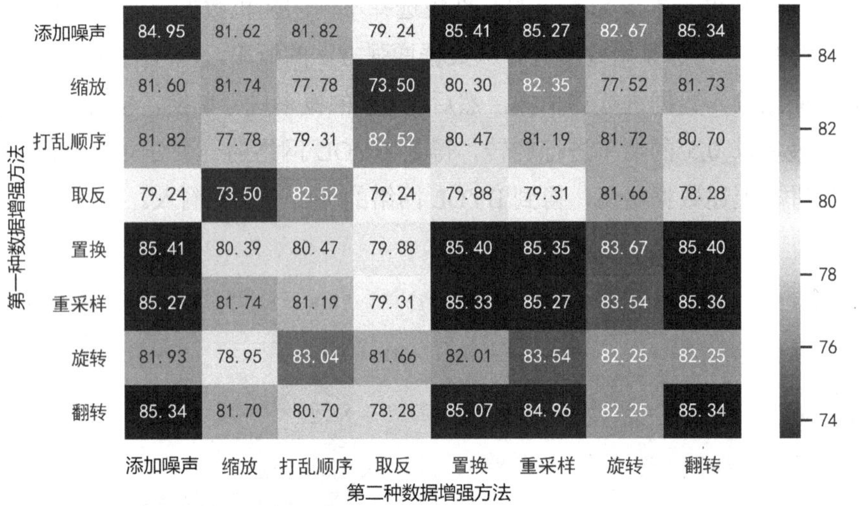

（c）Skoda 数据集

图 6-4　对不同数据集进行数据增强的线性评估实验结果（续）

表 6-3　对不同数据集进行的数据增强策略

数据集	数据增强方法组合及概率
UCI-HAR	*P*{重采样，置换，翻转，旋转}={1，0.8，0.5，0.5}
Mhealth	*P*{取反，缩放，旋转，重采样}={1，0.8，0.5，0.5}
Skoda	*P*{添加噪声，重采样，置换，旋转，翻转}={1，0.5，0.5，0.2，0.5}

6.3.2 基于不同比例有标记数据的动作识别实验

为了评估所提出的DCTCSS模型在不同规模有标记数据下的性能，分别利用1%～10%的有标记数据训练DCTCSS模型与其他六种对比模型。表6-4～表6-6分别为UCI-HAR、Mhealth和Skoda数据集上5次实验结果的平均F1分数与标准差，表中“Sup.”代表有监督算法，“Unsup.”代表无监督算法，“Selfsup.”代表自监督算法。无监督算法与自监督算法均采用线性评估，即仅利用有标记数据训练线性分类器。从表6-4～表6-6可以看出，随着有标记数据量从1%增加到10%，7种算法的识别性能均有大幅度提升。由于UCI-HAR和Mhealth数据集人体动作类别分布相对均匀，而Skoda数据集人体动作类别分布不均匀且包含Null类数据，7种对比算法在UCI-HAR和Mhealth数据集上的表现性能均优于Skoda数据集。

表 6-4 不同算法在 1%~10%有标记 UCI-HAR 数据集的平均 F1 分数与标准差

单位：%

算法	有标记数据比例									
	1%	2%	3%	4%	5%	6%	7%	8%	9%	10%
CNN [Sup.]	68.61 (1.44)	80.11 (1.65)	85.35 (2.23)	89.59 (1.80)	91.73 (0.71)	92.89 (0.29)	93.16 (0.40)	93.91 (0.24)	94.00 (0.40)	94.48 (0.35)
Resnet [Sup.]	67.65 (2.37)	83.10 (2.00)	90.23 (0.78)	92.08 (0.38)	93.59 (0.19)	94.04 (0.35)	94.42 (0.52)	94.50 (0.46)	95.06 (0.22)	95.04 (0.19)
DCL [Sup.]	72.25 (2.15)	85.30 (3.85)	87.19 (1.80)	91.77 (0.94)	91.99 (1.01)	93.12 (0.55)	94.24 (0.37)	94.21 (0.58)	94.65 (0.42)	94.90 (0.32)
CAE [Unsup.]	74.55 (1.64)	81.12 (1.68)	86.02 (1.03)	88.02 (0.32)	87.73 (0.80)	90.68 (0.51)	90.82 (0.57)	91.37 (0.57)	91.73 (0.70)	91.97 (0.46)
CPC [Unsup.]	64.36 (1.30)	78.37 (0.63)	78.13 (1.03)	82.78 (0.27)	82.44 (0.39)	83.25 (0.43)	83.50 (0.42)	84.00 (0.36)	85.20 (0.14)	85.00 (0.16)
DCT_S [Selfsup.]	70.73 (1.27)	84.36 (1.46)	85.45 (0.69)	90.33 (1.03)	90.88 (0.72)	91.92 (0.24)	93.00 (1.00)	93.19 (0.87)	93.68 (0.54)	94.19 (0.21)
DCTCSS [Selfsup.]	**87.99** (0.43)	**89.58** (0.63)	**90.85** (0.54)	**93.48** (0.18)	**93.93** (0.48)	**93.95** (0.41)	**94.88** (0.20)	**94.63** (0.20)	**95.16** (0.18)	**95.64** (0.08)

表 6-5 不同算法在 1%~10%有标记 Mhealth 数据集的平均 F1 分数与标准差

单位：%

算法	有标记数据比例									
	1%	2%	3%	4%	5%	6%	7%	8%	9%	10%
CNN [Sup.]	50.07 (1.80)	66.22 (1.59)	74.48 (3.70)	84.97 (1.39)	81.74 (2.44)	89.18 (1.13)	89.30 (1.17)	92.68 (0.84)	93.28 (1.13)	94.00 (0.97)
Resnet [Sup.]	49.80 (4.12)	70.70 (3.71)	76.32 (2.98)	87.67 (3.03)	84.50 (1.80)	89.64 (0.79)	90.01 (1.59)	96.73 (0.59)	95.34 (1.25)	96.19 (1.35)

续表

算法	有标记数据比例									
	1%	2%	3%	4%	5%	6%	7%	8%	9%	10%
DCL	76.56	82.61	89.10	91.05	91.02	93.13	92.47	92.96	93.88	95.52
[Sup.]	(2.59)	(3.51)	(0.90)	(1.36)	(1.03)	(1.02)	(1.18)	(1.38)	(1.69)	(0.51)
CAE	52.08	62.38	72.58	81.79	79.72	83.08	83.55	88.70	87.94	90.17
[Unsup.]	(2.31)	(3.41)	(2.19)	(0.29)	(0.83)	(0.76)	(0.78)	(0.88)	(0.49)	(0.86)
CPC	67.81	77.42	86.32	81.69	87.18	87.12	90.40	91.36	92.01	92.58
[Unsup.]	(2.40)	(1.41)	(1.16)	(1.25)	(1.59)	(0.75)	(0.37)	(0.75)	(0.74)	(0.67)
DCT_S	80.63	86.56	91.85	93.27	93.74	95.18	94.84	95.47	96.21	96.76
[Selfsup.]	(1.76)	(0.93)	(1.29)	(0.36)	(0.73)	(0.26)	(0.60)	(0.19)	(0.27)	(0.31)
DCTCSS	**88.78**	**90.78**	**94.34**	**96.13**	**96.47**	**97.59**	**97.51**	**98.14**	**97.81**	**98.40**
[Selfsup.]	(0.54)	(0.81)	(0.80)	(0.42)	(0.59)	(0.13)	(0.32)	(0.19)	(0.47)	(0.14)

表 6-6 不同算法在 1%~10%有标记 Skoda 数据集的平均 F1 分数与标准差

单位：%

算法	有标记数据比例									
	1%	2%	3%	4%	5%	6%	7%	8%	9%	10%
CNN	36.15	63.16	61.32	68.73	69.04	73.01	77.80	77.09	78.32	78.10
[Sup.]	(2.63)	(2.19)	(2.06)	(0.63)	(1.39)	(0.79)	(1.73)	(0.59)	(1.25)	(0.78)
Resnet	37.56	62.84	60.92	68.69	69.70	75.36	81.82	79.81	81.45	81.59
[Sup.]	(2.57)	(1.29)	(0.60)	(2.10)	(1.78)	(0.58)	(1.65)	(0.93)	(0.96)	(1.23)
DCL	25.83	34.55	38.18	46.29	43.47	47.63	43.86	44.45	46.22	47.15
[Sup.]	(2.74)	(2.12)	(6.37)	(4.21)	(4.05)	(3.70)	(3.12)	(2.76)	(2.93)	(5.36)
CAE	37.80	55.56	57.54	54.18	60.32	66.85	66.86	66.94	68.79	72.01
[Unsup.]	(1.80)	(6.52)	(4.90)	(2.54)	(2.41)	(4.19)	(2.62)	(1.00)	(2.92)	(4.43)
CPC	34.22	26.48	45.27	57.73	57.70	61.05	59.26	62.54	62.37	62.68
[Unsup.]	(8.49)	(4.71)	(6.65)	(0.91)	(5.38)	(3.40)	(4.06)	(1.86)	(1.70)	(2.13)
DCT_S	54.99	74.64	75.35	81.68	82.71	83.24	86.41	85.82	86.22	87.03
[Selfsup.]	(2.92)	(0.69)	(1.68)	(0.72)	(0.95)	(1.06)	(1.67)	(0.97)	(1.06)	(0.41)
DCTCSS	**64.75**	**75.42**	**76.59**	**82.37**	**83.36**	**84.24**	**86.70**	**87.07**	**87.49**	**88.39**
[Selfsup.]	(0.38)	(0.85)	(0.65)	(0.24)	(0.68)	(0.55)	(0.75)	(0.57)	(0.38)	(0.10)

在不同规模的有标记数据下，本章所提出的 DCTCSS 模型在三个数据集上均取得了比有监督算法和其他无监督算法、自监督算法更高的平均 F1 分数。利用 1%有标记数据训练的 DCTCSS 模型在 UCI-HAR、Mhealth 和 Skoda 数据集上分别取得了 87.99%、88.78%、64.75%的平均 F1 分数，远高于表中的其他算法，表明该模型具有更好的快速收敛性。利用 10%的有标记数据训练的 DCTCSS 模型在 UCI-HAR、Mhealth 和 Skoda 数据集上分别取得了 95.64%、98.40%、88.39%的平均 F1 分数。此外，本章所提出的 DCTCSS 模型在不同有标记数据下的标准差更小，表明该模型稳

定性更好。因此，在有标记数据缺失的情况下，DCTCSS 模型依然可以实现较好的动作识别结果。

6.3.3 线性评估与微调评估实验

在线性评估实验中，将预训练的 DCT 模型参数冻结，仅利用有标记数据训练线性分类器。理论上，不冻结 DCT 模型参数，在训练线性分类器的同时微调 DCT 模型参数，可以增强 DCT 模型的学习能力。在微调评估实验中，将分类器和 DCT 模型的初始学习率分别设置为 3e-3 和 1e-4，均采用模拟余弦退火曲线动态调整学习率，其他参数设置与线性评估实验相同。图 6-5 所示为利用三个数据集 1%～10%有标记数据训练 DCTCSS 模型时的线性评估与微调评估实验结果，彩色图像请扫描二维码查看，包括 5 次实验的平均 F1 分数与 95%的置信区间。从图 6-5 中可以看出，除在 1%和 3%的有标记 Skoda 数据集外，DCTCSS 模型的微调评估实验结果均优于线性评估实验结果。此外，微调评估实验结果的置信区间小于线性评估实验结果的置信区间，表明利用有标记数据对预训练的 DCT 模型进行微调可以获得更好的动作分类效果。

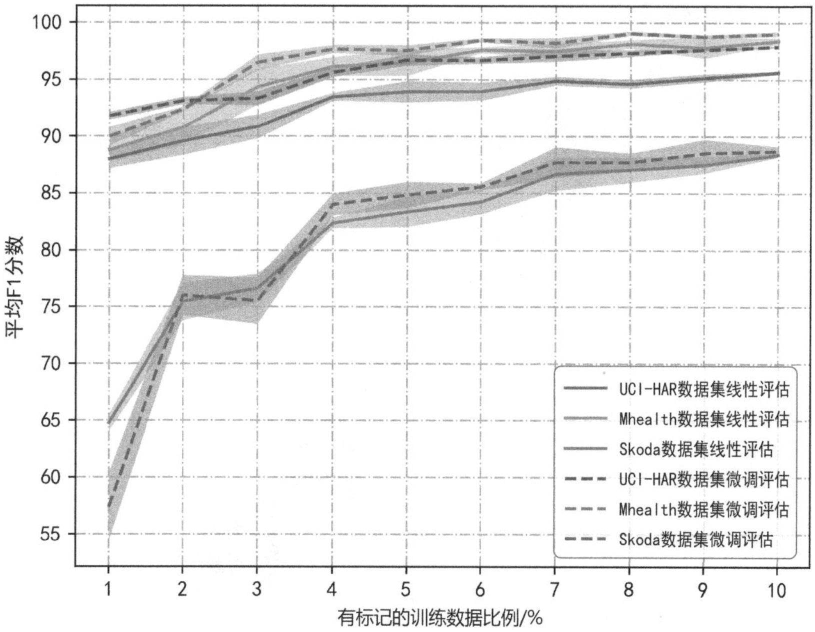

图 6-5 利用三个数据集 1%～10%有标记数据训练 DCTCSS 模型时的线性评估与微调评估实验结果

6.3.4 动作类别分类能力实验

为了验证本章所提出的 DCTCSS 模型对具体动作类别的识别、分类能力，图 6-6

所示为利用 10%有标记数据训练的 DCTCSS 模型在不同数据集的混淆矩阵。在 UCI-HAR 数据集上，DCTCSS 模型对坐和站立动作的识别率分别约为 87.30%和 91.84%，对走路、上楼、下楼和躺下四种动作的识别率均高于 97%。由于 Mhealth 数据集包含的慢跑和跑步动作的原始数据特征较为相似，DCTCSS 模型将慢跑误判为跑步的比例约为 6.3%。除此之外，模型对其他 11 种动作的识别率均高于 97%。

Skoda 数据集中包含的 Null 类动作数量最多，占比超过 20%，其包含的数据特征相比于其他类别而言没有明确意义，DCTCSS 模型难以从中学习到有意义的特征表示，导致 NULL 类动作的识别率低于 70%。此外，打开左前门和关闭左前门两个动作的顺序相反但包含的动作特征几乎相同，并且这两个动作类别数量占比最小，因此 DCTCSS 模型对二者的识别率低于其他有意义的动作类别。

相比于 UCI-HAR 和 Mhealth 数据集，Skoda 数据集仅包含加速度数据，由于传感器数据的特征不够丰富、类别分布不均衡且包含 NULL 类动作，在一定程度上限制了 DCTCSS 模型的特征学习能力。因此，本章提出的动作识别模型 DCTCSS 对 UCI-HAR 和 Mhealth 数据集中的动作识别能力优于 Skoda 数据集。

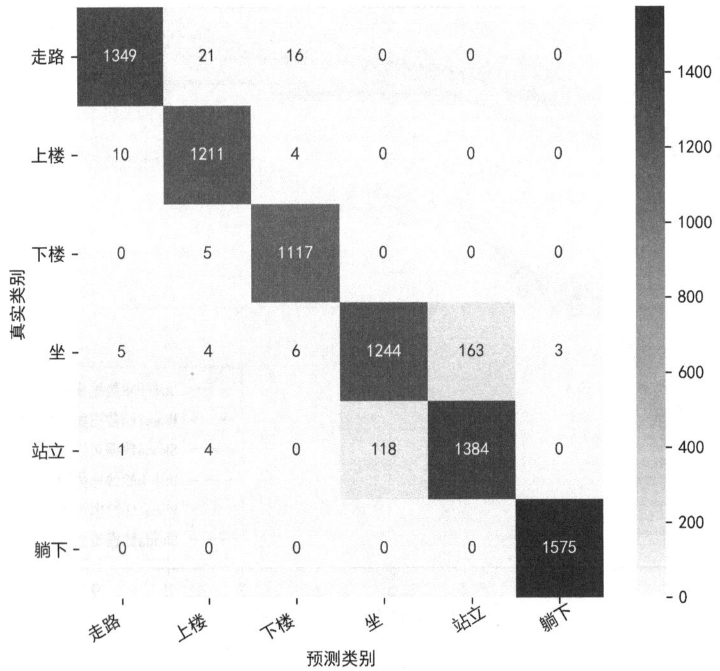

（a）UCI-HAR 数据集

图 6-6　利用 10%有标记数据训练的 DCTCSS 模型在不同数据集上的混淆矩阵

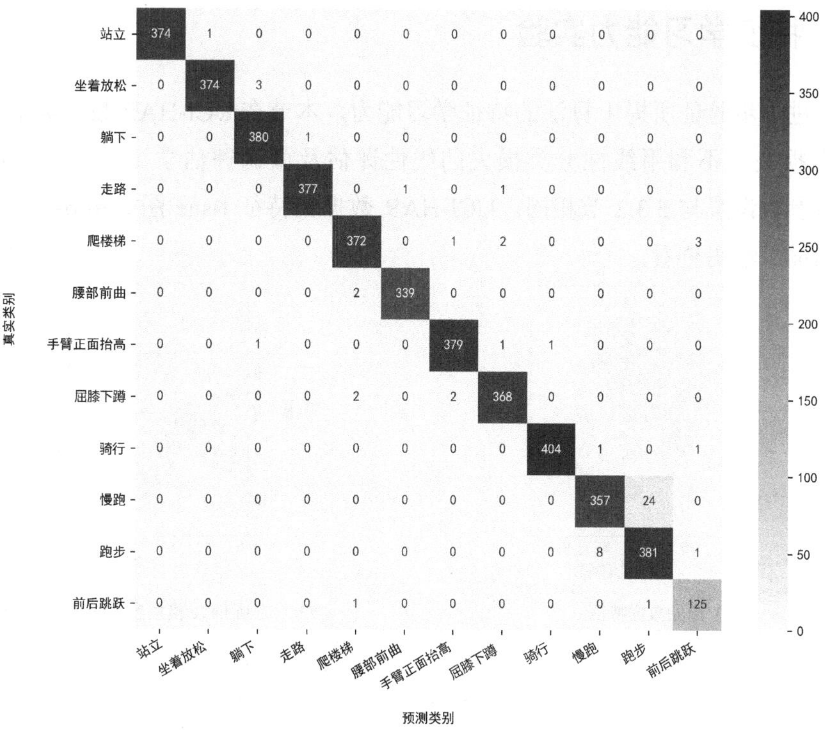

（b）Mhealth 数据集

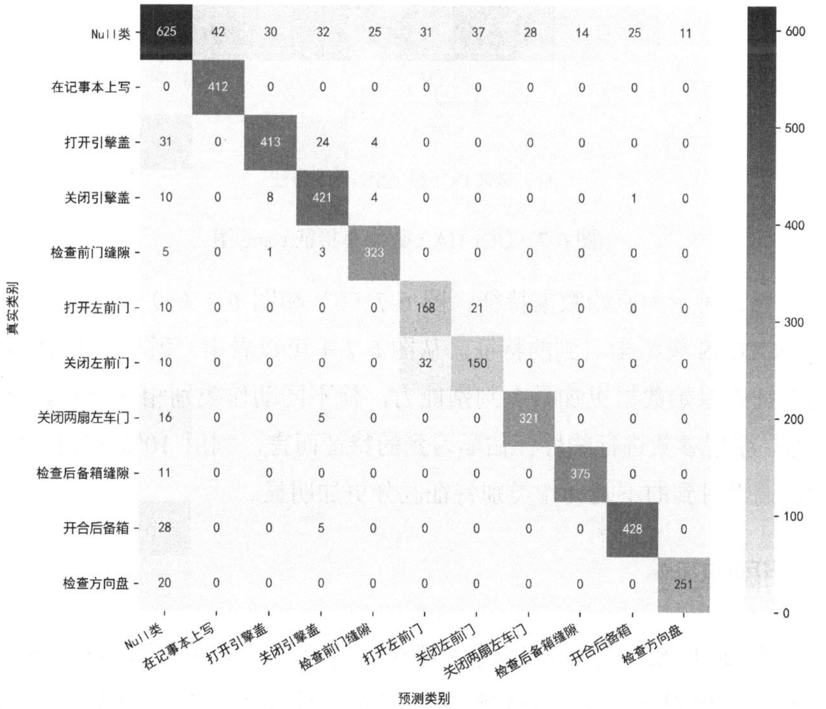

（c）Skoda 数据集

图 6-6　利用 10%有标记数据训练的 DCTCSS 模型在不同数据集上的混淆矩阵（续）

6.3.5 特征学习能力实验

为了进一步验证所提出算法的特征学习能力，本节在UCI-HAR数据集上观察了仅利用对比损失、不利用线性分类损失的线性评估及微调评估学习的特征。在该实验中，模型参数设置与5.3.2节相同。UCI-HAR数据集特征t-sne图如图6-7所示，彩色图像请扫描二维码查看。

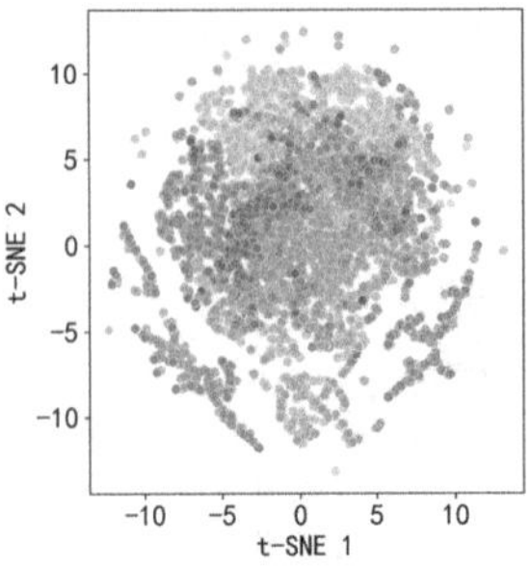

（a）原始数据特征

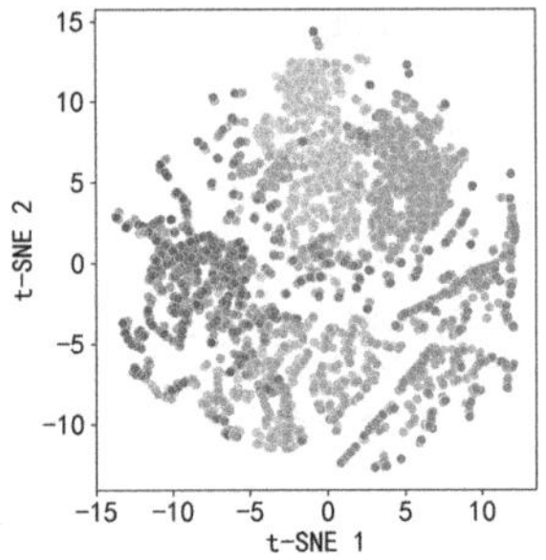

（b）冻结DCT模型参数学习到的特征

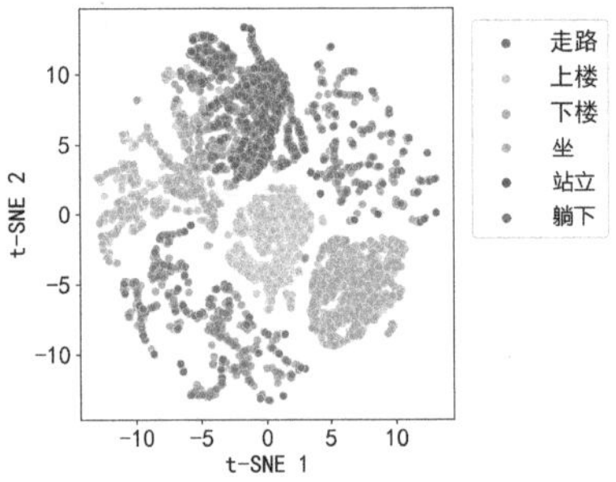

（c）微调DCT模型学习到的特征

图6-7　UCI-HAR数据集特征t-sne图

图6-7（a）所示为原始数据特征，图6-7（b）和图6-7（c）分别为线性评估和微调评估时DCTCSS模型学习到的特征。从图6-7中可以看出，所提出的DCTCSS模型学习到的特征比原始数据更加具有判别能力，使不同动作类别相互分离。此外，相比于冻结DCT模型参数进行线性评估学习到的特征而言，利用10%有标记数据对DCT模型进行微调学习到的不同动作类别特征区分更加明显。

6.3.6 消融实验

为了验证DCTCSS模型中深度卷积模块、卷积前馈模块、自注意力池化模块，以及未使用位置编码对最终动作识别结果的影响，设计了七个消融实验。在消融实验中，利用UCI-HAR、Mhealth和Skoda三个数据集中10%的有标记数据进行训练。为了验证深度卷积模块的作用，设计了去掉该模块（记作-DC）及利用一个线性层替换该模块（记作-DC+Linear）的消融实验。为了验证卷积前馈模块的有效性，设计了去掉卷积前馈模块（记作-CFN）并将其替换为传统的两个线性层组成的前馈模块（记作-CFN+LF）的消融实验。为了验证汇聚层的自注意力池化模块的作用，将预处理层的输入添加 cls_token 后输入 Transformer 编码器层，并将其用于下游分类任务（记作-AP+c_t）。最后，在 DCT 基础上分别增加正弦位置编码（记作+SPE）[166]和可学习的位置编码（记作+LPE），以验证不加位置编码的优势。DCTCSS 模型在不同数据集上的消融实验结果（平均 F1 分数）如表 6-7 所示。

表 6-7 DCTCSS 模型在不同数据集上的消融实验结果（平均 F1 分数）

单位：%

	UCI-HAR 数据集	△	Mhealth 数据集	△	Skoda 数据集	△
DCTCSS 模型	95.64	—	98.40	—	88.39	—
-DC	70.93	-24.71	83.94	-14.46	63.58	-24.81
-DC+Linear	94.26	-1.38	97.06	-1.34	83.62	-4.77
-CFN	95.33	-0.31	98.11	-0.29	87.13	-1.26
-CFN+LF	95.04	-0.60	97.72	-0.68	86.00	-2.39
-AP+c_t	80.78	-14.86	82.65	-15.75	77.56	-10.83
+SPE[166]	94.82	-0.82	96.53	-1.87	85.10	-3.29
+LPE	94.62	-1.02	94.87	-3.53	82.11	-6.28

从表 6-7 中可以看出，若不采用深度卷积模块进行预处理，直接将原始数据输入 Transformer 编码器层，将导致模型的判别能力大幅下降，在 Skoda 数据集上平均 F1 分数减少 24.81%。如果将深度卷积模块替换为一个线性层，模型在 UCI-HAR、Skoda 和 Mhealth 三个数据集上的平均 F1 分数分别下降 1.38%、4.77%、1.34%。上述结果表明深度卷积模块对于 DCTCSS 模型初步学习传感器数据中的动作特征并提高模型判别能力具有重要作用。

卷积前馈模块的消融实验结果表明，如果将该模块去掉，自注意力机制的输出不经过前馈层，DCTCSS 模型对三个数据集的动作识别能力均会降低。此外，如果将该模块替换为由两个线性层组成的前馈模块也将导致 DCTCSS 模型的判别能力下降。这一结果表明卷积前馈模块有助于 DCTCSS 模型学习更复杂的特征，从而提升了 DCTCSS 模型对时序数据的建模能力。

相比于使用自注意力池化模块，如果为预处理数据添加 cls_token 并将其用于下游分类任务，DCTCSS 模型在 UCI-HAR、Mhealth 和 Skoda 三个数据集上的平均 F1 分数严重下降，分别降低 14.86%、10.83%和 15.75%。因此，自注意力池化模块不仅可以将特征聚合为固定长度，还有助于更加全面地捕捉序列中的依赖关系，提取重要的特征信息。

对预处理的输入数据添加正弦位置编码和可学习的位置编码均导致模型在三个数据集上的识别性能下降，尤其是包含 Null 类动作的 Skoda 数据集。正弦位置编码分别导致 DCTCSS 模型在 UCI-HAR、Skoda 和 Mhealth 数据集上的平均 F1 分数下降了 0.82%、3.29%和 1.87%。相比于添加正弦位置编码，可学习位置编码导致 DCTCSS 模型的平均 F1 分数分别降低了 1.02%、6.28%和 3.53%。这表明对于本章提出的 DCTCSS 模型，为预处理后的每个编码添加的位置信息反而成为一种干扰，会导致最终的动作识别能力降低。

因此，整个消融实验结果表明，DCTCSS 模型中各模块对于该模型从多源可穿戴传感器时序数据中学习高水平特征表示、提升最终的识别性能均具有重要作用。

参考文献

[1] 张含阳. 人机协作:下一代机器人的必然属性[J]. 机器人产业, 2016, (03): 37-45.

[2] HABIB A, RANATUNGA I, SHOOK K, et al. SkinSim: A simulation Environment for Multimodal Robot Skin[C]//2014 IEEE International Conference on Automation Science and Engineering(CASE). IEEE, 2014: 1226-1231.

[3] 郭小辉. 主从手映射下的机器人柔性电子皮肤全程感知方法研究[D]. 合肥: 合肥工业大学, 2018.

[4] 李雷鸣, 黄英, 马阳洋, 等. 用于压/拉检测的机器人皮肤柔/弹性传感器阵列设计[J]. 计量学报, 2015, 36(04): 393-396.

[5] 伍泓宇, 张辉, 沈兰萍. 机器人柔性压力传感皮肤的研究开发现状[J]. 合成纤维, 2017, 46(07): 44-50.

[6] NETO P, SIMÃO M, MENDES N, et al. Gesture-Based Human-Robot Interaction for Human Assistance in Manufacturing[J]. The International Journal of Advanced Manufacturing Technology, 2019, 101(1): 119-135.

[7] BECKER S, BERGAMO F, WILLIAMS S, et al. Comparison of Muscular Activity and Movement Performance in Robot-Assisted and Freely Performed Exercises[J]. IEEE Transactions on Neural Systems and Rehabilitation Engineering, 2019, 27(1): 43-50.

[8] WILSON S, EBERLE H, HAYASHI Y, et al. Formulation of a New Gradient Descent MARG Orientation Algorithm: Case Study on Robot Teleoperation[J]. Mechanical Systems and Signal Processing, 2019, 130: 183-200.

[9] KALMAN R E. A New Approach to Linear Filtering and Prediction Problems[J]. Journal of Basic Engineering, 1960, 82(1): 35-45.

[10] SMITH G, SCHMIDT S F, MCGEE L A. Application of Statistical Filter Theory to the Optimal Estimation of Position and Velocity on Board a Circumlunar Vehicle[C]//American Academy of Science Meeting. NAS, 1961: 61-92.

[11] MCLEAN J D, SCHMIDT S F. Optimal Filtering and Linear Prediction Applied to

an on-Board Navigation System for the Circumlunar Mission[C]//American Academy of Science Meeting. NAS, 1961: 61-93

[12] WANG Y, LI X, KHOSHELHAM K, et al. Robust Iterated Extended Kalman Filter Algorithm for Foot-Mounted Inertial Measurement Units/Ultrawideband Fusion Positioning[J]. Journal of Applied Remote Sensing, 2019, 13(2): 024510-024510.

[13] SHI Q, ZHAO S, CUI X, et al. Anchor Self-Localization Algorithm Based on UWB Ranging and Inertial Measurements[J]. Tsinghua Science and Technology, 2019, 24(6): 728-737.

[14] LIU F, LI X, WANG J, et al. An Adaptive UWB/MEMS-IMU Complementary Kalman Filter for Indoor Location in NLOS Environment[J]. Remote Sensing, 2019, 11(22): 2628.

[15] POULOSE A, SENOUCI B, HAN D S. Performance Analysis of Sensor Fusion Techniques for Heading Estimation Using Smartphone Sensors[J]. IEEE Sensors Journal, 2019, 19(24): 12369-12380.

[16] KOENIGSEDER F, KEMMETMUELLER W, KUGI A. Attitude Estimation Using Redundant Inertial Measurement Units for the Control of a Camera Stabilization Platform[J]. IEEE Transactions on Control Systems Technology, 2016, 24(5): 1837-1844.

[17] LI H, SUN Z W, ZHANG S J. Satellite Attitude Estimation UKF Algorithm Based on Star-Sensor[C]//IMACS Multiconference on Computational Engineering in Systems Applications (CESA 2006). IEEE, 2006: 799-802.

[18] COSTANZI R, FANELLI F, MELI E, et al. UKF-Based Navigation System for AUVs: Online Experimental Validation[J]. IEEE Journal of Oceanic Engineering, 2019, 44(3): 633-641.

[19] 刘召, 宋立滨, 于涛, 等. 基于 IMU 的主动伴舞机器人人机协作控制算法[J]. 计算机工程与科学, 2018, 40(01): 128-132.

[20] MAHONY R, HAMEL T, PFLIMLIN J M. Nonlinear Complementary Filters on the Special Orthogonal Group[J]. IEEE Transactions on Automatic Control, 2008, 53(5): 1203-1218.

[21] MADGWICK S O H, HARRISON A J L, Vaidyanathan A. Estimation of IMU and MARG Orientation Using a Gradient Descent Algorithm[C]//IEEE International Conference

on Rehabilitation Robotics. IEEE, 2011: 1-7.

[22] DURAFFOURG C, BONNET X, DAURIAC B, et al. Real Time Estimation of the Pose of a Lower Limb Prosthesis from a Single Shank Mounted IMU[J]. Sensors, 2019, 19(13): 2865.

[23] JOUYBARI A, AMIRI H, ARDALAN A A, et al. Methods Comparison for Attitude Determination of a Lightweight Buoy by Raw Data of IMU[J]. Measurement, 2019, 135: 348-354.

[24] 冀亮, 钱正洪, 白茹. 基于四元数的四轴无人机姿态的估计和控制[J]. 现代电子技术, 2015, 38(11): 112-116.

[25] 付雷, 章政, 余义. 基于动态权值共轭梯度的自适应互补滤波姿态估计算法[J]. 高技术通信, 2019, 29(10): 977-984.

[26] BATTISTON A, SHARF N, NAHON M. Attitude Estimation for Collision Recovery of a Quadcopter Unmanned Aerial Vehicle[J]. International Journal of Robotics Research, 2019, 38（10-11）: 1286-1306.

[27] QUIGLEY M, BREWER R, SOUNDARARAJ S P, et al. Low-Cost Accelerometers for Robotic Manipulator Perception[C]//2010 IEEE/RSJ International Conference on Intelligent Robots and Systems. IEEE, 2010: 6168-6174.

[28] LIU H, PANG G. Accelerometer for Mobile Robot Positioning[C]//Conference Record of the 1999 IEEE Industry Applications Conference Thirty-Forth IAS Annual Meeting (Cat No99CH36370). IEEE, 1999: 1735-1742.

[29] MAGED S A, ABOUELSOUD A A, A M R FATH EL BAB, et al. A Comparative Study of Unscented and Extended Kalman Filter for Position and Velocity Estimation of Stewart Platform Manipulator[C]//IEEE International Conference on Cyber Technology in Automation, Control, and Intelligent Systems(CYBER). IEEE, 2015: 1216-1222.

[30] ROAN P, DESHPANDE N, WANG Y, et al. Manipulator State Estimation with Low Cost Accelerometers and Gyroscopes[C]//25th IEEE\RSJ International Conference on Intelligent Robots and Systems(IROS). IEEE, 2012: 4822-4827.

[31] HIROSE K, DOKI H, KONDO A, et al. A Measurement Method of the 2DOF Joint Angles and Angular Velocities Using Inertial Sensors[C]//Annual Conference of the Society-of-Instrument-and-Control-Engineers(SICE). SICE, 2012: 366-371.

[32] GHASSEMI F, TAFAZOLI S, LAWRENCE P D, et al. An Accelerometer-Based Joint Angle Sensor for Heavy-Duty Manipulators[C]//19th IEEE International Conference on Robotics and Automation(ICRA). IEEE, 2002: 1771-1776.

[33] GHASSERNI F, TAFAZOLI S, LAWRENCE P D, et al. Design and Calibration of an Integration-Free Accelerometer-Based Joint-angle Sensor[J]. IEEE Transactions on Instrumentation and Measurement, 2008, 57(1): 150-159.

[34] CHENG P, OELMANN B. Joint-Angle Measurement Using Accelerometers and Gyroscopes-A Survey[J]. IEEE Transactions on Instrumentation and Measurement, 2010, 59(2): 404-414.

[35] WIJAYASINGHE I B, SAADATZI M N, ABUBAKAR S, et al. A Study on Optimal Placement of Accelerometers for Pose Estimation of a Robot Arm[C]//IEEE International Conference on Robotics and Automation(ICRA). IEEE, 2018: 1444-1451.

[36] LI Y F, CHEN X B. End-Point Sensing and State Observation of a Flexible-Link Robot[J]. IEEE-Asme Transactions on Mechatronics, 2001, 6(3): 351-356.

[37] DU G, ZHANG P. Online Serial Manipulator Calibration Based on Multisensory Process Via Extended Kalman and Particle Filters[J]. IEEE Transactions on Industrial Electronics, 2014, 61(12): 6852-6859.

[38] WANG C, CHEN W, TOMIZUKA M. Robot End-effector Sensing with Position Sensitive Detector and Inertial Sensors[C]//IEEE International Conference on Robotics and Automation(ICRA). IEEE, 2012: 5252-5257.

[39] OGATA K, TANAKA H, MATSUMOTO Y, et al. A Robust Position and Posture Measurement System Using Visual Markers and an Inertia Measurement Unit[C]//IEEE/RSJ International Conference on Intelligent Robots and Systems(IROS), IEEE, 2019: 7497-7502.

[40] CANTELLI L, MUSCATO G, NUNNARI M, et al. A Joint-Angle Estimation Method for Industrial Manipulators Using Inertial Sensors[J]. IEEE-Asme Transactions on Mechatronics, 2015, 20(5): 2486-2495.

[41] AXELSSON P, KARLSSON R, NORRLOF M. Bayesian State Estimation of a Flexible Industrial Robot[J]. Control Engineering Practice, 2012, 20(11): 1220-1228.

[42] AXELSSON P, KARLSSON R, NORRLOF M. Tool Position Estimation of a Flexible Industrial Robot using Recursive Bayesian Methods[C]//IEEE International

Conference on Robotics and Automation(ICRA). IEEE, 2012: 5234-5239.

[43] KUBUS D, WAHL F M, IEEE. A Sensor Fusion Approach to Angle and Angular Rate Estimation[C]//IEEE/RSJ International Conference on Intelligent Robots and Systems. IEEE, 2011: 2481-2488.

[44] REN X, XUE G. Position Estimation for Manipulators Based on Multisensor Fusion[C]//31st Chinese Control Conference. TCCT, 2012: 5082-5087.

[45] SEEL T, SCHAUER T, RAISCH J. Joint Axis and Position Estimation from Inertial Measurement Data by Exploiting Kinematic Constraints[C]//IEEE International Conference on Control Applications (CCA) Part of 6th IEEE Multi-Conference on Systems and Control (IEEE MSC). IEEE, 2012: 45-49.

[46] WANG Y, CHEN W, TOMIZUKA M. Extended Kalman Filtering for Robot Joint Angle Estimation Using MEMS Inertial Sensors[J]. IFAC Proceedings Volumes, 2013, 46(5): 406-413.

[47] HEDBERG E, NOREN J, NORRLOF M, et al. Industrial Robot Tool Position Estimation using Inertial Measurements in a Complementary Filter and an EKF[C]//20th World Congress of the International-Federation-of-Automatic-Control(IFAC). IFAC, 2017: 12748-12752.

[48] REGAZZONI D, VECCHI G D, RIZZI C. RGB Cams Vs RGB-D Sensors: Low Cost Motion Capture Technologies Performances and Limitations[J]. Journal of Manufacturing Systems, 2014, 33(4): 719-728.

[49] 张鋆豪, 何百岳, 杨旭升, 等. 基于可穿戴式惯性传感器的人体运动跟踪方法综述[J]. 自动化学报, 2019, 45(08): 1439-1454.

[50] 李启雷, 金文光, 耿卫东. 基于无线惯性传感器的人体动作捕获方法[J]. 浙江大学学报(工学版), 2012, 46(02): 280-285.

[51] 吴健康. 人体运动捕获三维再现系统: CN201431466 [P/OL]. 2010-03-31.

[52] 武东辉. 基于惯性传感器数据的人体日常动作识别研究[D]. 大连: 大连理工大学, 2016.

[53] XU X, TIAN X, ZHOU L, et al. A Decision-Tree Based Multiple-Model UKF for Attitude Estimation Using Low-Cost MEMS MARG Sensor Arrays[J]. Measurement, 2019, 135: 355-367.

[54] FAN B, LI Q, LIU T. How Magnetic Disturbance Influences the Attitude and Heading in Magnetic and Inertial Sensor-Based Orientation Estimation[J]. Sensors, 2018, 18(1): 76-102.

[55] ZHANG S, YU S, LIU C, et al. A Dual-Linear Kalman Filter for Real-Time Orientation Determination System Using Low-Cost MEMS Sensors[J]. Sensors, 2016, 16(2): 264.

[56] SHUSTER M, OH S. Three-Axis Attitude Determination from Vector Observations[J]. Journal of Guidance Control and Dynamics, 1981, 4(1): 70-77.

[57] ODRY Á, KECSKES I, SARCEVIC P, et al. A Novel Fuzzy-Adaptive Extended Kalman Filter for Real-Time Attitude Estimation of Mobile Robots[J]. Sensors（Switzerland）, 2020, 20(3): 803.

[58] ROH M S, KANG B S. Dynamic Accuracy Improvement of a MEMS AHRS for Small UAVs[J]. Int J Precis Eng Manuf, 2018, 19(10): 1457-1466.

[59] MARTIN P, SALAUN E. Invariant Observers for Attitude and Heading Estimation from Low-Cost Inertial and Magnetic Sensors[C]//2007 46th IEEE Conference on Decision and Control. IEEE, 2007: 1039-1045.

[60] MADGWICK S O H, WILSON S, TURK R, et al. An Extended Complementary Filter for Full-Body MARG Orientation Estimation[J]. IEEE/ASME Transactions on Mechatronics, 2020, 25(4): 2054-2064.

[61] MADGWICK S. AHRS Algorithms and Calibration Solutions to Facilitate New Applications Using Low-Cost MEMS[D]. Bristol, UK: University of Bristol, 2014.

[62] SUH Y S, RO Y S, KANG H J. Quaternion-Based Indirect Kalman Filter Discarding Pitch and Roll Information Contained in Magnetic Sensors[J]. IEEE Transactions on Instrumentation and Measurement, 2012, 61(6): 1786-1792.

[63] SUH Y S. Simple-Structured Quaternion Estimator Separating Inertial and Magnetic Sensor Effects[J]. IEEE Transactions on Aerospace and Electronic Systems, 2019, 55(6): 2698-2706.

[64] ROSARIO M B D, LOVELL N, REDMOND S J. Quaternion-Based Complementary Filter for Attitude Determination of a Smartphone[J]. IEEE Sensors Journal, 2016, 16(15): 6008-6017.

[65] YUN X, BACHMANN E R, MCGHEE R B. A Simplified Quaternion-Based Algorithm for Orientation Estimation From Earth Gravity and Magnetic Field Measurements[J]. IEEE Transactions on Instrumentation and Measurement, 2008, 57(3): 638-650.

[66] DAPONTE P, VITO L D, RICCIO M, et al. Design and Validation of a Motion-Tracking System for ROM Measurements in Home Rehabilitation[J]. Measurement, 2014, 55: 82-96.

[67] VALENTI R G, DRYANOVSKI I, XIAO J. A Linear Kalman Filter for MARG Orientation Estimation Using the Algebraic Quaternion Algorithm[J]. IEEE Transactions on Instrumentation and Measurement, 2016, 65(2): 467-481.

[68] XU X, SUN Y, TIAN X, et al. A Double-EKF Orientation Estimator Decoupling Magnetometer Effects on Pitch and Roll Angles[J]. IEEE Transactions on Industrial Electronics, 2022, 69(2): 2055-2066.

[69] XU L, XIONG Z, LIU J, et al. A Novel Pedestrian Dead Reckoning Algorithm for Multi-Mode Recognition Based on Smartphones[J]. Remote Sensing, 2019, 11(3): 294.

[70] WANG Y, CHERNYSHOFF A, SHKEL A M. Study on Estimation Errors in ZUPT-Aided Pedestrian Inertial Navigation Due to IMU Noises[J]. IEEE Transactions on Aerospace and Electronic Systems, 2020, 56(3): 2280-2291.

[71] MENG X, SUN S, JI L, et al. Estimation of Center of Mass Displacement Based on Gait Analysis[C]//2011 International Conference on Body Sensor Networks. IEEE, 2011: 150-155.

[72] WANG Y, SHKEL A M. Adaptive Threshold for Zero-Velocity Detector in ZUPT-Aided Pedestrian Inertial Navigation[J]. IEEE Sensors Letters, 2019, 3(11): 1-4.

[73] SKOG I, HANDEL P, NILSSON J O, et al. Zero-Velocity Detection-An Algorithm Evaluation[J]. IEEE Transactions on Biomedical Engineering, 2010, 57(11): 2657-2666.

[74] DENG Z, WANG P, YAN D, et al. Foot-Mounted Pedestrian Navigation Method Based on Gait Classification for Three-Dimensional Positioning[J]. IEEE Sensors Journal, 2020, 20(4): 2045-2055.

[75] Shi L F, Zhao Y L, Liu G X, et al. A Robust Pedestrian Dead Reckoning System Using Low-Cost Magnetic and Inertial Sensors[J]. IEEE Transactions on Instrumentation and Measurement, 2019, 68(8): 2996-3003.

[76] ZHENG L, ZHOU W, TANG W, et al. A 3D Indoor Positioning System Based on Low-Cost MEMS Sensors[J]. Simulation Modelling Practice and Theory, 2016, 65: 45-56.

[77] GODHA S, LACHAPELLE G. Foot Mounted Inertial System for Pedestrian Navigation[J]. Measurement Science and Technology, 2008, 19(7): 075202.

[78] ZHANG R, YANG H, HOEFLINGER F, et al. Adaptive Zero Velocity Update Based on Velocity Classification for Pedestrian Tracking[J]. IEEE Sensors Journal, 2017, 17(7): 2137-2145.

[79] WANG Z, ZHAO H, QIU S, et al. Stance-Phase Detection for ZUPT-Aided Foot-Mounted Pedestrian Navigation System[J]. IEEE-Asme Transactions on Mechatronics, 2015, 20(6): 3170-3181.

[80] CHO S Y, PARK C G. Threshold-less Zero-Velocity Detection Algorithm for Pedestrian Dead Reckoning[C]//2019 European Navigation Conference(ENC). IEEE, 2019: 1-5.

[81] ZHANG W, WEI D, YUAN H. Novel Drift Reduction Methods in Foot-Mounted PDR System[J]. Sensors, 2019, 19(18): 3962.

[82] WANG J S, LIN C W, Yang Y T C, et al. Walking Pattern Classification and Walking Distance Estimation Algorithms Using Gait Phase Information[J]. IEEE Transactions on Biomedical Engineering, 2012, 59(10): 2884-2892.

[83] ZHU L, SPACHOS P, NG P C, et al. Stress Detection Through Wrist-Based Electrodermal Activity Monitoring and Machine Learning[J]. IEEE Journal of Biomedical and Health Informatics, 2023, 27(5): 2155-2165.

[84] 张旭辉, 吕欣媛, 王妙云, 等. 数据传感设备在上肢康复训练中的应用研究[J]. 传感器与微系统, 2022, 41(8): 45-8,52.

[85] 忽丽莎, 王素贞, 陈益强, 等. 基于可穿戴设备的跌倒检测算法综述[J]. 浙江大学学报(工学版), 2018, 52(9): 1717-1728.

[86] PRASANTH H, CABAN M, KELLER U, et al. Wearable Sensor-Based Real-Time Gait Detection: A Systematic Review[J]. Sensors, 2021, 21(8): 2727.

[87] SUN Y, XU X, TIAN X, et al. An Adaptive Zero-Velocity Interval Detector Using Instep-Mounted Inertial Measurement Unit[J]. IEEE Transactions on Instrumentation and Measurement, 2021, 70: 1-13.

[88] MARTINEZ HERNANDEZ U, MAHMOOD I, DEHGHANI SANIJ A A. Simultaneous Bayesian Recognition of Locomotion and Gait Phases With Wearable Sensors[J]. IEEE Sensors Journal, 2018, 18(3): 1282-1290.

[89] PALUMBO F, GALLICCHIO C, PUCCI R, et al. Human activity recognition using multisensor data fusion based on Reservoir Computing[J]. Journal of Ambient Intelligence and Smart Environments, 2016, 8(2): 87-107.

[90] 崔建伟, 曹尔凡, 陆普东, 等. 基于子动作特征矩阵与 DTW 算法的手臂动作识别方法[J]. 东南大学学报(自然科学版), 2021, 51(4): 679-686.

[91] 沈天毓, 王计平, 郭立泉, 等. 利用可穿戴设备对帕金森病患者运动功能进行量化评估[J]. 生物医学工程学杂志, 2018, 35(2): 206-213.

[92] NASRABADI A M, ESLAMINIA A R, ENAYATI A M S, et al. Optimal Sensor Configuration for Activity Recognition during Whole-body Exercises[C]//7th International Conference on Robotics and Mechatronics(ICRoM). IEEE, 2019: 512-518.

[93] KIM Y W, JOA K L, JEONG H Y, et al. Wearable IMU-Based Human Activity Recognition Algorithm for Clinical Balance Assessment Using 1D-CNN and GRU Ensemble Model[J]. Sensors, 2021, 21(22): 7628.

[94] PINTO V H, AMORIM A, ROCHA L, et al. Enhanced Performance Real-Time Industrial Robot Programming by Demonstration using Stereoscopic Vision and an IMU sensor[C]//IEEE International Conference on Autonomous Robot Systems and Competitions (ICARSC). IEEE, 2020: 108-113.

[95] NOCCARO A, CORDELLA F, ZOLLO L, et al. A Teleoperated Control Approach for Anthropomorphic Manipulator Using Magneto-Inertial Sensors[C]//26th IEEE International Symposium on Robot and Human Interactive Communication (RO-MAN). IEEE, 2017: 156-161.

[96] HE Y, FUKUDA O, SAKAGUCHI D, et al. Development of a Practical Tool in Pick-and-Place Tasks for Human Workers[J]. International Journal of Advanced Computer Science and Applications, 2020, 11(4): 780-786.

[97] KWAPISZ J R, WEISS G M, MOORE S A. Activity Recognition Using Cell Phone Accelerometers[J]. SIGKDD Explor Newsl, 2011, 12(2): 74–82.

[98] ANGUITA D, GHIO A, ONETO L, et al. A Public Domain Dataset for Human

Activity Recognition using Smartphones[C]//The European Symposium on Artificial Neural Networks. ESANN, 2013: 437-442.

[99] CHAVARRIAGA R, SAGHA H, CALATRONI A, et al. The Opportunity Challenge: A Benchmark Database for On-Body Sensor-Based Activity Recognition[J]. Pattern Recognition Letters, 2013, 34(15): 2033-2042.

[100] REISS A, STRICKER D. Introducing a New Benchmarked Dataset for Activity Monitoring[C]//16th International Symposium on Wearable Computers(ISWC). IEEE, 2012: 108-109.

[101] SHOAIB M, BOSCH S, INCEL O D, et al. Fusion of Smartphone Motion Sensors for Physical Activity Recognition[J]. Sensors, 2014, 14(6): 10146-10176.

[102] STISEN A, BLUNCK H, BHATTACHARYA S, et al. Smart Devices are Different: Assessing and MitigatingMobile Sensing Heterogeneities for Activity Recognition[C]//13th ACM Conference on Embedded Networked Sensor Systems. ACM, 2015: 127–140.

[103] MALEKZADEH M, CLEGG R G, CAVALLARO A, et al. Mobile Sensor Data Anonymization[C]//International Conference on Internet of Things Design and Implementation. ACM, 2019: 49–58.

[104] ZHANG M, SAWCHUK A A. USC-HAD: A Daily Activity Dataset for Ubiquitous Activity Recognition Using Wearable Sensors[C]//14th ACM International Conference on Ubiquitous Computing(UbiComp). UbiComp, 2012: 1036-1043.

[105] BANOS O, VILLALONGA C, GARCIA R, et al. Design, Implementation and Validation of a Novel Open Framework for Agile Development of Mobile Health Applications[J]. Biomedical Engineering Online, 2015, 14: 1-20.

[106] BACHLIN M, PLOTNIK M, ROGGEN D, et al. Wearable Assistant for Parkinson's Disease Patients With the Freezing of Gait Symptom[J]. IEEE Transactions on Information Technology in Biomedicine, 2010, 14(2): 436-446.

[107] ZAPPI P, LOMBRISER C, STIEFMEIER T, et al. Activity Recognition from On-Body Sensors: Accuracy-Power Trade-off by Dynamic Sensor Selection[C]//5th European Conference on Wireless Sensor Networks. EWSN, 2008: 17-33.

[108] FOERSTER K, ROGGEN D, TROESTER G, et al. Unsupervised Classifier Self-Calibration through Repeated Context Occurences: is There Robustness Against Sensor

Displacement to Gain [C]//13th International Symposium on Wearable Computers. IEEE, 2009: 77-84.

[109] CHEN Z, ZHU Q, SOH Y C, et al. Robust Human Activity Recognition Using Smartphone Sensors via CT-PCA and Online SVM[J]. IEEE Transactions on Industrial Informatics, 2017, 13(6): 3070-3080.

[110] PREECE S J, GOULERMAS J Y, KENNEY L P J, et al. A Comparison of Feature Extraction Methods for the Classification of Dynamic Activities From Accelerometer Data[J]. IEEE Transactions on Biomedical Engineering, 2009, 56(3): 871-879.

[111] WANG A, CHEN G, YANG J, et al. A Comparative Study on Human Activity Recognition Using Inertial Sensors in a Smartphone[J]. IEEE Sensors Journal, 2016, 16(11): 4566-4578.

[112] WARD J A, LUKOWICZ P, TROESTER G, et al. Activity Recognition of Assembly Tasks Using Body-Worn Microphones and Accelerometers[J]. IEEE Transactions on Pattern Analysis and Machine Intelligence, 2006, 28(10): 1553-1567.

[113] FOERSTER F, SMEJA M, FAHRENBERG J. Detection of Posture and Motion by Accelerometry: A Validation Study in Ambulatory Monitoring[J]. Computers in Human Behavior, 1999, 15(5): 571-583.

[114] KRAUSE A, IHMIG M, RANKIN E, et al. Trading off Prediction Accuracy and Power Consumption for Context-aware Wearable Computing[C]//9th International Symposium on Wearable Computers. IEEE, 2005: 20-26.

[115] FIELD M, STIRLING D, PAN Z, et al. Recognizing Human Motions through Mixture Modeling of Inertial Data[J]. Pattern Recognition, 2015, 48(8): 2394-2406.

[116] DUTTA A, MA O, TOLEDO M, et al. Identifying Free-Living Physical Activities Using Lab-Based Models with Wearable Accelerometers[J]. Sensors, 2018, 18(11): 3893.

[117] 王景芳, 施霖. 基于人工神经网络对 sEMG 信号的手势动作识别[J]. 传感器与微系统, 2017, 36(06): 63-65+69.

[118] SIMAO M, NETO P, GIBARU O, et al. Natural Control of an Industrial Robot Using Hand Gesture Recognition with Neural Networks[C]//42nd Annual Conference of the IEEE-Industrial-Electronics-Society(IECON). IEEE, 2016: 5322-5327.

[119] DE LEONARDIS G, ROSATI S, BALESTRA G, et al. Human Activity

Recognition by Wearable Sensors Comparison of Different Classifiers for Real-Time Applications[C]//13th IEEE International Symposium on Medical Measurements and Applications(MeMeA). IEEE, 2018: 1-6.

[120] VIDYA B, SASIKUMAR P. Wearable Multi-sensor Data Fusion Approach for Human Activity Recognition Using Machine Learning Algorithms[J]. Sensors and Actuators A: Physical, 2022, 341: 113557.

[121] WAN S, QI L, XU X, et al. Deep Learning Models for Real-time Human Activity Recognition with Smartphones[J]. Mobile Networks & Applications, 2020, 25(2): 743-755.

[122] 郭毅博，孟文化，范一鸣，等. 基于可穿戴传感器数据的人体行为识别数据特征提取方法[J]. 计算机辅助设计与图形学学报, 2021, 33(08): 1246-1253.

[123] TANG Y, ZHANG L, MIN F, et al. Multiscale Deep Feature Learning for Human Activity Recognition Using Wearable Sensors[J]. IEEE Transactions on Industrial Electronics, 2023, 70(2): 2106-2116.

[124] HOCHREITER S. The Vanishing Gradient Problem during Learning Recurrent Neural Nets and Problem Solutions[J]. International Journal of Uncertainty Fuzziness and Knowledge-Based Systems, 1998, 6(2): 107-116.

[125] ORDONEZ F J, ROGGEN D. Deep Convolutional and LSTM Recurrent Neural Networks for Multimodal Wearable Activity Recognition[J]. Sensors, 2016, 16(1): 115.

[126] TONG L, MA H, LIN Q, et al. A Novel Deep Learning Bi-GRU-I Model for Real-Time Human Activity Recognition Using Inertial Sensors[J]. IEEE Sensors Journal, 2022, 22(6): 6164-6174.

[127] MURAHARI V S, PLOTZ T. On Attention Models for Human Activity Recognition[C]//ACM International Joint Conference on Pervasive and Ubiquitous Computing / ACM International Symposium on Wearable Computers (UbiComp/ISWC). ACM, 2018: 100-103.

[128] ABEDIN A, EHSANPOUR M, SHI Q, et al. Attend and Discriminate: Beyond the State-of-the-Art for Human Activity Recognition UsingWearable Sensors[J]. Proceedings of the Acm on Interactive Mobile Wearable and Ubiquitous Technologies-Imwut, 2021, 5(1): 1-22.

[129] SHAVIT Y, KLEIN I. Boosting Inertial-Based Human Activity Recognition With

Transformers[J]. IEEE Access, 2021, 9: 53540-53547.

[130] CHEN K, YAO L, ZHANG D, et al. A Semisupervised Recurrent Convolutional Attention Model for Human Activity Recognition[J]. IEEE Transactions on Neural Networks and Learning Systems, 2020, 31(5): 1747-1756.

[131] ZHU Q, CHEN Z, SOH Y C. A Novel Semisupervised Deep Learning Method for Human Activity Recognition[J]. IEEE Transactions on Industrial Informatics, 2019, 15(7): 3821-3830.

[132] 陈圣楠, 范新民. 基于多视图半监督集成学习的人体动作识别算法[J]. 网络与信息安全学报, 2021, 7(03): 141-148.

[133] BOTA P, SILVA J, FOLGADO D, et al. A Semi-Automatic Annotation Approach for Human Activity Recognition[J]. Sensors, 2019, 19(3): 501.

[134] DUAN H, WANG S, OJHA V, et al. Wearable-Based Behaviour Interpolation for Semi-Supervised Human Activity Recognition[J]. Information Sciences, 2024, 665: 120393.

[135] GUPTA P, CALEB SOLLY P. A Framework for Semi-Supervised Adaptive Learning for Activity Recognition in Healthcare Applications[C]//19th International Conference on Engineering Applications of Neural Networks(EANN). EANN, 2018: 3-15.

[136] HAMMERLA N Y, FISHER J M, ANDRAS P, et al. PD Disease State Assessment in Naturalistic Environments Using Deep Learning[C]//29th Association-for-the-Advancement-of-Artificial-Intelligence(AAAI) Conference on Artificial Intelligence. AAAI, 2015: 1742-1748.

[137] HASSAN M M, HUDA S, UDDIN M Z, et al. Human Activity Recognition from Body Sensor Data using Deep Learning[J]. Journal of Medical Systems, 2018, 42(6): 1-8.

[138] VARAMIN A A, ABBASNEJAD E, SHI Q, et al. Deep Auto-Set: A Deep Auto-Encoder-Set Network for Activity Recognition Using Wearables[C]//15th EAI International Conference on Mobile and Ubiquitous Systems - Computing, Networking and Services (Mobiquitous). EAI, 2018: 246-253.

[139] MOHD NOOR M H. Feature Learning Using Convolutional Denoising Autoencoder for Activity Recognition[J]. Neural Computing & Applications, 2021, 33(17): 10909-10922.

[140] ALHARBI F, OUARBYA L, WARD J A, et al. Synthetic Sensor Data for Human

Activity Recognition[C]//International Joint Conference on Neural Networks（IJCNN）held as part of the IEEE World Congress on Computational Intelligence (IEEE WCCI). IEEE, 2020: 1-9.

[141] SANABRIA A R, ZAMBONELLI F, DOBSON S, et al. ContrasGAN: Unsupervised domain adaptation in Human Activity Recognition via adversarial and contrastive learning[J]. Pervasive and Mobile Computing, 2021, 78: 101477.

[142] IGE A O, NOOR M H M. A survey on Unsupervised Learning for Wearable Sensor-Based Activity Recognition[J]. Applied Soft Computing, 2022, 127: 109363.

[143] SAEED A, OZCELEBI T, LUKKIEN J. Multi-Task Self-Supervised Learning for Human Activity Detection[J]. Proceedings of the ACM on Interactive, Mobile, Wearable and Ubiquitous Technologies, 2019, 3(2): 1-30.

[144] JAIN Y, TANG C I, MIN C, et al. ColloSSL: Collaborative Self-Supervised Learning for Human Activity Recognition[J]. Proceedings of the Acm on Interactive Mobile Wearable and Ubiquitous Technologies-Imwut, 2022, 6(1): 1-28.

[145] QIAN H, TIAN T, MIAO C, et al. What Makes Good Contrastive Learning on Small-Scale Wearable-based Tasks? [C]//28th ACM SIGKDD Conference on Knowledge Discovery and Data Mining(KKD). ACM, 2022: 3761-71.

[146] CHEN T, KORNBLITH S, NOROUZI M, et al. A Simple Framework for Contrastive Learning of Visual Representations[C]//International Conference on Machine Learning（ICML）. Web Conference: ICML, 2020: 1597-1607.

[147] HE K, FAN H, WU Y, et al. Momentum Contrast for Unsupervised Visual Representation Learning[C]//2020 IEEE/CVF Conference on Computer Vision and Pattern Recognition(CVPR). IEEE, 2020: 9726-9735.

[148] WANG J, ZHU T, GAN J, et al. Sensor Data Augmentation by Resampling in Contrastive Learning for Human Activity Recognition[J]. IEEE Sensors Journal, 2022, 22(23): 22994-23008.

[149] KOO I, PARK Y, JEONG M, et al. Contrastive Accelerometer-Gyroscope Embedding Model for Human Activity Recognition[J]. IEEE Sensors Journal, 2023, 23(1): 506-513.

[150] KHAERTDINOV B, ASTERIADIS S, GHALEB E. Dynamic Temperature Scaling

in Contrastive Self-Supervised Learning for Sensor-Based Human Activity Recognition[J]. IEEE Transactions on Biometrics, Behavior, and Identity Science, 2022, 4(4): 498-507.

[151] 徐小龙. 基于惯性-磁传感器的机器人位姿捕捉技术研究[D]. 济南：山东大学, 2020.

[152] 付志栋. 基于 WIFI-2.4G 技术的智能安防系统设计与实现[D]. 青岛：山东科技大学, 2018.

[153] SUN Y, XU X, TIAN X, et al. A Decoupled Orientation Estimation Approach for Robust Roll and Pitch Measurements in Magnetically Disturbed Environment[J]. IEEE Transactions on Instrumentation and Measurement, 2022, 71: 1-11.

[154] 孙玉杰. 基于可穿戴传感器的人体运动捕捉与识别技术研究[D]. 济南：山东大学, 2023.

[155] FELIZ R, ZALAMA E, GÓMEZ GARCÍA BERMEJO J. Pedestrian Tracking Using Inertial Sensors[J]. Journal of Physical Agents, 2009, 3(1): 35-43.

[156] MANNINI A, SABATINI A M. Gait Phase Detection and Discrimination Between Walking-Jogging Activities Using Hidden Markov Models Applied to Foot Motion Data from a Gyroscope[J]. Gait & Posture, 2012, 36(4): 657-661.

[157] HAUSDORFF J M, LADIN Z, WEI J Y. Footswitch System for Measurement of the Temporal Parameters of Gait[J]. Journal of Biomechanics, 1995, 28(3): 347-351.

[158] STANCIN S, TOMAZIC S. Angle Estimation of Simultaneous Orthogonal Rotations from 3D Gyroscope Measurements[J]. Sensors, 2011, 11(9): 8536-8549.

[159] ZHENG S, DONG H, ZHANG R, et al. Angle Estimation of A Single-Axis Rotation: A Practical Inertial-Measurement-Unit-Based Method[J]. Iet Science Measurement & Technology, 2017, 11(7): 892-899.

[160] LI W, JIN J, LI X, et al. Method of Rotation Angle Measurement in Machine Vision Based on Calibration Pattern with Spot Array[J]. Applied Optics, 2010, 49(6): 1001-1006.

[161] JIN J, ZHAO L, XU S. High-Precision Rotation Angle Measurement Method Based on Monocular Vision[J]. Journal of the Optical Society of America a-Optics Image Science and Vision, 2014, 31(7): 1401-1407.

[162] XU X, TIAN X, ZHOU L. A Robust Incremental-Quaternion-Based Angle and Axis Estimation Algorithm of a Single-Axis Rotation Using MARG Sensors[J]. IEEE Access, 2018,

6: 42605-42615.

[163] XU X, SUN Y, TIAN X, et al. A Novel Joint Angle Estimation Method for Serial Manipulator Using Micro-Electromechanical Systems Sensors[J]. IEEE Transactions on Industrial Electronics, 2020, 67(12): 10610-10620.

[164] XU X, SUN Y, TIAN X, et al. A Novel Orientation Determination Approach of Mobile Robot Using Inertial and Magnetic Sensors[J]. IEEE Transactions on Industrial Electronics, 2023, 70(4): 4267-4277.

[165] SUN Y, XU X, TIAN X, et al. Efficient Human Activity Recognition: A Deep Convolutional Transformer-Based Contrastive Self-Supervised Approach Using Wearable Sensors[J]. Engineering Applications of Artificial Intelligence, 2024, 135: 108705.

[166] VASWANI A, SHAZEER N, PARMAR N, et al. Attention Is All You Need[C]//31st Annual Conference on Neural Information Processing Systems(NIPS). ACM, 2017: 6000-6010.

[167] GRILL J B, STRUB F, ALTCHÉ F, et al. Bootstrap Your Own Latent a New Approach to Self-Supervised Learning[C]//34th International Conference on Neural Information Processing Systems. ACM: 2020: 21271-21284.

[168] BANOS O, GARCIA R, HOLGADO TERRIZA J A, et al. mHealthDroid: A Novel Framework for Agile Development of Mobile Health Applications[C]//Ambient Assisted Living and Daily Activities. Springer, 2014: 91-98.

[169] HARESAMUDRAM H, ESSA I, PLOTZ T. Contrastive Predictive Coding for Human Activity Recognition[J]. Proceedings of the Acm on Interactive Mobile Wearable and Ubiquitous Technologies-Imwut, 2021, 5(2): 1-26.